高等职业教育示范专业系列教材

液压与气压传动

第2版

主　编　白　柳　于　军
副主编　姚瑞敏
参　编　王　伟　杨宜宁　孙　颖
主　审　明立军

机械工业出版社

本书内容以液压与气压传动新技术为背景，取材新颖、实用，力求反映我国液压与气压传动技术的最新情况，并符合我国高等职业技术教育的教学特点。本书分液压传动和气压传动两篇，第1篇为液压传动，包括第1~8章。第2篇为气压传动，包括第9~13章。本书以液压与气压传动技术为主线，阐明了液压与气动技术的基本原理，讲述了液压与气压传动的流体力学基础知识、液压与气压传动元件的结构、工作原理及应用，液压与气压传动基本回路和典型液压系统的组成与工作原理分析等。在气压传动内容的选择上，既考虑到其内容的独立性和完整性，又考虑到与液压传动方面的共同点，力求使读者能够真正掌握液压与气压传动的主要内容。

在章节的编排上，力求简明扼要、言简意赅。对重要元件可通过扫描二维码观看动画，以便于学生的理解。为方便教学，本书配有免费电子课件、习题解答、模拟试卷及答案等，凡选用本书作为授课教材的老师，均可来电索取。咨询电话：010-88379375；Email：cmpgaozhi@ sina. com。

本书可作为高职高专院校、高级技校以及广播电视大学、成人教育学院等院校机械类和机电一体化技术专业以及相近专业的教材，还可供有关工程技术人员参考。

图书在版编目（CIP）数据

液压与气压传动/白柳，于军主编．—2版．—北京：机械工业出版社，2017.8（2023.6重印）

高等职业教育示范专业系列教材

ISBN 978-7-111-57584-9

Ⅰ.①液…　Ⅱ.①白…②于…　Ⅲ.①液压传动-高等职业教育-教材②气压传动-高等职业教育-教材　Ⅳ.①TH137②TH138

中国版本图书馆CIP数据核字（2017）第184346号

机械工业出版社（北京市百万庄大街22号　邮政编码100037）
策划编辑：于　宁　责任编辑：于　宁
责任校对：张　薇　封面设计：马精明
责任印制：常天培
河北鑫兆源印刷有限公司印刷
2023年6月第2版第14次印刷
184mm×260mm · 14.75印张 · 339千字
标准书号：ISBN 978-7-111-57584-9
定价：39.80元

电话服务	网络服务
客服电话：010-88361066	机　工　官　网：www. cmpbook. com
010-88379833	机　工　官　博：weibo. com/cmp1952
010-68326294	金　　书　　网：www. golden-book. com
封底无防伪标均为盗版	机工教育服务网：www. cmpedu. com

前　言

本书是根据机械工业出版社在2007年12月组织的“高等职业教育示范专业系列教材建设研讨会（机电一体化技术专业）”的工作会议精神及会议审定的“液压与气压传动”教学大纲和编写提纲编写的。

本书在编写过程中，以职业岗位技能要求为出发点，力求理论联系实际，突出理论知识的应用，坚持理论以定性为主，定量为辅，定量为定性服务的原则；坚持以应会（技术应用）为主，应知为应会服务的原则，在介绍液压与气压传动基本理论的同时，重点分析了各类元件的工作原理、结构特点、使用场合及常见故障和排除方法。

全书分液压传动与气压传动两部分，共13章，主要内容包括液压与气压传动的流体力学基础；液压与气压传动元件的结构、工作原理及应用；液压与气压传动基本回路和典型系统的组成和分析等。为了便于读者加深理解并巩固所学知识，每章前有导读，后有小结，习题分为填空题、判断题、选择题、问答题、计算题和分析题等。

本书自2009年8月出版以来，用于全国众多职业院校相关专业教学以及培训机构的培训，得到了使用者的一致好评，并获得机械工业出版社2010~2012年度畅销教材。经过几年的使用和教学实践，在保持教材原有内容体系和特点的基础上，进行了一些修订和调整。修订后本书特点如下：

1）全书采用GB/T 7631.1—2008《润滑剂、工业用油和有关产品（L类）的分类 第1部分：总分组》、GB/T 786.1—2009《流体传动系统及元件图形符号和回路图 第1部分：用于常规用途和数据处理的图形符号》、GB/T 17446—2012《流体传动系统及元件 词汇》等最新国家标准，规范全书图形和用词。

2）进一步精选了教材内容，充分体现职业教育的特色，根据高职学生的学习能力和学习特点，突出了重点和难点，删除了一些不必要的公式推导。

3）及时反映工程实际中的新技术、新工艺、新方法，选取工程实际中常见的、有代表性的液压和气压传动元件，使教材内容与生产实际相结合。

4）进一步完善了教材配套的教学资源，如修改了电子课件，增加了动画库、图片库等。采用互联网+技术，使用者可以通过扫描二维码实时观看动画，以加深对知识点的理解。

本书由白柳、于军任主编，姚瑞敏任副主编。白柳编写了第5、7、10、11、13章及附录和习题解答部分，于军编写了第2、3章，姚瑞敏编写了第1、9章，王伟编写了第4、8章，杨宜宁编写了第12章，孙颖编写了第6章。张晓红负责制作书中部分动画。全书由白柳统稿，明立军教授担任主审。

由于编者水平有限，且编写时间紧迫，书中难免存在缺点和错误，敬请广大读者批评指正。

编　者

二维码资源索引表

序　号	对应图号	资源标题	页　码
1	图1-1	液压千斤顶的工作原理	P2
2	图1-2	简化的机床工作台液压传动系统结构原理	P3
3	图2-11	雷诺试验	P19
4	图3-1	单柱塞液压泵的工作原理	P32
5	图3-3	外啮合齿轮泵的工作原理	P36
6	图3-7	单作用叶片泵的工作原理	P39
7	图3-9	双作用叶片泵的工作原理	P41
8	图3-14	径向柱塞泵的工作原理	P45
9	图4-3	多作用内曲线式径向柱塞液压马达工作原理	P53
10	图4-6	单活塞杆液压缸计算简图	P59
11	图4-7	柱塞式液压缸示意图	P60
12	图5-1a	直通式单向阀	P68
13	图5-1b	直角式单向阀	P68
14	图5-3	液控单向阀	P70
15	图5-17	直动型溢流阀	P80
16	图5-18	先导型溢流阀	P81
17	图5-27	外控式顺序阀	P86

目　录

第2篇　气压传动

第1篇　液 压 传 动

第1章　液压传动概述

导读：

液压传动是以液体作为工作介质，利用液体的压力能进行能量的传递和控制的一门技术。液压传动具有许多优点，被广泛应用于机械、建筑、冶金、化工以及航空航天等领域。如今，随着微电子和计算机技术的发展，机、电、液技术的紧密结合，使液压技术的发展和应用又进入了一个崭新的阶段。

本章从实例入手，介绍液压传动的工作原理、系统组成、图形符号及优缺点。

一切机械都有其相应的传动机构并借助于它达到对动力的传递和控制的目的。

机械传动——通过机械零件如齿轮、齿条等直接把动力传送到执行机构的传动方式。

电气传动——利用电力设备，通过调节电参数来传递或控制动力的传动方式。

流体传动
- 液体传动
  - 液压传动——以液体作为工作介质，并以其压力能进行能量传递的方式
  - 液力传动——利用液体的流动动能进行能量的传递
- 气体传动：气压传动——利用气体压力能实现运动和动力传递的方式

1.1　液压传动的工作原理及系统组成

1.1.1　液压传动的工作原理

液压传动的工作原理，可以用液压千斤顶的工作原理来说明。

图1-1是液压千斤顶的工作原理图。大液压缸9和大活塞8组成举升液压缸。杠杆手柄1、小液压缸2、小活塞3、单向阀4和7组成手动液压泵。如提起手柄使小活塞向上移动，则小活塞下端油腔容积增大，形成局部真空，这时单向阀4打开，通过吸油管5从油箱12中吸油；用力压下手柄，小活塞下移，小活塞下腔压力升高，单向阀4关闭，单向阀7打开，下腔的油液经管道6输入大液压缸9的下腔，迫使大活塞8向上移动，顶起重物。再次提起手柄吸油时，单向阀7自动关闭，使油液不能倒流，从而保证了重物不会自行下落。不断地往复扳动手柄，就能不断地把油液压入大液压缸9下腔，使重物逐渐地升起。如果打开截止阀11，大液压缸9下腔的油液通过管道10、截止阀11流回油箱，重物就下落。

通过对上面液压千斤顶工作过程的分析，可以初步了解液压传动的基本工作原理。液压传动是利用有压力的油液作为传递动力的工作介质。压下杠杆时，小液压缸2输出压力油，是将机械能转换成油液的压力能；压力油经过管道6及单向阀7，推动大活塞8举起重物，

是将油液的压力能再转换成机械能。大活塞8举升的速度取决于单位时间内流入大液压缸9中油液的多少。由此可见，液压传动是一个不同能量的转换过程。它具有**以下特点：**

1）以液体为传动介质传递运动和动力。

2）由于液体只有一定的体积而没有固定的形状，所以液压传动必须在密闭的容器内进行。

扫描二维码观看动画

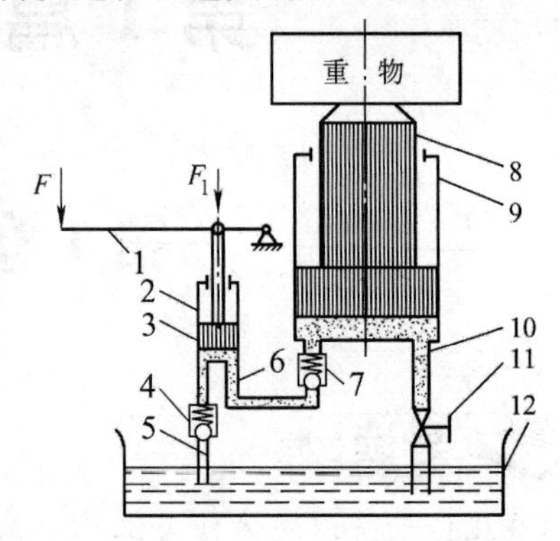

图1-1 液压千斤顶的工作原理图

1—杠杆手柄 2—小液压缸 3—小活塞 4、7—单向阀 5—吸油管 6、10—管道 8—大活塞 9—大液压缸 11—截止阀 12—油箱

1.1.2 液压传动系统的组成

液压千斤顶是一种简单的液压传动装置。下面分析一种驱动工作台的液压传动系统。图1-2所示为简化的机床工作台液压传动系统结构原理图，液压泵3在电动机（图中未画出）的带动下旋转，油液由油箱1经过滤器2被吸入液压泵，由液压泵输入的压力油通过节流阀6、换向阀7进入液压缸8，并驱动工作台动作。当换向阀两端的电磁铁均不通电时，阀芯处于中间位置，如图1-2a所示，此时管路P、A、B、T均不连通，液压缸两腔油液被封闭，工作台不能运动。若换向阀7左端电磁铁通电，将阀芯推向右端，处于图1-2b所示位置，则此时管路P、A连通，B、T连通，压力油经管路P、换向阀7、管路A流入液压缸8的左腔，活塞9在压力油的推动下，通过活塞杆带动工作台向右运动，同时，液压缸右腔的油液经管路B、换向阀7、管路T流回油箱1。当换向阀7右端电磁铁通电时，阀芯被推至左端，处于图1-2c所示位置，压力油经管路P、换向阀7、管路B流入液压缸8的右腔，推动工作台向左运动，此时，液压缸8左腔的油液经管路A、换向阀7、管路T流回油箱。因此，可通过控制换向阀7两端电磁铁的通断电情况，使换向阀7的阀芯左、右移动，从而控制工作台的往复运动。

工作台的往复运动速度可根据需要进行调整，由节流阀6和溢流阀5配合来实现。节流阀就像水龙头一样，可以开大，也可以关小。当开大时，经节流阀6进入系统的油液就增多，工作台的运动速度就加快，同时经溢流阀5流回油箱的油液就相应减少；当关小时，工作台的运动速度就减慢，同时经溢流阀5流回油箱的油液就相应增加，从而控制工作台的运动速度。工作台运动时，还要克服一定的阻力，这些阻力由液压泵输出油液的压力来克服，因此，要求液压泵输出的油液压力应能进行调节，这个功能是由溢流阀5来完成的。

从上述例子可以看出，一个完整的液压传动系统由以下几部分组成：

1）动力元件：液压泵，是将原动机输出的机械能转换成液体压力能的元件，其作用是向液压系统提供压力油。液压泵是液压系统的心脏。

2）执行元件：液压缸和液压马达，把液体压力能转换成机械能以驱动工作机构的元件。

3）控制元件：各种控制阀，包括压力、方向和流量控制阀，是对系统中油液压力、流量和方向进行控制和调节的元件。

4）辅助元件：上述三个组成部分以外的其他元件，如管道、管接头、油箱和过滤器等为辅助元件，起连接、输油、过滤、储存压力油和测压等作用，它们对保证液压系统可靠稳定地工作，具有非常重要的作用。

5）工作介质：液压油，是传递能量的介质，直接影响着液压系统的工作性能和可靠性。

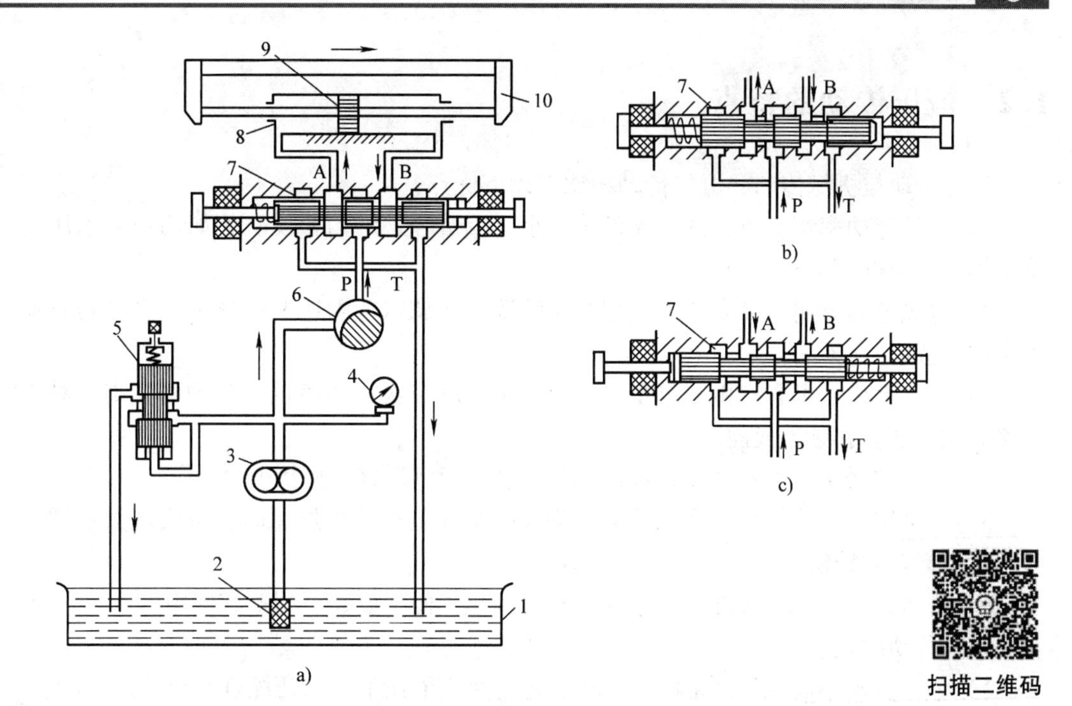

图 1-2　简化的机床工作台液压传动系统结构原理图
1—油箱　2—过滤器　3—液压泵　4—压力计　5—溢流阀
6—节流阀　7—换向阀　8—液压缸　9—活塞　10—工作台

扫描二维码
观看动画

1.1.3　液压系统的图形符号

图 1-2 所示的液压传动系统图是一种半结构式的工作原理图，称为结构原理图。它直观性强，容易理解，但难以绘制。在实际绘图工作中，除少数特殊情况外，一般都采用图形符号（参见附录 B）来表示，如图 1-3 所示。图形符号表示元件的功能，而不表示元件的具体结构和参数；反映各元件在油路连接上的相互关系，不反映其空间安装位置；只反映元件的静态位置或初始位置的工作状态，不反映其传动过程。GB/T 786.1—2009《流体传动系统及元件图形符号和回路图　第 1 部分：用于常规用途和数据处理的图形符号》对元件图形符号进行了规定。使用图形符号表示既便于绘制，又可使液压系统简单明了。液压元件的图形符号在系统中均以元件的静止位置或常态位表示。但在实际使用中，有些液压元件无法采用图形符号绘制时，仍允许采用结构原理图表示。

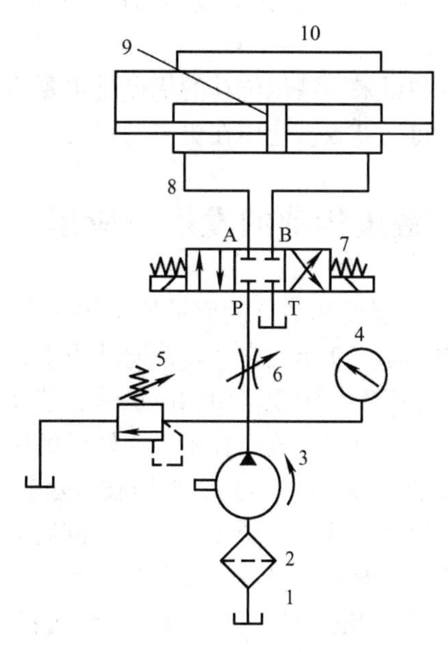

图 1-3　简化的机床工作台液压传动系统图
1—油箱　2—过滤器　3—液压泵　4—压力计
5—溢流阀　6—节流阀　7—换向阀
8—液压缸　9—活塞　10—工作台

1.2 液压传动的特点

液压传动与机械传动、电气传动相比有以下优点：

1）在同等功率情况下，液压元件体积小、重量轻、结构紧凑。例如同功率液压马达的重量约为电动机的1/6。

2）操纵控制方便，可实现大范围的无级调速（调速范围达1～2000），并且可在运行过程中进行调速。

3）工作平稳、可靠。由于重量轻，惯性小，反应快，噪声低，传动精度高，易于实现快速启动、制动和频繁换向。

4）采用矿物油为工作介质，零件相对运动表面润滑好，使用寿命长。

5）容易实现过载保护，当采用电液联合控制甚至计算机控制时，可实现大负载、高精度、远距离自动控制。

6）液压元件实现了标准化、系列化和通用化，便于设计、制造和使用。

液压传动的缺点：

1）液压传动不能保证严格的传动比，这是由于液压油的可压缩性和泄漏造成的。

2）工作性能易受温度变化的影响，因此不宜在高温或低温下工作。

3）由于流体流动的阻力损失和泄漏较大，所以总效率较低。如果处理不当，那么泄漏不仅污染场地，而且还可能引起火灾和爆炸事故。

4）液压元件出现故障时较难查找。

5）为了减少泄漏，液压元件在制造精度上要求较高，因此造价高，且对油液的污染比较敏感。

总的说来，液压传动的优点是主要的，其缺点将随着电子技术和其他控制技术的发展而进一步得到克服，使用在更多的场合。

1.3 液压传动的发展与应用

自18世纪末英国制成世界上第一台水压机算起，液压传动技术已有二三百年的历史。直到20世纪30年代它才较普遍地用于起重机、机床及工程机械。在第二次世界大战期间，由于战争需要，出现了由响应迅速、精度高的液压控制机构所装备的各种军事武器。第二次世界大战结束后，液压技术迅速转向民用工业，不断应用于各种自动机及自动化生产线上。

20世纪60年代以后，液压技术随着原子能技术、空间技术和计算机技术的发展而迅速发展。因此，液压传动真正的发展也只是近三四十年的事。当前液压技术正向迅速、高压、大功率、高效、低噪声、经久耐用和高度集成化的方向发展。同时，新型液压元件和液压系统的计算机辅助设计（CAD）、计算机辅助测试（CAT）、计算机直接控制（CDC）、机电一体化技术和可靠性技术等方面也是当前液压传动及控制技术发展和研究的方向。而且，我国的液压元件现已形成了标准化、系列化和通用化的产品。

近30年来，由于航空航天技术、控制技术、材料科学、微电子技术和计算机技术等学科的发展，再次将液压技术推向前进，使它发展成为包括传动、控制和检测在内的一门完整的自动化技术，在国民经济的各个部门，如工程机械、数控加工中心、冶金机械和航空航天工程等领域得到了广泛应用。

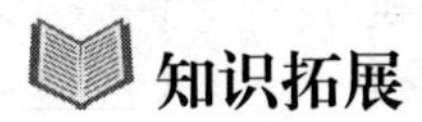

知识拓展

水压传动简介

水压传动技术是目前兴起的基于绿色设计的一门“新技术”。近年来，由于对液压系统的安全性、环保性以及可持续发展的要求越来越高，人们仍在继续寻找新型的、理想的液压传动介质。由于水具有清洁、无污染、安全、取之方便、再利用率高、处理简单等优点，用其取代矿物油不仅能够解决未来因石油枯竭带来的能源危机，而且能够解决因矿物油泄漏和排放带来的污染问题，是一种非常理想的“绿色环保工作介质”。

纯水作为一种传动介质，具有成本低廉、阻燃性能好、安全性和经济性高等优点，可在高温环境下使用，特别是在高温明火等场合如冶金行业突显出其优越性；由于纯水理论上是不可压缩的，因此作为工作介质可使控制系统的执行器实现更准确的定位；在一些特殊场合如食品、制药、制漆、木材加工等对产品的洁净度要求高的行业，可以避免对环境和产品造成污染。

小　　结

1. 液压传动必须在密闭的容器内进行。
2. 液压传动是以液体的压力能来传递运动和动力的一种传动方式。
3. 液压传动系统由动力元件、执行元件、控制元件、辅助元件和工作介质五部分组成。
4. 液压元件的图形符号和系统原理图按 GB/T 786.1—2009 绘制，系统中元件符号均按静态位置绘制。

习　　题

1-1　填空题

1. 液压传动是以(　　　)为传动介质，利用液体的(　　　)来实现运动和动力传递的一种传动方式。
2. 液压传动必须在(　　　)进行，依靠液体的(　　　)来传递动力，依靠(　　　)来传递运动。
3. 液压传动系统由(　　　)、(　　　)、(　　　)、(　　　)和(　　　)五部分组成。
4. 在液压传动中，液压泵是(　　　)元件，它将输入的(　　)能转换成(　　)能，向系统提供动力。
5. 在液压传动中，液压缸是(　　　)元件，它将输入的(　　　)能转换成(　　　)能。
6. 各种控制阀用以控制液压系统所需要的(　　　)、(　　　)和(　　　)，以保证执行元件满足各种不同的工作要求。
7. 液压元件的图形符号只表示元件的(　　　)，不表示元件的(　　　)和(　　　)，以及连接口的实际位置和元件的(　　　)。
8. 液压元件的图形符号在系统中均以元件的(　　　)表示。

1-2 判断题

1. 液压传动不易获得很大的力和转矩。 ( )
2. 液压传动装置工作平稳，能方便地实现无级调速，但不能快速起动、制动和频繁换向。 ( )
3. 液压传动与机械、电气传动相配合时，易实现较复杂的自动工作循环。 ( )
4. 液压传动系统适宜在传动比要求严格的场合采用。 ( )

第2章　液压流体力学基础

导读:

液体是液压传动的工作介质，液压传动最常用的工作介质是液压油，此外，还有乳化型传动液和合成型传动液。在液压系统中液压油的主要作用是传递能量和信号，同时也起润滑、冷却和防锈等作用。

本章主要讲述液体的物理性质、液体的压力及表示方法、液体静力学的基本特性和液体流动的基本规律等，它对正确理解和掌握液压传动的基本原理是十分重要的。本章难点是液压油的黏性和伯努利方程的应用。

液压油的物理性质：密度；可压缩性；黏性

三个重要方程：

- 液体静压力基本方程：$p=p_0+\rho gh$
- 连续性方程：$v_1A_1=v_2A_2=$常数
- 理想液体的伯努利方程：$\dfrac{p_1}{\rho g}+h_1+\dfrac{v_1^2}{2g}=\dfrac{p_2}{\rho g}+h_2+\dfrac{v_2^2}{2g}$

2.1　液压油

2.1.1　液压油的主要物理性质

1. 密度

液体的密度是指单位体积液体的质量，即

$$\rho=\frac{m}{V} \tag{2-1}$$

式中，ρ是液体的密度（kg/m^3）；m是液体的质量（kg）；V是液体的体积（m^3）。

密度是液压油的一个重要物理性质。一般密度随温度的上升而有所减小，随压力的提高而稍有增加，但变动值很小，可以认为是常数。我国采用20℃时的密度ρ_{20}作为油液的标准密度，一般取液压油的密度为900kg/m^3，取水的密度为1000kg/m^3。常用液压油和传动液的密度见表2-1。

表2-1　常用液压油和传动液的密度　（单位：kg/m^3）

种　类	ρ_{20}	种　类	ρ_{20}
石油基液压油	850～900	增黏高水基液	1003
水包油乳化液	998	水-乙二醇液	1060
油包水乳化液	932	磷酸酯液	1150

2. 可压缩性

液体的可压缩性是指液体受压后体积会减小的性质，其大小可用两种参数表示：

（1）体积压缩率 κ 体积压缩率 κ 是指液体在单位压力变化下体积的相对变化量，即

$$\kappa = -\frac{1}{\Delta p} \times \frac{\Delta V}{V} \tag{2-2}$$

式中，κ 是液体的体积压缩率（1/Pa）；Δp 是压力的变化量（Pa），$\Delta p = p_1 - p$；p、p_1 分别是液体变化前后的压力（Pa）；ΔV 是体积相对变化量（m^3），$\Delta V = V_1 - V$；V、V_1 分别是液体压力变化前后的体积（m^3）。

由于压力增大时液体的体积减小，因此上式右边须加一负号，以使 κ 成为正值。

（2）体积模量 K 液体体积压缩率 κ 的倒数称为体积模量 K，即 $K = 1/\kappa$，也称体积弹性模量，又称压缩模量。各种液压传动工作介质的体积模量见表 2-2。由表中石油型液压油体积模量的数值可知，它的可压缩性是普通钢材的 100 ~ 150 倍［钢的体积模量为（200 ~ 210）$\times 10^9$Pa］。

表 2-2 各种液压传动工作介质的体积模量（20℃，1atm）

液压传动工作介质种类	K/Pa	液压传动工作介质种类	K/Pa
石油型	$(1.4 \sim 2.0) \times 10^9$	水-乙二醇液	3.15×10^9
水包油乳化液（W/O 型）	1.95×10^9	磷酸脂液	2.65×10^9

注：atm 是非法定计量单位，1atm = 101325Pa。

液压传动工作介质的体积模量和温度、压力有关：温度增加时，K 值减小。在液压传动正常的工作范围内，K 值的变化为 5% ~ 25%。压力增大时，K 值增大。但这种变化不呈线性关系，当 $p \geqslant 3$MPa 时，K 值基本上不再增大。液压传动工作介质中如混有气泡，则 K 值将大大减小。故应将液压系统中油液内的空气含量减少到最低值。

液压传动工作介质的可压缩性对在动态工作的液压系统来说影响极大，但对于对动态性能要求不高、而仅考虑在静态（稳态）下工作的液压系统，一般可以不予考虑。

3. 黏性

液体在外力作用下流动（或有流动趋势）时，分子间的内聚力要阻止分子间的相对运动而产生一种内摩擦力，这种现象称为液体的黏性。液体只有在流动（或有流动趋势）时才会呈现出黏性，静止液体是不呈现黏性的。液体黏性的大小用黏度来表示。黏度是选择液压油的主要指标，是影响液体流动的重要物理性质。

（1）黏度的物理意义 液体流动时，黏性会使液体内部各处的速度不相等，以图 2-1 为例来说明。设距离为 h 的两平行平板间充满液体，上平板以速度 u_0 相对于静止的下平板向右移动。由于液体的黏性，紧靠上平板的液体层将随上平板一起以速度 u_0 向右移动，紧靠下平板的液体层将与下平板一起静止不动，而中间各层液体则从上至下按照递减的速度向右移动，这是因为相邻两层液体间存在内摩擦力，该力对上层液体的运动起阻滞作用，而对下层液体起拖拽作

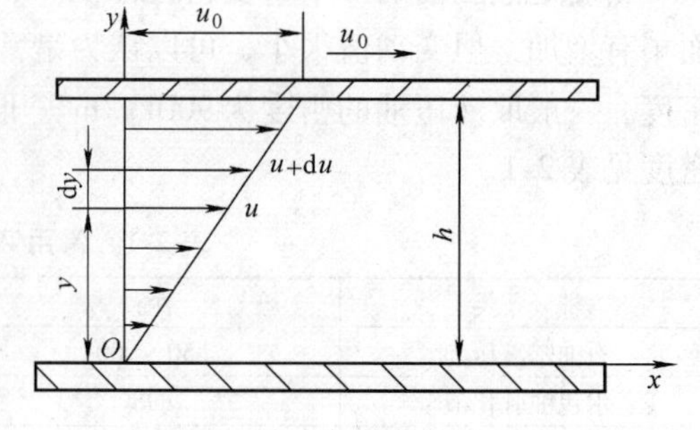

图 2-1 液体的黏性示意图

用。中间各液层的速度视它距下平板的距离按曲线规律或线性规律变化。

由试验可知，液体流动时，相邻液层间的内摩擦力 F 与液层接触面积 A、液层间的速度梯度 du/dy 成正比，即

$$F=\mu A\frac{du}{dy} \tag{2-3}$$

式中，μ 是比例常数，称为黏度。如以τ表示切应力，则

$$\tau=\frac{F}{A}=\mu\frac{du}{dy} \tag{2-4}$$

即各液层之间的切应力τ等于单位面积 A 上具有的内摩擦力 F，这就是牛顿的液体内摩擦定律。

由式(2-4）可知，对于静止液体来说，速度梯度 $du/dy=0$，所以液体在静止状态下是不呈现黏性的。

（2）黏度的三种表示方法

1）动力黏度μ。动力黏度简称黏度。由式(2-4）可得

$$\mu=\frac{F}{A\frac{du}{dy}} \tag{2-5}$$

可见，动力黏度μ 是液体在单位速度梯度下流动时，单位面积上产生的内摩擦力。μ 的单位是 Pa·s。

2）运动黏度ν。运动黏度ν 是液体的动力黏度μ 与其密度ρ 的比值，即

$$\nu=\frac{\mu}{\rho} \tag{2-6}$$

式中，ν 的单位是 m^2/s。

就物理意义来说，ν 不是一个黏度的量，只是工程上常用它标志液压油的黏度。一般来说，液压传动工作介质的黏度等级是以 40℃时运动黏度的中心值来划分的，如某一种牌号 L－HL22 表示普通液压油在 40℃时运动黏度的中心值为 $22mm^2/s$。

3）相对黏度。相对黏度又称为条件黏度。它是采用特定的黏度计，在规定的条件下测量出来的液体黏度。根据测量条件不同，各国采用的相对黏度的单位也不同。美国用的 SSU（赛氏秒）称为赛氏黏度，英国用的 Rs(雷氏秒）称为雷氏黏度，我国和欧洲一些国家采用的°E称为恩氏黏度。

恩氏黏度是采用恩氏黏度计在规定的条件下测量出来的液体相对于水的黏度。即将 200mL 的被测液体装入底部有 ϕ2.8mm 小孔的恩氏黏度计的容器中，在某一温度 t(℃）下测出全部液体在自重作用下流过小孔所需的时间 t_1，然后再测出同体积的蒸馏水在 20℃时流过同一小孔所需的时间 t_2($t_2=50\sim52s$)，则 t_1 与 t_2 的比值即是该液体在 t(℃）时的恩氏黏度，即

$$°E_t=\frac{t_1}{t_2} \tag{2-7}$$

恩氏黏度°E 与运动黏度 ν(m^2/s）的关系为

$$\nu=\left(7.31°E-\frac{6.31}{°E}\right)\times10^{-6} \tag{2-8}$$

（3）调合油黏度　调合油指两种黏度不同的液压油混合而成的油。调合油黏度为

$$°E=\frac{a°E_1+b°E_2-c(°E_1-°E_2)}{100} \tag{2-9}$$

式中，$°E_1$、$°E_2$ 分别为混合前两种液压油的相对黏度（$°E_1>°E_2$）；a、b 分别为两种液压油在调合油中所占的百分数（$a\%+b\%=100\%$）；c 是与 a、b 有关的试验系数，数值见表2-3。

表2-3　试验系数 c 的数值

a	10	20	30	40	50	60	70	80	90
b	90	80	70	60	50	40	30	20	10
c	6.7	13.1	17.9	22.1	25.5	27.9	28.2	25	17

调和油黏度计算举例：

【例2-1】　有两种液压油，在相同温度下，甲液为9L，$°E_1=7$；乙液为21L，$°E_2=5$，将两种油混合，求混合油的黏度。

解：根据题意 $°E_1=7$，$°E_2=5$，则

$$a=\frac{9}{21+9}\times100=30\qquad b=\frac{21}{21+9}\times100=70$$

查表2-3，得 $c=17.9$，则

$$°E=\frac{a°E_1+b°E_2-c(°E_1-°E_2)}{100}=\frac{30\times7+70\times5-17.9(7-5)}{100}=5.242$$

（4）黏度与压力、温度的关系　液体的黏度随液体压力和温度的变化而变化。当液体的压力增加时，其分子间的距离将减小，于是内聚力增大，黏度也随之增大。但实际上，在一般液压系统使用的压力范围内，压力对黏度的影响很小，可以忽略不计。但当压力大于20MPa或压力变动较大时，则需要考虑压力对黏度的影响。

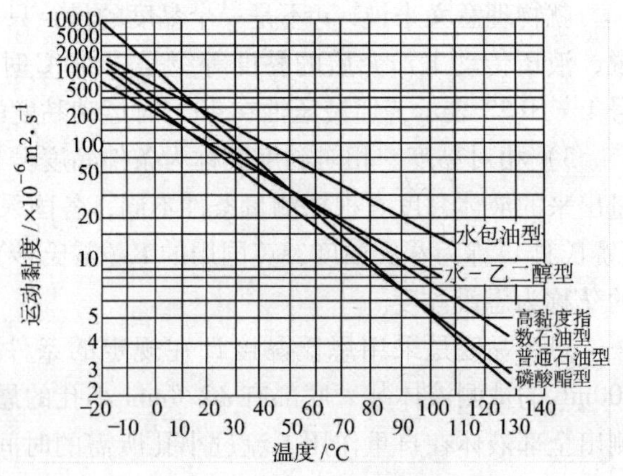

图2-2　黏度和温度的关系

液体黏度随温度变化的性质称为黏温特性，不同种类油液的黏温特性不同，如图2-2所示。液体黏度对温度的变化十分敏感，温度升高，黏度将明显下降。因为液压油黏度的变化直接影响液压系统的工作性能，所以希望油液黏度随温度的变化越小越好。

实际上在液压系统工作时，油温不能太高，最好控制在30～60℃之间。油温过高，除黏度降低外，油液还容易氧化变质，析出沥青等杂质堵塞油路，影响系统工作的可靠性。此外，油温过高还将降低油液的使用寿命。

2.1.2 液压油的分类和选用

1. 对液压油的要求

液压油是液压传动最常用的工作介质，如果说液压泵是液压系统的心脏，那么液压油就是液压系统的血液。液压油的性能会直接影响液压系统工作的可靠性、灵敏性、稳定性、系统效率和零件寿命等。

为了很好地完成液压传动工作介质的主要功能，选用液压油时应满足下列要求：

1）黏度适当，黏温特性好。在使用温度范围内，黏度随温度的变化越小越好。

2）润滑性能好。在规定的范围内有足够的油膜强度，以免产生干摩擦。

3）质地纯净，杂质少，抗泡沫性好。油液中含有机械杂质易堵塞油路，若含有易挥发性物质，则会使油液中产生气泡，影响运动平稳性。

4）化学稳定性好。在储存和工作过程中不易氧化变质，以防产生胶质沉淀物，影响系统正常工作；防止油液变酸，腐蚀金属表面。

5）对金属和密封件有良好的相容性。腐蚀性小，防腐性能强。

6）闪点要高，凝固点要低。一般液压系统中所用的液压油的闪点为130～150℃，凝固点为－15～－10℃。

7）体积膨胀系数小，比热容大。

8）对人体无害，成本低。

2. 液压油的分类

液压系统工作介质的品种由其代号和后面的数字组成，如L－HL22或L－HM32。代号中左边第一个L是石油型产品的总分类号，H表示液压系统用的工作介质，数字前的L或M代表加入有关添加剂后产品的性能代号，具体分类和代号见表2-4，数字表示为该工作介质的黏度等级（22或32分别表示该液压油在40℃时，运动黏度的中心值大约为22mm²/s或32mm²/s，见表2-6）。

表2-4 液压系统工作介质分类

分类	名称	代号	组成和特性	应　用
石油型	精制矿物油	L－HH	无抗氧剂	适用于循环润滑油，低压液压系统
	普通液压油	L－HL	在HH油基础上，改善其防锈和抗氧性	适用于一般液压系统
	抗磨液压油	L－HM	在HL油基础上，改善其抗磨特性	适用于低、中、高液压系统，特别是有防磨要求、带叶片泵的液压系统
	低温液压油	L－HV	在HM油基础上，改善其黏温特性	能在－40～－20℃的低温环境中工作，用于户外工作的工程机械和船用设备的液压系统
	高黏度指数液压油	L－HR	在HL油基础上，改善其黏温特性	黏温特性优于L－HV油，用于数控机床液压系统和伺服系统
	液压导轨油	L－HG	在HM油基础上，具有抗黏滑特性	适用于导轨和液压系统共用一种油品的机床，对导轨有良好的润滑性和防爬性
	其他液压油		加入多种添加剂	用于高品质的专用液压系统

（续）

分类	名称	代号	组成和特性	应　用
乳化型	水包油乳化液	L－HFAE	—	需要难燃液的场合
	油包水乳化液	L－HFB		
合成型	水-乙二醇液	L－HFC		
	磷酸酯液	L－HFDR		

石油型液压油是液压系统最常用的工作介质，其各项性能都优于全损耗系统用油（原称机械油）L－AN，全损耗系统用油是一种低品位、浪费资源的产品，不再生产。HL液压油已被列为全损耗系统用油的升级换代产品。

乳化型工作介质简称乳化液。它由两种互不相容的液体（如水和油）构成。液压系统乳化液分为两大类，一类是少量油分散在大量水中，称为水包油乳化液（O/W，也称为高水基液）；另一类是水分散在油中，称为油包水乳化液（W/O）。

水包油乳化液使用温度为5～50℃，其特点是黏度低、泄漏大，系统压力不宜高于7MPa，增黏型高水基液的工作压力不宜高于14MPa；泵的吸油口应保持正压，泵的转速不应超过1200r/min；而且，水包油乳化液的润滑性远低于油，高水基泵的寿命只有液压泵的一半。水包油乳化液多用于用液量特别大的液压系统。

油包水乳化液性能接近石油型液压油，抗燃性高于石油型液压油。使用油温不得高于65℃，以免汽化。

水-乙二醇液主要是由水和乙二醇组成，并加入水溶性稠化剂、抗氧防锈剂、油性抗磨剂以及抗泡剂等制成。其抗燃性优于石油型液压油，使用温度为－20～50℃，低温性能好，适合于飞机液压系统。润滑性不如石油型液压油，液压泵的磨损比用石油型液压油高3～4倍，系统工作压力应低于14MPa。

磷酸酯液是由无水磷酸酯作为基础液，加入黏度指数剂等各种添加剂制成，使用温度为－20～100℃。它的难燃性好，自燃点高，挥发性低，氧化稳定性好，润滑性好。但黏温性和低温性能较差，和丁腈橡胶不相溶。有微毒，应避免和皮肤直接接触。适用于冶金设备、汽轮机等高温、高压系统，也常用于大型民航客机的液压系统。

3. 液压油的选择

在选用液压油时，通常最先考虑的是油液的黏度。一般，当液压系统在高温、高压下工作，或工作部件运动速度较慢时，为了减少泄漏，宜采用黏度较高的液压油。反之，当液压系统在低温、低压下工作，或工作部件运动速度较快时，为了减少功率损失，宜采用黏度较低的液压油。

当液压油的某些性能指标不能满足液压系统的要求时，可以在油液中加入抗氧化、抗泡沫、抗磨损或防锈蚀等添加剂，以改进油液的性能，使之适用于某些特定的场合。

表2-5为按液压泵类型推荐采用的液压油黏度表，可供选择时参考。

对于不同性能参数的液压系统，应选用不同性能的液压油。过去，由于全损耗系统用油来源方便、价格便宜而被广泛采用。但是全损耗系统用油的性能较差，有时会使液压设备生锈，系统易发生故障，使整机性能达不到设计要求，从而导致设备寿命降低等。对于要求高的液压系统，可采用L－HL液压油。这种液压油具有良好的抗氧和防锈性能，按黏度等级分为15、22、32、46、68、100号等六个品种。其标记（示例）为液压油L－HL32。也可选用L－HM液压油，这种油具有良好的抗氧、防锈和抗磨性能，按黏度等级分为22、32、46、68号等四个品种。其标记（示例）为液压油L－HM32。

表2-5　按液压泵类型推荐采用的液压油黏度

液压泵类型		工作介质黏度 $\nu_{40}/mm^2 \cdot s^{-1}$	
		液压系统温度5～40℃	液压系统温度40～80℃
齿轮泵		30～70	65～165
叶片泵	$p<7.0MPa$	30～50	40～75
	$p \geqslant 7.0MPa$	50～70	55～90
径向柱塞泵		30～80	65～240
轴向柱塞泵		40～75	70～150

上述L－HL和L－HM两种液压油的黏度见表2-6。

表2-6　L－HL和L－HM液压油的黏度表

品种	L－HL						L－HM			
黏度等级（按GB/T 3141—1994）	15	22	32	46	68	100	22	32	46	68
运动黏度(40℃) $/mm^2 \cdot s^{-1}$	13.5～16.5	19.8～24.2	28.8～35.2	41.4～50.6	61.2～74.8	90.0～110	19.8～24.2	28.8～35.2	41.4～50.6	61.2～74.8

正确选择及合理地使用和维护液压油，可提高液压系统的工作性能和液压元件寿命。因此，在使用和维护中应**注意下面问题：**

1）保持液压系统清洁，防止杂质进入液压油中。为此，要建立“新油不干净”的概念。加油前一定要过滤，油箱要封闭，定期换油，彻底清洗等。

2）防止气体进入油中。为此，要做到所有回油管都在油箱液面以下，管口切成斜断面；液压泵吸油管应严格密封；吸油高度尽可能小些；定期检查液面高度；在可能的情况下，应在系统最高点设置排气阀。

3）防止水分进入油中。为此，油桶不宜在露天和潮湿的环境中存放；液压元件可能与水或水气接触处应严加密封。

2.2　液体静力学基础

液体静力学主要讨论液体静止时的平衡规律以及这些规律的应用。所谓“液体静止”是指液体内部质点间没有相对运动，液体不呈现黏性。对于盛装在容器里的液体，可看做“刚体”来研究，它可以随容器一起处于静止状态或者作匀速、匀加速等各种运动。

2.2.1　液体静压力及其特性

1. 液体的静压力

从重力作用下的静止液体中，取出液体单元，如图2-3所示。作用在液体上有两种力，即重力和表面张力。液体的重力 $G=mg$。表面张力分为外力和内力两种。外力是与流体相接触的其他物体（如容器或其他液体）作用在液体上的力，内力是一部分液体作用在另一部分液体上的力。表面张力又分为法向力 F 和切向力 F_t。当液体静止时，由于液体质点间没有相对运动，不存在摩擦力，所以静止液体的表面张力只有法向力。如果液体内某点处单位面积 ΔA 上所受到的法向力为 ΔF，则 $\Delta F/\Delta A$ 的极限称为该点的静压力 p，即

$$p=\lim_{\Delta A\to 0}\frac{\Delta F}{\Delta A} \tag{2-10}$$

如法向力 F 均匀地作用于面积 A 上，则静压力可表示为

$$p=\frac{F}{A} \tag{2-11}$$

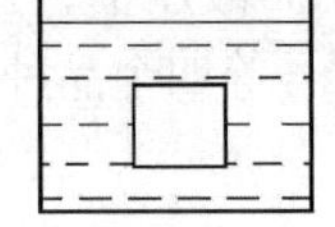

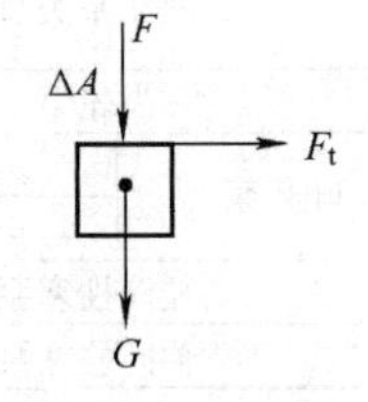

图2-3 静止液体受力分析

可见，液体的静压力在物理学中称为压强，在液压传动中习惯称为压力。

2. 液体静压力的特性

由于液体质点间的凝聚力很小，且只能受压，不能受拉，所以液体的静压力具有两个重要特性：

1）液体静压力的方向总是垂直于作用面的内法线方向。

2）静止液体内任一点的液体静压力在各个方向上都相等。

2.2.2 液体静压力的基本方程

在重力作用下的静止液体，其受力情况如图2-4a所示，除了液体的重力、液面上的压力 p_0 以外，还有容器壁面对液体的压力。现要求得液体内离液面深度为 h 的 C 点处的压力 p，可以在液体内取出一个底面通过该点的、底面积为 ΔA 的垂直小液柱来研究，如图2-4b所示。该液柱的受力情况是：液柱的重力为 $G=\rho gh\Delta A$（g 为重力加速度），液柱顶面受外加压力 p_0 的作用，底面受压力 p 的作用，周围液体的压力对液柱产生的作用力因为对称分布而互相抵消。由于液柱处于平衡状态，所以在垂直方向上的力存在如下关系：

$$p\Delta A=p_0\Delta A+\rho gh\Delta A \tag{2-12}$$

等式两边同除以 ΔA，则有

$$p=p_0+\rho gh \tag{2-13}$$

上式即为液体静压力的基本方程，由此式可知：

1）静止液体内任一点处的压力由两部分组成，一部分是液面上的压力 p_0，另一部分是由该点以上液体自重（或者说由液体高度）所产生的压力 ρgh。当液面上只受大气压力 p_a 作用时，该点 A 处的压力则为

$$p=p_a+\rho gh \tag{2-14}$$

2）同一容器中同一液体内压力随液体深度 h 的增加而线性地增加，如图2-4c所示。

3）连通器内同一液体中深度 h 相同的各点压力都相等。由压力相等的点组成的面称为等压面。在重力作用下静止液体中的等压面是一个水平面。等压面是液体静力学的重要概念，解决静力学问题时确定等压面十分重要。

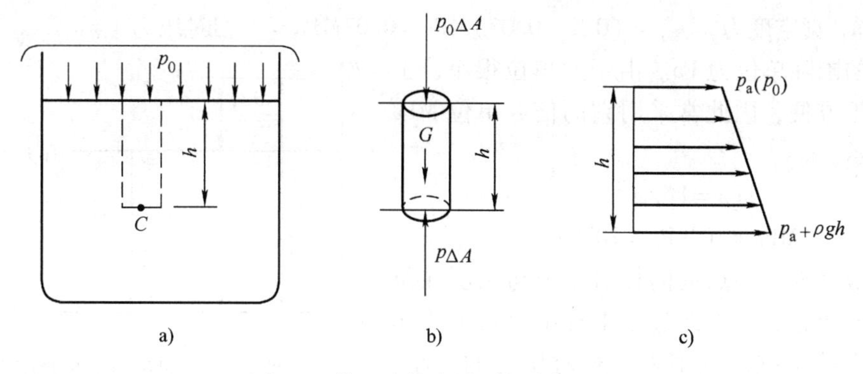

图2-4　静止液体内的压力分布规律

【例2-2】　如图2-5所示，设直径为d、重量为G的柱塞在F的作用下处于平衡，液体密度为ρ，柱塞侵入深度为h，求测压管内液体上升高度x。

解：设柱塞底部所在平面为等压面$a-a$，其压力为$p=p_a+\rho g(x+h)$。

令大气压力$p_a=0$，则$p=\rho g(x+h)$。

由$F+G=\rho g(x+h)\dfrac{\pi}{4}d^2$，得$x=\dfrac{F+G}{\rho g\dfrac{\pi}{4}d^2}-h$。

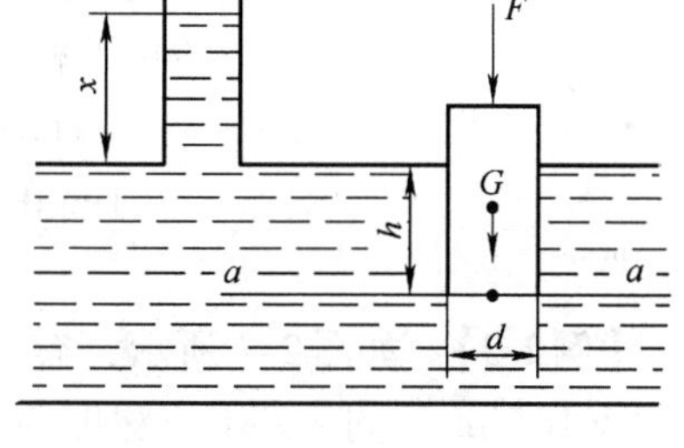

图2-5　例2-2图

2.2.3　压力的表示方法及单位

根据度量基准的不同，液体的压力有绝对压力和相对压力两种表示方法。绝对压力是以绝对零压力作为基准所度量的压力；相对压力是以大气压力作为基准所度量的压力。大气压力为地球表面的压力。显然，绝对压力与相对压力的关系为

绝对压力 = 相对压力 + 大气压力

可见，式(2-14)所表示的压力p是液体内某点的绝对压力；而式中超出大气压力的那部分压力$p-p_a=\rho gh$，就是该点的相对压力。

由于在地球表面上的物体受大气压力的作用都是自相平衡的，大多数压力计在大气压力下读数为零，所测得的压力值都是相对压力，故相对压力也称表压力。在液压技术中如不特殊指明，所提到的压力均为相对压力。

如果液体中某点处的绝对压力低于大气压，则绝对压力比大气压力小的那部分数值称为该点的真空度。显然

真空度 = 大气压力 − 绝对压力

由此可知，当以大气压为基准计算压力时，基准以上的相对压力为正值，是表压力；基准以下的相对压力为负值，此时真空度 = ｜相对压力｜。

绝对压力、相对压力和真空度的相互关系如图2-6所示。

注意：*真空度永远为正值。*

例如，当液体内某点处绝对压力p为0.03MPa时，其相对压力为$p-p_a=(0.03-0.1)\text{MPa}=$

-0.07MPa，真空度为 $p_a - p = (0.1-0.03)\text{MPa} = 0.07\text{MPa} = |$相对压力$|$。

压力的国际单位为 Pa。由于此单位很小，工程上使用不方便，因此常采用它的倍数单位 MPa 和 kPa 表示。

$$1\text{Pa} = 1\text{N/m}^2$$
$$1\text{MPa} = 10^3\text{kPa} = 10^6\text{Pa}$$

由于液体内某一点处的相对压力与它所在位置的高度 h 成正比，因此过去工程中也常采用非法定计量单位液柱高度来表示相对压力的大小。另外，也有采用非法定计量单位 bar(巴) 来表示压力单位的。

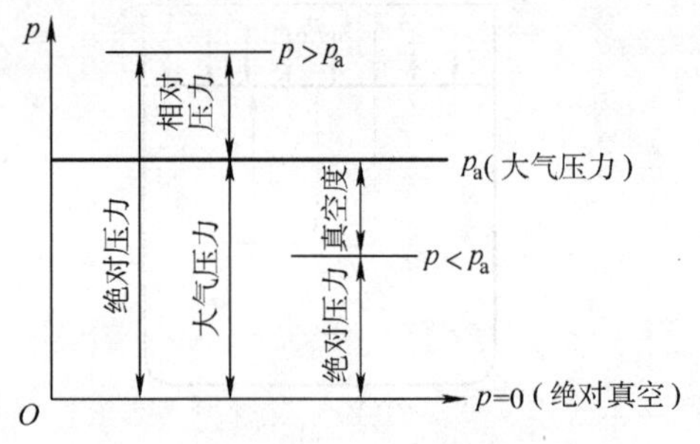

图 2-6 绝对压力、相对压力和真空度的相互关系

压力的单位 Pa 与其他非法定计量单位的换算关系为

$$1\text{at}(\text{工程大气压}) = 1\text{kgf/cm}^2 = 9.8\times10^4\text{Pa}$$
$$1\text{mH}_2\text{O}(\text{米水柱}) = 9.8\times10^3\text{Pa}$$
$$1\text{mmHg}(\text{毫米汞柱}) = 1.33\times10^2\text{Pa}$$
$$1\text{bar} = 10^5\text{Pa}$$

【例 2-3】 如图 2-7 所示，容器内充满油液，活塞上的作用力 $F=1000\text{N}$，活塞的面积 $A=1\times10^{-3}\text{m}^2$，问活塞下方深度为 $h=0.5\text{m}$ 处的压力等于多少？油液的密度 $\rho=900\text{kg/m}^3$。

解：活塞和液面接触处的压力为

$$p_0 = \frac{F}{A} = \frac{1000}{1\times10^{-3}}\text{Pa} = 10^6\text{Pa}$$

根据静力学基本方程，深度为 h 处的液体压力为

$$\begin{aligned} p &= p_0 + \rho g h = (10^6 + 900\times9.8\times0.5)\text{Pa} \\ &= 1.0044\times10^6\text{Pa} \approx 1.0\text{MPa} \end{aligned}$$

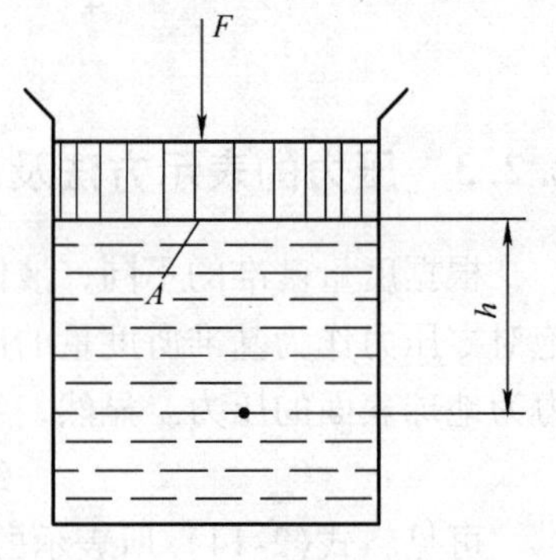

图 2-7 液体内压力计算图

由此可见，液体在受外界压力作用的情况下，由液体自重（或液柱高度）所引起的那部分压力 ρgh 相对甚小，可以忽略不计，并认为整个液体内部的压力是近似相等的。因而对液压传动来说，一般不考虑液体位置高度对于压力的影响，可以认为静止液体内各处的压力都是相等的。

2.2.4 帕斯卡原理

如图 2-7 所示，盛放在密闭容器内的液体，当外力 F 变化引起外加压力 p_0 发生变化时，只要液体仍保持其原来的静止状态不变，液体中任一点的压力均将发生同样大小的变化。这就是说，在密闭容器内，施加于静止液体上的压力将以等值方式传递到液体内各点。这就是静压传递原理或称帕斯卡原理。

现以图 2-8 为例来说明帕斯卡原理的应用。图中垂直液压缸、水平液压缸的截面积分别为 A_1、A_2，活塞上作用的负载分别为 F_1、F_2。由于两缸互相连通，构成一个密闭容器，因此按帕斯卡原理，缸内压力到处相等，$p_1 \approx p_2$，于是

$$F_2=\frac{A_2}{A_1}F_1 \tag{2-15}$$

如果垂直液压缸的活塞上没有负载，则当略去活塞重量及其他阻力时，不论怎样推动水平液压缸的活塞，也不能在液体中形成压力，这说明**液压系统中的工作压力是由外界负载决定的**，这是液压传动中的一个重要概念。

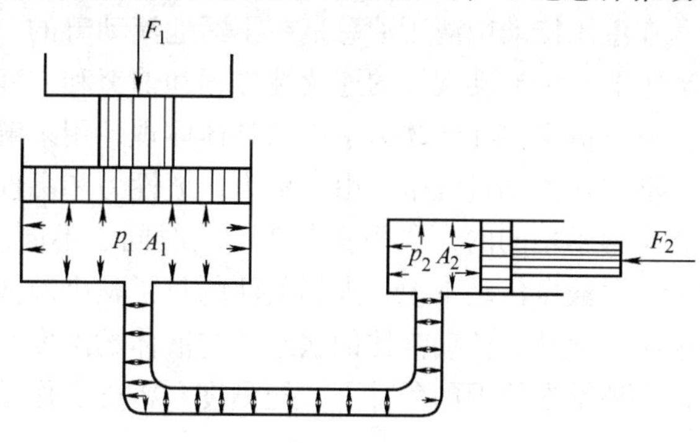

图 2-8　帕斯卡原理的应用

2.2.5　液体静压力对固体壁面的作用力

静止液体和固体壁面相接触时，固体壁面上各点在某一方向上所受静压作用力的总和，便是液体在该方向上作用于固体壁面上的力。因为在液压传动计算中由液体自重引起的压力（ρgh）可以忽略，静压力处处相等，所以可认为作用于固体壁面上的压力是均匀分布的。

当固体壁面是一个平面时，如图 2-9a 所示，则压力 p 作用在活塞（活塞直径为 D、面积为 A）上的力 F 即为

$$F=pA=p\frac{\pi D^2}{4}$$

当固体壁面是一个曲面时，作用在曲面上各点的液体压力是不平行的，但是压力的大小是相等的，因而作用在曲面上的总作用力在不同方向是不一样的，因此必须首先明确要计算的是曲面上哪一个方向的力。

图 2-9b、c 所示为固体壁面是球面和圆锥体面的情况，此时液体压力 p 沿垂直方向作用在球面和圆锥体面上的力 F，就等于液体的压力 p 与液体作用于该部分曲面在垂直方向的投影面积 A 的乘积，其作用点通过投影圆的圆心，其方向向上，即

$$F=pA=p\frac{\pi d^2}{4}$$

式中，d 为承压部分曲面在垂直方向投影圆的直径。

由此可见，液体压力对曲面在某一方向上的作用力等于液体压力与曲面在该方向的垂直面内投影面积的乘积。

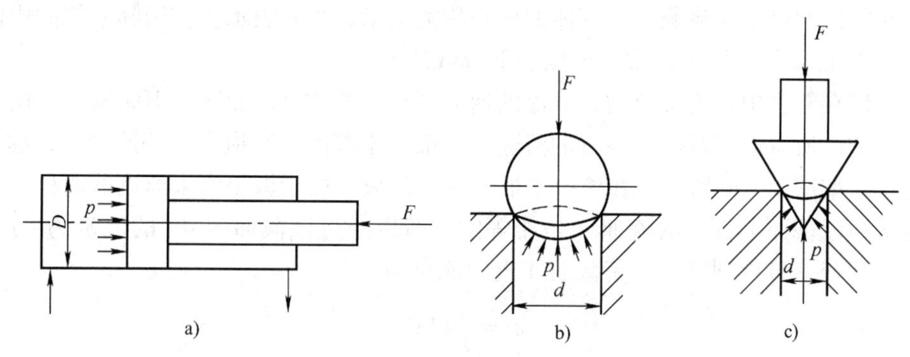

图 2-9　液体压力作用在固体壁面上的力

2.3 液体动力学

在液压传动中液压油总是在不断地流动着的，因此必须研究液体运动时的现象和规律。本节主要介绍流动液体的连续性方程和伯努利方程，这两个方程是刚体力学中质量守恒定律和能量守恒定律在流体力学中的具体体现，用来解决压力、流速和流量之间的关系。

液体在流动过程中，由于重力、惯性力和黏性摩擦力等的影响，其内部各处质点的运动状态是各不相同的，这些质点在不同时间、不同空间的运动变化对液体的能量损耗有所影响。但对液压传动来说，人们关注的只是整个液体在空间某特定点处或特定区域内的平均运动情况。此外，流动液体的状态还与液体的温度、黏度等参数有关。为了简化条件，便于分析，一般都在等温的条件下，把黏度和密度看作是常量来讨论液体的流动情况。

2.3.1 基本概念

1. 理想液体、定常流动和一维流动

实际液体是既有黏性又可压缩的液体，但为简化起见，在分析问题时可以先假定液体为无黏性、不可压缩的理想液体，然后再根据试验结果，对理想液体的基本方程加以修正，使之比较符合实际情况。

液体流动时，若液体中任何一点的压力、速度和密度都不随时间变化而变化，则这种流动就称为定常流动（恒定流动或非时变流动）；反之，只要压力、速度和密度中有一个量随时间变化而变化，液体就作非定常流动（非恒定流动或时变流动）。定常流动与时间无关，研究比较方便，而研究非定常流动就复杂得多。因此，在研究液压系统的静态性能时，往往将一些非定常流动问题适当简化，作为定常流动来处理。但在研究其动态性能时则必须按非定常流动来考虑（本书主要研究液压系统的静态性能）。

当液体整体作线形流动时，称为一维流动，当作平面或空间流动时，称为二维或三维流动。一维流动最简单，但是严格意义上的一维流动要求液流截面上各点处的速度矢量完全相同，这种情况在实际液流中极为少见，液压传动中常把封闭容器内的液体的流动按一维流动处理，再用试验数据来修正其结果。

2. 通流截面、流量和平均流速

液体在管道中流动时，垂直于流动方向的截面称为通流截面。

单位时间内通过某通流截面的液体的体积称为流量，用 q 表示。在国际单位制中流量的单位为 m^3/s，在实际使用中，常用单位为 L/min 或 mL/s。

假设液体在管道中作定常流动，液流的通流截面面积为 A，如图 2-10a 所示。由于液体是具有黏性的，所以通流截面上各点的流速 u 一般是不等的，管道中心流速较大，越靠近管壁流速越小，如图 2-10b 所示。在液流中取一微小流束，由于微小流束通流截面积 $\mathrm{d}A$ 很小，可以认为该通流截面上各点的流速 u 是相等的，所以通过该截面积 $\mathrm{d}A$ 的流量为 $\mathrm{d}q = u\mathrm{d}A$，对此式进行积分，可得到整个通流截面 A 上的流量为

$$q = \int_A u\mathrm{d}A \tag{2-16}$$

在工程实际中，直接从式(2-16) 来求流量是困难的，为了便于计算，引入平均流速的

概念。假想在整个通流截面上液体的流速是均匀分布的，且按平均流速 v 乘以通流截面面积 A 所得到的流量与实际的不均匀流速通过的流量相等，即

$$q = \int_A u\mathrm{d}A = vA$$

故平均流速为

$$v = \frac{q}{A} \tag{2-17}$$

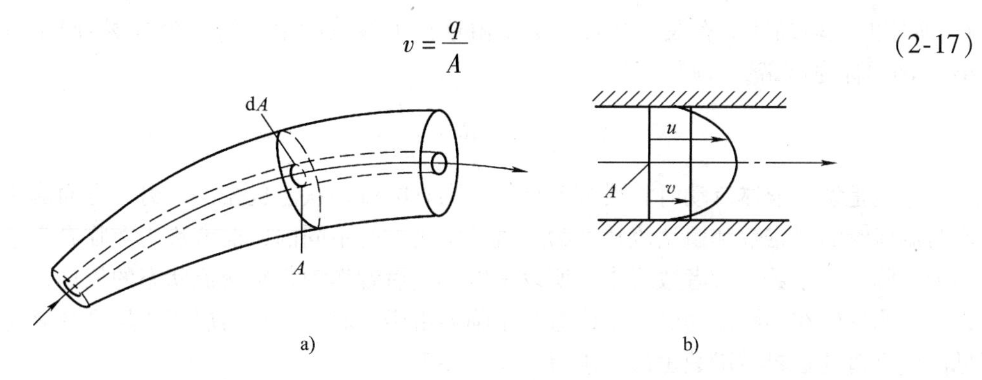

图 2-10　流量和平均流速

3. *流动液体的压力*

静止液体内任意点处的压力在各个方向上都是相等的，但是在流动液体内，由于惯性力和黏性力的影响，任意点处在各个方向上的压力并不相等，但数值相差甚微。当惯性力很小，且把液体当做理想液体时，流动液体内任意点处的压力在各个方向上的数值可以看作是相等的。

4. *层流、湍流和雷诺数*

19 世纪末，雷诺（Reynolds）通过试验观察了水在圆管内的流动情况，发现当液体的流速变化时，其流动状态也变化。雷诺试验原理如图 2-11a 所示，水箱 6 由水管 2 不断供水，并由溢流管 1 保持水箱水面高度不变。容器 3 中盛有密度与水相同的红色液体，打开开关 4 后，红色液体将由细管流入玻璃管 7 中。调节开关 8 的开度可控制玻璃管中液体的流速。在低速流动时，红色液流呈一条直线在玻璃管 7 中流动，如图 2-11b 所示。当流动受到干扰时，在扰动衰减后流动还能保持稳定，这说明此时液体质点的运动互不干扰，液体的流动呈线性或层状，且平行于管道轴线，这种状态称为层流。当流速增大到某值时，红色液体的线条开始抖动而呈波纹状，如图 2-11c 所示，说明此时液体质点的运动开始杂乱无章，除了有平行于管道轴线的运动外，还存在着剧烈的横向运动，液体层流状态开始破坏。流速继续

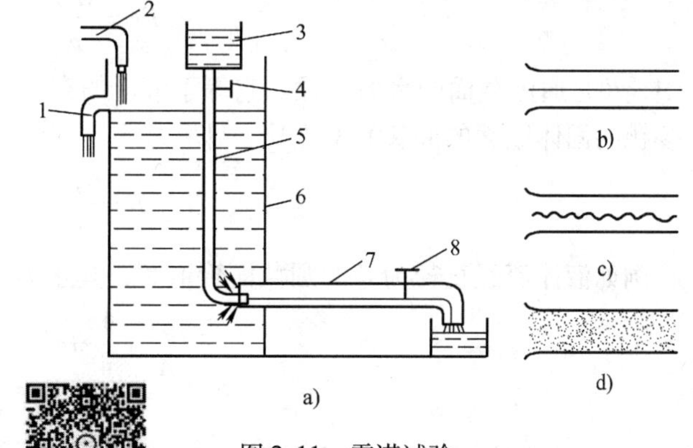

扫描二维码观看动画

图 2-11　雷诺试验

1—溢流管　2—水管　3—容器　4、8—开关　5—细导管　6—水箱　7—玻璃管

加大，红线出现断裂，直至消失，如图2-11d所示，这种状态称为湍流，又称紊流。

层流和湍流是两种不同性质的流态。层流时，液体流速较低，质点受黏性制约，不能随意运动，黏性力起主导作用；湍流时，因液体流速较快，黏性的制约作用减弱，因而惯性力起主导作用。液体流动时究竟是层流还是湍流，须用雷诺数来判别。

试验表明，液体在圆管中的流动状态不仅与液体的平均流速 v 有关，还和管子的直径 d、液体的运动黏度 ν 有关，并且取决于由这三个参数所组成的一个量纲为1的 Re 数值大小，Re 即称为雷诺数，则

$$Re=\frac{vd}{\nu} \tag{2-18}$$

这就是说，液体流动时雷诺数若相同，则它的流动状态也相同。另一方面液流由层流转变为湍流时的雷诺数和由湍流转变为层流的雷诺数是不同的，前者称为上临界雷诺数，后者称为下临界雷诺数，后者数值小，所以一般都用后者作为判别液流状态的依据，简称临界雷诺数。当液流在实际流动时的雷诺数小于临界雷诺数时，液流为层流，反之液流为湍流，常见液流管道的临界雷诺数由试验求得，见表2-7。

表2-7 常见液流管道的临界雷诺数

管道的形状	临界雷诺数	管道的形状	临界雷诺数
光滑的金属圆管	2320	有环槽的同心环状缝隙	700
橡胶软管	1600~2000	有环槽的偏心环状缝隙	400
光滑的同心环状缝隙	1100	圆柱形滑阀阀口	260
光滑的偏心环状缝隙	1000	锥阀阀口	20~100

对于非圆截面管道来说，Re 可用下式来计算：

$$Re=\frac{4vR}{\nu} \tag{2-19}$$

式中，R 是通流截面的水力半径。它等于液流的有效截面积 A 和它的湿周（通流截面上与液体接触的固体壁面的周长）X 之比，即

$$R=\frac{A}{X} \tag{2-20}$$

例如液体流经直径为 d 的圆截面管道时，其水力半径为

$$R=\frac{A}{X}=\frac{\frac{1}{4}\pi d^2}{\pi d}=\frac{d}{4}$$

将 $R=d/4$ 代入式(2-19) 即可得到式(2-18)。

又如正方形的管道每边长为 b，则湿周为 $4b$，因而水力半径 $R=b^2/(4b)=b/4$。水力半径大小对管道通流能力影响很大。水力半径大，通流能力大；水力半径小，通流能力小，容易堵塞。

2.3.2 连续性方程

连续性方程是质量守恒定律在流动液体中的应用，如图2-12所示。设液体在变截面管

路中作定常流动。任取两通流截面，其面积分别为 A_1、A_2，液体流经两截面的平均速度分别为 v_1、v_2，液体的密度为 ρ。根据质量守恒定律，单位时间内流过任一通流截面的液体的质量应该相等，即

$$\rho v_1 A_1 = \rho v_2 A_2 = 常数$$

即

$$v_1 A_1 = v_2 A_2 = q = 常数 \tag{2-21}$$

式(2-21) 称为液体作定常流动时的连续性方程。它说明液体在管路中流动时，通过任一通流截面的流量是相等的。同时，还说明当流量一定时，流速和通流截面面积成反比。

2.3.3 伯努利方程

伯努利方程是研究流动液体的能量守恒定律。为研究方便应先从理想液体着手，然后再扩展到实际液体的研究。

1. 理想液体的伯努利方程

如图 2-13 所示，设理想液体在变截面管路中作定常流动。任意取两通流截面，其面积分别为 A_1、A_2，它们距基准水平面 O—O 的高度分别为 h_1、h_2，液体流经两截面的平均速度分别为 v_1、v_2，压力分别为 p_1、p_2，液体的密度为 ρ。因为理想液体是没有黏性的，所以它在管路中作定常流动时没有能量损失。

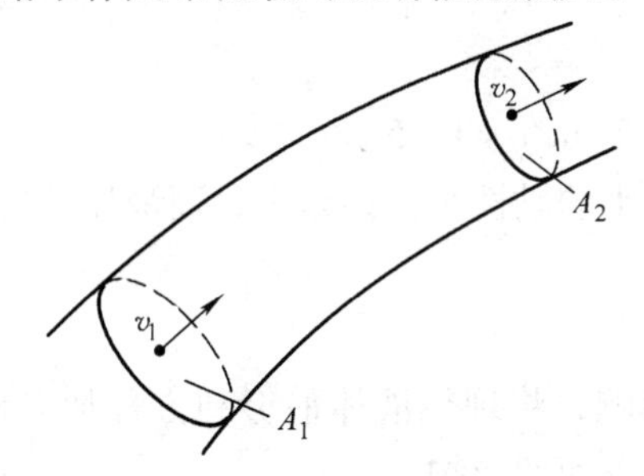

图 2-12 液流的连续性原理

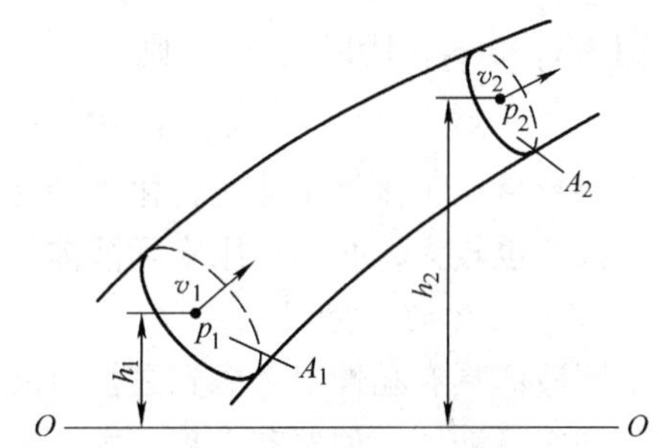

图 2-13 伯努利方程示意图

根据能量守恒定律，在同一管道中任意截面上液体的总能量应该相等，即

$$\left.\begin{aligned} \frac{p_1}{\rho} + h_1 g + \frac{v_1^2}{2} &= \frac{p_2}{\rho} + h_2 g + \frac{v_2^2}{2} \\ \frac{p_1}{\rho g} + h_1 + \frac{v_1^2}{2g} &= \frac{p_2}{\rho g} + h_2 + \frac{v_2^2}{2g} \end{aligned}\right\} \tag{2-22}$$

由于两截面是任意取的，故式(2-22) 可改写为

$$\left.\begin{aligned} \frac{p}{\rho} + hg + \frac{v^2}{2} &= 常数 \\ \frac{p}{\rho g} + h + \frac{v^2}{2g} &= 常数 \end{aligned}\right\} \tag{2-23}$$

式中，$\frac{p}{\rho}$是比压能，即单位质量液体的压力能，$\frac{p}{\rho g}$为压力水头，简称压头；hg 是比位能，即单位质量液体的位能（$mgh/m = hg$），h 称为位置水头；$\frac{v^2}{2}$是比动能，即单位质量液体的

动能$\left(\frac{1}{2}mv^2/m=v^2/2\right)$，$\frac{v^2}{2g}$为速度水头。

式(2-22) 或式(2-23) 称为理想液体作定常流动时的伯努利方程。

理想液体伯努利方程的物理意义：理想液体作定常流动时具有压力能、位能和动能三种形式的能量，在任一截面上三种形式的能量可以互相转换，但其总和保持不变，即能量守恒。而静压力基本方程则是伯努利方程（在流速为零时）的特例。

【例 2-4】 图 2-14 所示为水库坝体下的一放水闸门，其中心标高 $B=0.5\text{m}$，水库水面标高 $A=20\text{m}$。设水为理想液体。求闸门出口处的喷流速度 v_2。

解：作基准面 $O—O$、水库水面Ⅰ-Ⅰ及闸门出口处截面Ⅱ-Ⅱ，并列Ⅰ-Ⅰ、Ⅱ-Ⅱ面的理想液体伯努利方程：

$$\frac{p_1}{\rho}+h_1g+\frac{v_1^2}{2}=\frac{p_2}{\rho}+h_2g+\frac{v_2^2}{2}$$

式中，$p_1=p_2=p_a$、$h_1=A$、$h_2=B$。

则

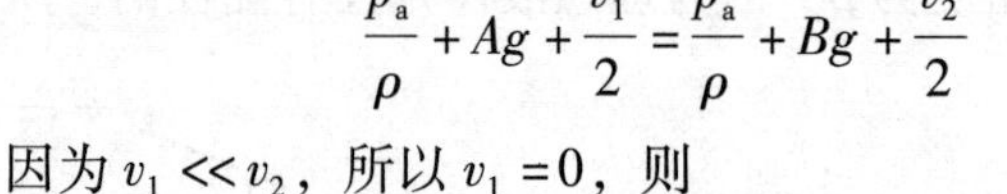

$$\frac{p_a}{\rho}+Ag+\frac{v_1^2}{2}=\frac{p_a}{\rho}+Bg+\frac{v_2^2}{2}$$

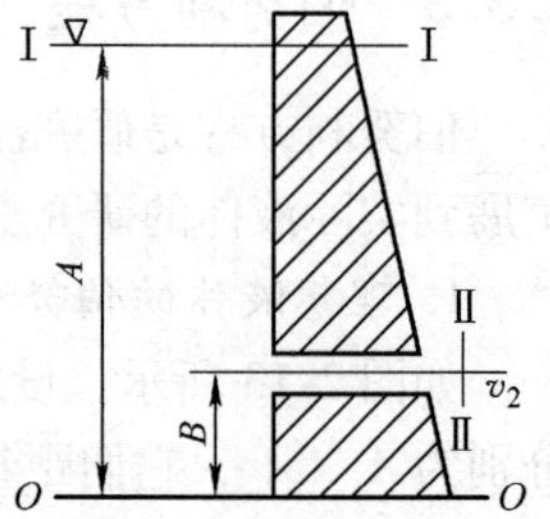

图 2-14 例 2-4 图

因为 $v_1 \ll v_2$，所以 $v_1=0$，则

$$v_2=\sqrt{2g(A-B)}=\sqrt{2g(20-0.5)}\text{m/s}=19.5\text{m/s}$$

结果分析：①该例是势能转化为动能的特例。②水的黏性小，误差小，而液压油的黏度较大，误差也较大，必须使用实际液体的伯努利方程。

2. 实际液体的伯努利方程

实际液体具有黏性，考虑到黏性对液体流动的影响，将理想液体伯努利方程加以修正，便可得到实际液体的伯努利方程。主要考虑以下两个方面的影响：

1）液体在流动时必须要考虑由于克服液体的黏性摩擦而产生的能量损失 h_W。流体流动的能量损失主要表现为压力损失。假定在截面 A_1 上，理想液体的 p_1、v_1 和 h_1 与实际液体相同，则在截面 A_2 上，实际液体的压力 p_2 比理想液体情况下的压力要小，其压力损失为 $\Delta p=\rho g h_W$（详见 2.3.4 节）。

2）实际液体的黏性使通流截面上各点的流速不相等，所以液体在某截面处的实际动能和按平均流速计算出的动能是有差别的，精确计算时必须引进动能修正系数 α。

综合上述情况分析，实际液体的伯努利方程可以写成

$$\left.\begin{aligned}\frac{p_1}{\rho}+h_1g+\frac{\alpha_1v_1^2}{2}&=\frac{p_2}{\rho}+h_2g+\frac{\alpha_2v_2^2}{2}+h_Wg\\ \frac{p_1}{\rho g}+h_1+\frac{\alpha_1v_1^2}{2g}&=\frac{p_2}{\rho g}+h_2+\frac{\alpha_2v_2^2}{2g}+h_W\end{aligned}\right\} \tag{2-24}$$

式中，h_Wg 是单位质量液体从截面 A_1 流到截面 A_2 过程中的能量损失，h_W 为能量水头损失；α_1、α_2 分别是动能修正系数，层流时取 $\alpha=2$，湍流时取 $\alpha=1$。

应用实际液体的伯努利方程时必须注意：

1）截面 A_1、A_2 必须沿着流向选取，否则 h_W 为负值。

2）截面中心在基准面以上时，h 取正值，否则取负值。通常取较低的通流截面的中心为基准面。

3）两通流截面上的压力计示方法应相同，即 p_1、p_2 可同时选择相对压力或绝对压力。

实际液体伯努利方程应用举例如下：

【例 2-5】 如图 2-15 所示，分析液压泵的吸油过程。

解：取基准面 1—1，设液压泵的吸油口比油箱液面高 h，取油箱液面 1—1 和液压泵进口处截面 2—2 列伯努利方程：

$$\frac{p_1}{\rho}+\frac{\alpha_1 v_1^2}{2}=\frac{p_2}{\rho}+hg+\frac{\alpha_2 v_2^2}{2}+h_W g$$

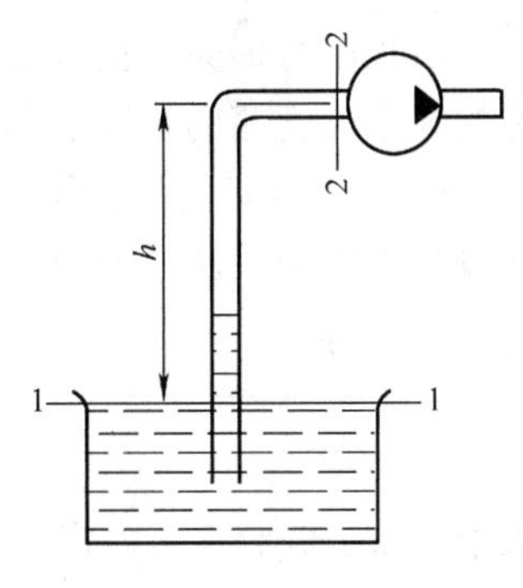

图 2-15　液压泵吸油示意图

式中，p_1 为油箱液面压力，由于一般油箱液面与大气接触，故 $p_1=p_a$；p_2 为吸油口处液体的绝对压力；v_2 为液压泵吸油口处液体的流速，一般取液体在吸油管中的平均流速；v_1 为油箱液面流速，由于 $v_1 \ll v_2$，故可以将 v_1 忽略不计，$v_1=0$。据此上式可化简为

$$\frac{p_a}{\rho}=\frac{p_2}{\rho}+hg+\frac{\alpha_2 v_2^2}{2}+h_W g$$

液压泵吸油口的真空度为

$$p_a-p_2=\rho gh+\frac{\rho\alpha_2 v_2^2}{2}+\rho g h_W=\rho gh+\frac{\rho\alpha_2 v_2^2}{2}+\Delta p$$

讨论：

1）由上式可知，液压泵吸油口的真空度由三部分组成：把油液提升到一定高度所需的压力，产生一定的流速所需的压力和吸油管内的压力损失。

2）当泵如图 2-15 所示安装时，$p_a-p_2>0$，即 $p_2<p_a$，靠大气压力实现泵的吸油。

3）当泵安装于液面之下时，如图 2-16 所示，h 为负值，当 $|h|>\dfrac{\alpha_2 v_2^2}{2g}+h_W$ 时，$p_a-p_2<0$，即 $p_2>p_a$，此时泵的吸油口不形成真空，靠势能将液体灌入泵中实现泵的工作。

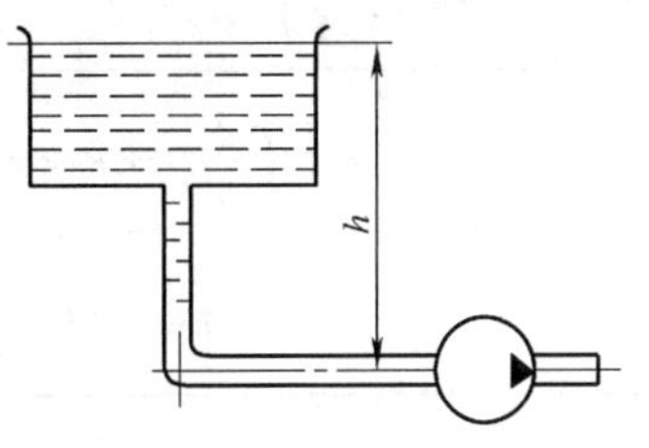

图 2-16　液压泵安装在油箱液面之下时的吸油示意图

4）泵形成真空度的大小说明泵自吸性能的好坏。但真空度又不能太大，即泵吸油口处的绝对压力不能太低，当 p_2 低于气体分离压时，会产生气蚀现象。因而在实际使用中为了防止真空度过大，应减小$\dfrac{\rho\alpha_2 v_2^2}{2}$和 $\rho g h_W$ 的数值，一般采用较大直径的吸油管，并限制泵的吸油高度，通常图 2-15 中的 h 应小于 500mm。

2.3.4　定常流动的压力损失计算

实际液体具有黏性，在流动时就有阻力，为了克服阻力，就必然要消耗能量，这样就有能量损失。在液压传动中，能量损失主要表现为压力损失，这就是实际液体伯努利方程式(2-24) 中 $h_W g$ 项的含义。液压系统中的压力损失分为沿程压力损失和局部压力损失两类。

压力损失过大会导致油液温度升高、泄漏量增加和系统效率下降等。因此，在液压技术中正确估算压力损失的大小，从而找出减少压力损失的途径是有其实际意义的。

1. 沿程压力损失

沿程压力损失是指油液在直径不变的直管中流动时由于克服摩擦力所产生的压力损失。它的大小与管道的长度、内径，液体的流速、黏度以及液体的流动状态等因素有关。

(1) 层流时的沿程压力损失　液体在圆管中的层流流动是液压传动中最常见的现象，在设计和使用液压系统时就希望管道中的液流保持这种状态。此时其沿程压力损失可以按下列公式求得：

$$\Delta p_\lambda = \lambda \frac{l}{d}\rho g \frac{v^2}{2g} = \lambda \frac{l}{d} \times \frac{\rho v^2}{2} \tag{2-25}$$

式中，Δp_λ 是沿程压力损失；λ 是沿程阻力系数，理论值为 $64/Re$，水在管路中作层流流动时 λ 与理论值是很接近的，液压油在金属管中作层流流动时，常取 $\lambda = 75/Re$，在胶管中常取 $\lambda = 80/Re$；ρ 是液体的密度；l 是管道长度；d 是管道直径；v 是液体的平均流速。

(2) 湍流时的沿程压力损失　湍流流动现象是很复杂的，完全用理论方法加以研究至今未获得令人满意的成果，因而工程上对湍流流动状态下的沿程压力损失仍用式(2-25) 计算，但式中的 λ 值不仅与雷诺数 Re 有关，而且与管壁表面粗糙度 Δ 有关，具体的 λ 值见表 2-8。

表 2-8　圆管湍流时的 λ 值

雷诺数 Re		λ 值计算公式
$Re < 22\left(\frac{d}{\Delta}\right)^{\frac{8}{7}}$	$3000 < Re < 10^5$	$\lambda = 0.3146/Re^{0.25}$
	$10^5 \leqslant Re \leqslant 10^8$	$\lambda = 0.308/(0.842 - \lg Re)^2$
$22\left(\frac{d}{\Delta}\right)^{\frac{8}{7}} < Re < 597\left(\frac{d}{\Delta}\right)^{\frac{9}{8}}$		$\lambda = \left[1.14 - 2\lg\left(\frac{d}{\Delta} + \frac{21.25}{Re^{0.9}}\right)\right]^{-2}$
$Re > 597\left(\frac{d}{\Delta}\right)^{\frac{9}{8}}$		$\lambda = 0.11\left(\frac{d}{\Delta}\right)^{0.25}$

2. 局部压力损失

局部压力损失是液体流经局部障碍（如弯管、接头、突变截面以及阀口等局部）时，产生的压力损失。由于液体流经这些局部时，液流的方向和速度突然发生变化，在局部形成旋涡，使液体的质点间及质点与固体壁面间相互碰撞和剧烈摩擦，从而产生压力损失。

液体流经弯管、接头和突变截面等局部时的局部压力损失计算公式为

$$\Delta p_\xi = \xi \frac{\rho v^2}{2} \tag{2-26}$$

式中，Δp_ξ 是局部压力损失；ξ 是局部阻力系数，一般由试验确定，也可查阅有关液压传动设计手册；ρ 是液体的密度；v 是液体的平均流速，一般情况下均指流经局部障碍后的流速。

液体流经液压阀时，由于各种液压阀的内部通道结构复杂，按式(2-26) 计算局部损失比较困难，一般用下列经验公式计算：

$$\Delta p_{\mathrm{V}}=\Delta p_{\mathrm{n}}\left(\frac{q}{q_{\mathrm{n}}}\right)^{2} \tag{2-27}$$

式中，Δp_{V} 是液体流经液压阀的压力损失；q_{n} 是阀的额定流量；Δp_{n} 是阀在额定流量下的压力损失（可从产品技术规格中查得）；q 是通过阀的实际流量。

3. 管路系统中的总压力损失

管路系统中的总压力损失等于所有直管中的沿程压力损失和局部压力损失之和，即

$$\Sigma\Delta p=\Sigma\lambda\frac{l}{d}\times\frac{\rho v^{2}}{2}+\Sigma\xi\frac{\rho v^{2}}{2} \tag{2-28}$$

必须指出，用式(2-28）计算总压力损失时，只有在两相邻局部损失之间的距离大于直径10～20倍时才成立，否则液流受前一个局部阻力的干扰还没稳定下来，就经历下一个局部阻力，它所受的扰动将更为严重，因而会使式(2-28）算出的压力损失值比实际数值小得多。

2.4　孔口和缝隙的流量计算

在液压系统中常利用液体流经液压阀的小孔和缝隙来控制流量和压力，从而达到调速和调压的目的。液压元件的泄漏也属于缝隙流动。因而研究孔口和缝隙的流量计算，了解其影响因素，对于正确分析液压元件和系统的工作性能，是十分必要的。

2.4.1　孔口流量计算

根据孔的长径比的不同，通常将小孔分为三种：当小孔的长径比 $l/d\leqslant0.5$ 时，称为薄壁孔；当小孔的长径比 $l/d>4$ 时，称为细长孔；当小孔的长径比 $0.5<l/d\leqslant4$ 时，称为短孔。液体流经小孔的流量，可由下列公式计算：

$$q=KA\Delta p^{m} \tag{2-29}$$

式中，q 是液体流经小孔的流量（$\mathrm{m^3/s}$）；A 是孔口截面面积（$\mathrm{m^2}$）；Δp 是孔口前后压力差（$\mathrm{N/m^2}$），$\Delta p=p_1-p_2$；m 是由孔口形状决定的指数，薄壁孔 $m=0.5$，细长孔 $m=1$，短孔 $0.5<m<1$；K 是孔口的形状系数，当孔口为薄壁孔或短孔时，$K=C_q\sqrt{2/\rho}$，当孔口为细长孔时，$K=d^2/(32\mu l)$。C_q 为流量系数，如图2-17所示，当管道直径 D 与小孔直径 d 的比值 $D/d>7$ 时，液流为完全收缩，$C_q=0.61\sim0.62$；反之，当 $D/d<7$ 时，液流为不完全收缩，$C_q=0.7\sim0.8$。孔口为短孔时，$C_q=0.82$。

将 m 和 K 代入式(2-29）可得，液体流经薄壁孔时流量计算公式为

$$q=C_qA\sqrt{\frac{2}{\rho}\Delta p}$$

液体流经细长孔时流量计算公式为

$$q=\frac{d^2}{32\mu l}A\Delta p$$

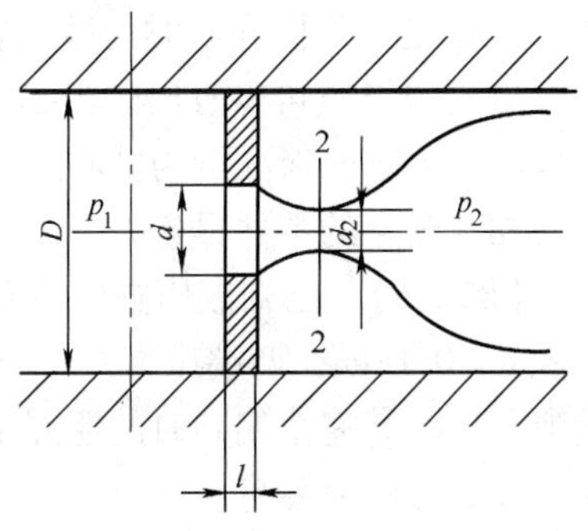

图2-17　液体在薄壁孔中的流动

液体流经薄壁孔时，因其沿程损失非常小，通过小孔的流量与黏度无关，即流量对温度的变化不敏感，故液压元件中常采用薄壁孔作为节流孔。液体流经细长孔时，一般为层流状态，通过小孔的流量与小孔前后压力

差成正比、黏度成反比，即流量受温度的影响，在液压元件中常作为阻尼孔。短孔易加工，故常作为固定节流器。

2.4.2 缝隙流量计算

液压元件的各零件之间，特别是有相对运动的各零件之间，通常需要有一定的配合间隙，油液流过间隙就产生了泄漏现象，通常液压油也总是从压力较高处流向压力较低处或大气中，前者称为内泄漏，后者称为外泄漏。

由于液压元件间的间隙很小，一般在几微米到几十微米之间，水力半径也小，又由于液压油具有一定的黏度，因此油液在间隙中的流动状态通常为层流。

液体在缝隙里的流动有两种情况：①由于缝隙两端存在压力差所造成的流动，称为压差流动。②由于形成缝隙的两壁面作相对运动所造成的流动，称为剪切流动。这两种流动经常会同时存在。

图2-18所示为同心环形缝隙的流动，液压元件中液压缸缸体与活塞之间的间隙、阀体与滑阀阀芯之间的间隙中的流动均属同心环形缝隙间的流动。通过同心环形缝隙的流量计算公式为

$$q=\frac{\pi dh^3}{12\mu l}\Delta p \pm \frac{\pi dh}{2}v \tag{2-30}$$

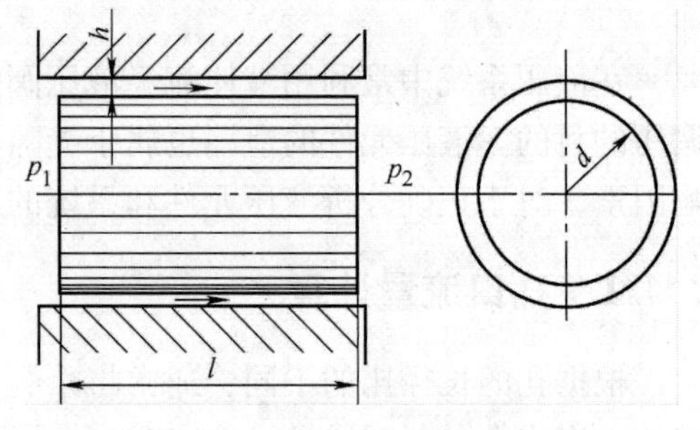

图2-18 同心环形缝隙的流动

式中，d 是圆柱体的直径（m）；h 是缝隙宽度（m）；μ 是油液的动力黏度（Pa·s）；l 是缝隙的长度（m）；Δp 是孔口前后压力差（N/m^2）；v 是形成缝隙的两壁面的相对运动速度（m/s）。

显然，式(2-30)中第一项为压差流动时的泄漏量，第二项为剪切流动时的泄漏量。“+”和“-”号视由压力差引起的泄漏量和由运动引起的泄漏量的泄漏方向而定，两者相同时取正值，相反时取负值，即长圆柱表面相对于短圆柱表面的运动方向与压力差方向相同时取正值，相反时取负值。

当两个圆柱表面不同心时，液体在缝隙里的流动称为偏心环形缝隙流动，通过偏心环形缝隙的流量计算公式为

$$q=\frac{\pi dh_0^3}{12\mu l}\Delta p(1+1.5\varepsilon^2) \pm \frac{\pi dh_0}{2}v \tag{2-31}$$

式中，h_0 是内外圆同心时的缝隙宽度（m）；ε 是相对偏心量，$\varepsilon=e/h_0$，e 为偏心量（m）。

由式(2-31)可以看出，当 $\varepsilon=0$ 时，它就是同心环形缝隙的流动；当 $\varepsilon=1$ 时，令 $v=0$，则偏心最大时的泄漏量为同心时的2.5倍，所以在液压元件中，为了减少环形缝隙的泄漏，应使相互配合的零件尽量处于同心状态。

【例2-6】 已知液压缸中活塞直径 $d=100$mm，长 $l=100$mm，活塞与液压缸内壁同心时间隙 $h=0.1$mm，两端压力差 $\Delta p=2.0$MPa，油液的动力黏度为 $\mu=0.1$Pa·s。求：①同心时的泄漏量。②完全偏心时的泄漏量。③当活塞以6m/min的速度与压力差同向运动且液压缸完全偏心时的泄漏量。

解：①同心时的泄漏量为

$$q=\frac{\pi dh^3}{12\mu l}\Delta p=\frac{3.14\times0.1\times0.0001^3}{12\times0.1\times0.1}\times2.0\times10^6\mathrm{m^3/s}=5.23\times10^{-6}\mathrm{m^3/s}$$

②缸体与活塞完全偏心时的泄漏量为

$$q'=2.5q=2.5\times5.23\times10^{-6}\mathrm{m^3/s}=13.08\times10^{-6}\mathrm{m^3/s}$$

③完全偏心且活塞以6m/min的速度与压力差同向运动时，可以认为液压缸缸体为长圆柱表面，活塞为短圆柱表面，由此可知长圆柱表面此时相对于短圆柱表面的运动方向与压力差方向相反，所以式(2-31)中应取"－"号，则有

$$q''=q'-\frac{\pi dh_0}{2}v=\left(13.08\times10^{-6}-\frac{3.14\times0.1\times0.0001}{2\times60}\times6\right)\mathrm{m^3/s}=11.51\times10^{-6}\mathrm{m^3/s}$$

2.5　液压冲击与空穴现象

2.5.1　液压冲击

在液压系统中，由于某种原因，液体压力在一瞬间会突然升高，产生很高的压力峰值，这种现象称为液压冲击。液压冲击的压力峰值往往比正常工作压力高好几倍，且常伴有巨大的振动和噪声，使液压系统产生温升，有时会使一些液压元件或管件损坏，并使某些液压元件（当压力继电器、液压控制阀等）产生误动作，导致设备损坏，因此，了解液压冲击产生的原因和尽量减小压力峰值的措施是十分必要的。

1. 液压冲击产生的原因

1）液压系统中由于阀门突然关闭使液体突然停止运动时，液体动能会向压力能瞬时转变，导致液压冲击。

2）液压系统中运动着的工作部件突然制动或换向时，也可能导致液压冲击。这是由于工作部件的制动或换向，通常采用控制阀关闭回油路来实现。由于工作部件的惯性会引起液压执行元件的回油腔和管路内的油液受到挤压，从而产生液压冲击。

3）液压系统中某些元件的动作不够灵敏，也会产生液压冲击。如系统压力突然升高，但溢流阀反应迟钝，不能迅速打开；限压式变量泵不能在温度升高时及时减小输出流量等，都能产生压力超调现象，导致液压冲击。

2. 减小液压冲击的措施

1）延长阀门关闭和工作部件制动或换向的时间。

2）限制管路中的液流速度和运动部件的运动速度。

3）在液压元件中设置缓冲装置或用橡胶软管连接液压元件以增加系统的弹性。

4）在液压冲击源处设置蓄能器，以吸收液压冲击的能量，也可在容易出现液压冲击的地方，安装限制压力升高的溢流阀。

2.5.2　空穴现象

在流动的液体中，因某点处的压力低于空气分离压而产生气泡的现象，称为空穴现象。空穴现象会使液压装置产生噪声和振动，使金属表面受到腐蚀，缩短液压元件的使用寿命。要理解空穴现象首先要了解一下油液的空气分离压和饱和蒸气压。

1. 油液的空气分离压和饱和蒸气压

油液中都溶解有5%～6%体积的空气。油液能溶解的空气量与绝对压力成正比，在大气压下正常溶解于油液中的空气，当压力低于大气压时，就成为过饱和状态，在一定的温度下，当压力降低到某一值时，原来溶解于油液中的空气将从油液中分离出来形成气泡，这一压力称为该温度下的空气分离压。含有气泡的液压油的体积模量将减小，所含的气泡越多，液压油的体积模量将越低。

当油液在某一温度下的压力低于某一数值时，油液本身迅速汽化，产生大量蒸气气泡，这时的压力称为液压油在该温度下的饱和蒸气压。一般来说，液压油的饱和蒸气压相当小，比空气分离压小得多，因此，要使液压油不产生大量气泡，它的压力最低不得低于液压油所在温度下的空气分离压。

在液压元件中，只要某点处的压力低于液压油所在温度的空气分离压，就会产生空穴现象。如在节流口的进油口处，由于阀口的通道狭窄，液流的速度增大，压力大幅度下降，可能产生空穴现象。再如在液压泵的进油口处可能由于液压泵吸油管直径太小，吸油管阻力太大，滤网堵塞或液压泵转速过高等原因，使其吸油腔的压力低于液压油工作温度下的空气分离压，从而产生空穴现象。

2. 减小空穴现象的措施

1）减小流经节流小孔前后的压力差，一般要求小孔前后的压力比 $p_1/p_2<3.5$。

2）正确设计液压泵的结构参数，适当加大吸油管内径，限制吸油管中液流速度，尽量减少吸油管路中的压力损失（过滤器要及时清洗或更换滤芯以防堵塞），对高压泵宜设置辅助泵向液压泵的吸油口供应足够的低压油。

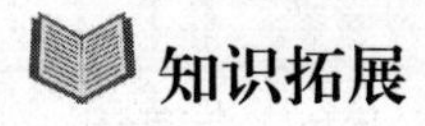

知识拓展

工作介质的污染控制

工作介质的污染是液压系统发生故障的主要原因。它严重影响液压系统的可靠性及液压元件的寿命。油液中的污染物根据其物理形态可分为固体、液体和气体三种类型。其中液态污染物主要是从外界侵入系统的水；气态污染物主要是空气；固体污染物通常以颗粒状态存在于工作介质中，也是液压传动系统中最普遍、危害最大的污染物。因此，在此主要介绍固体污染物的产生、测定和控制。

1. 污染的根源

进入工作介质的固体污染物有四个主要根源，它们是已被污染的新油、残留污染、侵入污染和内部生成污染。每一个根源，都是液压系统的污染控制措施和过滤器设置的主要考虑因素。

2. 污染引起的危害

液压系统的故障有75%以上是由工作介质污染所引起的。污染物颗粒与元件表面相互作用加速元件磨损，使内泄漏增加，降低液压泵和阀等元件的效率和精度，最终会引起液压泵失效。这种失效是不能恢复的退化失效。当一个大颗粒进入液压泵或阀时，可能使液压泵或阀卡死，或者堵塞液压阀的控制节流孔，引起突发失效。有时，颗粒或污染物妨碍液压阀的归位，使液压阀不能完全关闭，出现一种所谓的间歇失效。颗粒、污染物和油液氧化变质生成的黏性胶质堵塞过滤器，使液压泵运转困难，产生噪声。水分和空气的混入使工作介质的润滑性能降低，并使它加速氧化变质，产生气蚀，液压系统出现振动和爬行现象。这些故障轻则影响系统的性能和使用寿命，重则损坏元件导致液压系统不能工作。

3. 工作介质的污染控制

为了减少工作介质的污染，延长液压元件的寿命，保证液压系统可靠地工作，将工作介质的污染度控制在某一限度内是较为切实可行的办法。可采取如下措施：

1）对元件和系统进行清洗。

2）防止污染物从外界侵入。

3）装设合适的过滤器。

4）控制工作介质的温度。

5）定期检查和更换工作介质。

小　　结

1. 液压油是液压传动最常用的工作介质。

2. 黏度是选择液压油的主要指标。

3. 连续性方程是质量守恒定律在流动液体中的表现形式。连续性方程和伯努利方程分别是静止液体和流动液体能量守恒定律的具体体现。

4. 液压冲击和空穴现象是液压系统产生振动和噪声的主要原因。

习　　题

2-1　填空题

1. 液体受压力作用发生体积变化的性质称为液体的(　　　)，可用(　　　)或(　　　)表示，体积压缩率越大，液体的可压缩性越(　　　)；体积模量越大，液体的可压缩性越(　　　)。在液压传动中一般可认为液体是(　　　)。

2. 油液黏性用(　　　)表示，有(　　　)、(　　　)和(　　　)三种表示方法。计量单位 m^2/s 是表示(　　　)黏度的单位。

3. 某一种牌号 L－HL22 表示普通液压油在 40℃时(　　　)黏度的中心值为 $22mm^2/s$。

4. 选择液压油时，主要考虑油的(　　　)（选项：成分、密度、黏度或可压缩性）。

5. 当液压系统的工作压力高、环境温度高或运动速度较慢时，为了减少泄漏，宜选用黏度较(　　　)的液压油。当工作压力低、环境温度低或运动速度较大时，为了减少功率损失，宜选用黏度较(　　　)的液压油。

6. 液体处于静止状态下，其单位面积上所受的法向力，称为(　　　)，用符号(　　　)表示，其国际单位为(　　　)，常用单位为(　　　)。

7. 液压系统的工作压力取决于(　　　)。当液压缸的有效面积一定时，活塞的运动速度取决于(　　　)。

8. 液体作用于曲面某一方向上的力，等于液体压力与(　　　)的乘积。

9. 在研究流动液体时，将既(　　　)又(　　　)的假想液体称为理想液体。

10. 单位时间内流过某通流截面液体的(　　)称为流量，其国际单位为(　　)，常用单位为(　　)。

11. 液体的流动状态用(　　)来判断，其大小与管内液体的(　　)、(　　)和管道的(　　)有关。

12. 流经环形缝隙的流量，在最大偏心时为其同心缝隙流量的(　　)倍。所以，在液压元件中，为了减小流经缝隙的泄漏，应将其配合件尽量处于(　　)状态。

13. 液压系统中的孔口，按结构可分为（　　）、（　　）和（　　）；按作用可分为（　　）和（　　）。其中，用来控制流量的孔，称为（　　）；用来控制压力的孔，称为（　　）。

2-2　判断题

1. 石油型液压油的可压缩性是钢的100～150倍。　(　　)

2. 液压系统的工作压力一般是指绝对压力值。　(　　)

3. 液压油能随意混用。　(　　)

4. 作用于活塞上的推力越大，活塞运动的速度就越快。　(　　)

5. 在液压系统中，液体自重产生的压力一般可以忽略不计。　(　　)

6. 液体在水平安装的变截面管道中流动时，当通过管道的流量为定值时，管道截面积小的地方，液体流速高，而压力小。　(　　)

7. 液压冲击和空穴现象是液压系统产生振动和噪声的主要原因。　(　　)

8. 在液压传动中，液压泵的安装高度应该大于等于0.5m。　(　　)

2-3　问答题

1. 静压力的特性是什么？

2. 静压力的传递原理是什么？

3. 液压油在使用和维护中应注意哪些问题？

4. 简述液压冲击的定义、产生原因及减小液压冲击的措施。

5. 简述空穴现象的定义。什么情况和什么场合会产生空穴现象？如何减小空穴现象？

2-4　计算题

1. 液压油的体积为$18\times10^{-3}\mathrm{m}^3$，质量为16.1kg，求此液压油的密度。

2. 某液压油在大气压下的体积是$50\times10^{-3}\mathrm{m}^3$，当压力升高后，其体积减少到$49.9\times10^{-3}\mathrm{m}^3$，设液压油的体积模量$K=700.0\mathrm{MPa}$，求压力升高值。

3. 用恩氏黏度计测得某液压油（$\rho=850\mathrm{kg/m}^3$）200mL流过的时间为$t_1=153\mathrm{s}$，20℃时200mL的蒸馏水流过的时间为$t_2=51\mathrm{s}$，求该液压油的恩氏黏度°E、运动黏度ν和动力黏度μ各为多少？

4. 如图2-19所示，具有一定真空度的容器用一根管子倒置于液面与大气相通的水槽中，液体在管中上升的高度$h=1\mathrm{m}$，设液体的密度$\rho=1000\mathrm{kg/m}^3$，试求容器内的真空度。

5. 如图2-20所示，容器A中的液体密度$\rho_A=900\mathrm{kg/m}^3$，B中的液体密度$\rho_B=1200\mathrm{kg/m}^3$，$Z_A=200\mathrm{mm}$，$Z_B=180\mathrm{mm}$，$h=60\mathrm{mm}$，U形管中测压介质为汞（$\rho=13.6\times10^3\mathrm{kg/m}^3$），试求A、B之间的压力差。

6. 液体在管中的流速$v=4\mathrm{m/s}$，管道内径$d=60\mathrm{mm}$，油液的运动黏度$\nu=30\times10^{-6}\mathrm{m}^2/\mathrm{s}$，试确定流态。若要保证其为层流，则其流速应为多少？(假设：液体在金属圆管中流动)

7. 如图2-21所示，液压泵的流量$q=32\mathrm{L/min}$，液压泵吸油口距离液面高度$h=500\mathrm{mm}$，吸油管直径$d=20\mathrm{mm}$。粗虑网的压力降为0.01MPa，油液的密度$\rho=900\mathrm{kg/m}^3$，油液的运动黏度为$\nu=20\times10^{-6}\mathrm{m}^2/\mathrm{s}$，求液压泵吸油口处的真空度。

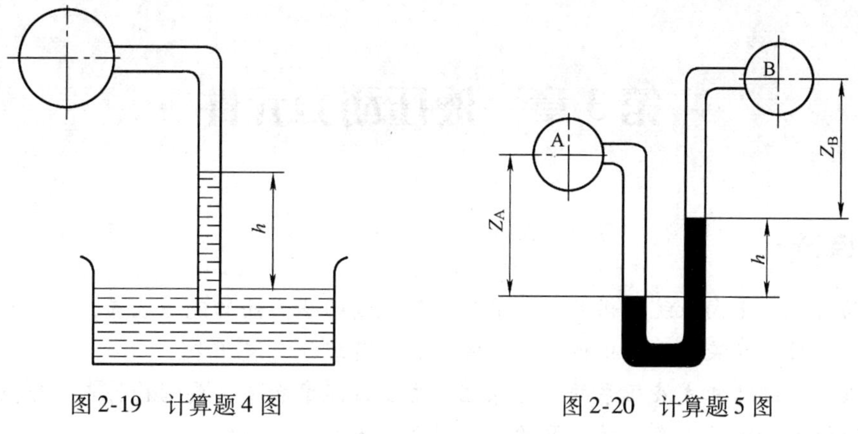

图2-19　计算题4图　　　图2-20　计算题5图

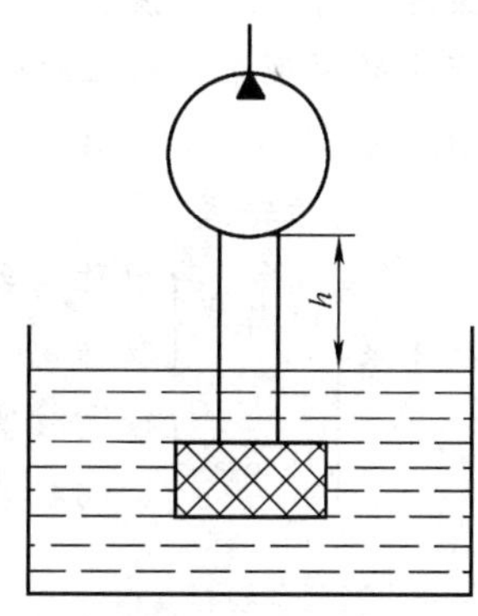

图2-21　计算题7图

8. 运动黏度为$\nu=40\times10^{-6}\mathrm{m^2/s}$的油液通过水平管道，油液密度$\rho=900\mathrm{kg/m^3}$，管道直径为$d=10\mathrm{mm}$，$l=5\mathrm{m}$，进口压力$p_1=4.0\mathrm{MPa}$，试问流速为3m/s时，出口压力$p_2$为多少？

9. 有一薄壁节流孔，通过流量$q=25\mathrm{L/min}$时，压力损失为0.3MPa，试求节流孔的通流面积，设流量系数$C_q=0.61$，油液的密度$\rho=900\mathrm{kg/m^3}$。

第3章　液压动力元件

液压动力元件是向系统提供具有一定压力和流量的压力油的能源装置，是系统不可缺少的核心元件。目前在液压系统中使用的能源装置都是容积式液压泵。

本章重点介绍容积式液压泵的工作原理、主要性能参数及主要结构特点。难点是液压泵的主要参数计算和限压式变量叶片泵的工作原理及流量特性曲线。

容积式液压泵是依靠密封容积变化的原理来进行工作的。从能量转换角度看，它是将原动机（电动机或内燃机）输出的机械能转换为工作液体的压力能的一种能量转换装置。

常用液压泵
- 齿轮式
- 叶片式
  - 单作用式
  - 双作用式
- 柱塞式
  - 径向柱塞式
  - 轴向柱塞式

3.1　液压泵概述

3.1.1　液压泵的工作原理及特点

1. 液压泵的工作原理

图3-1所示是单柱塞液压泵的工作原理图，图中柱塞2装在缸体3中形成一个密封容积为α的腔，柱塞在弹簧4的作用下始终压紧在偏心轮1上。原动机驱动偏心轮1旋转使柱塞2作往复运动，使密封容积α腔的大小发生周期性的交替变化。当容积α由小变大时就形成部分真空，使油箱中油液在大气压作用下，经吸油管顶开单向阀6进入α腔而实现吸油；反之，当容积α由大变小时，将迫使其中吸满的油液顶开单向阀5流入系统而实现压油。这样液压泵就将原动机输入的机械能转换成液体的压力能，原动机驱动偏心轮不断旋转，液压泵就不断地吸油和压油。

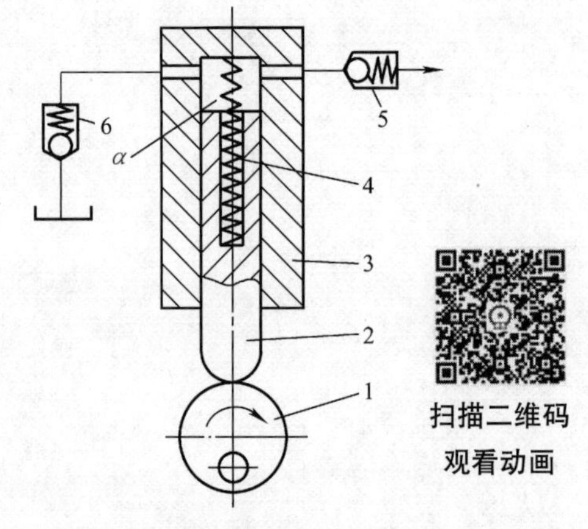

图3-1　单柱塞液压泵的工作原理图
1—偏心轮　2—柱塞　3—缸体
4—弹簧　5、6—单向阀

2. 液压泵的特点

单柱塞液压泵具有一切容积式液压泵的基本特点，这也是容积式液压泵正常工作的必要条件：

1）具有若干个可以周期性变化的密封容积，如图3-1中的油腔α。密封容积增大时实现吸油，容积减小时实现压油。这是容积式液压泵的一个重要特性。液压泵的输出流量与其密封容积的变化量以及单位时间内的变化次数成正比，与其他因素无关。

2）油箱内液体的绝对压力必须恒等于或大于大气压力，这是容积式液压泵能够实现吸油的外部条件。因此，为保证液压泵正常吸油，油箱必须与大气相通，或采用密闭式油箱。

3）具有相应的配流机构，其作用是将吸油腔和压油腔隔开，保证液压泵有规律地连续吸油和压油。液压泵的结构不同，其配流机构也不相同。图3-1所示的单柱塞泵的配流机构就是单向阀5和6。

容积式液压泵排油的理论流量取决于液压泵的几何尺寸和转速，而与排油压力无关，但由于排油压力会影响泵的内泄漏和油液的压缩量，从而影响泵的实际输出流量，所以液压泵的实际输出流量随排油压力的升高而降低。

3. 液压泵的分类及图形符号

液压泵按结构不同分很多种，目前常用的有齿轮式、叶片式和柱塞式三大类；按原动机每转一圈液压泵所能排出的液体的体积（即排量）是否可调节分为定量泵和变量泵两类；按照供油方向是否可改变分为单向泵和双向泵两种。其图形符号如图3-2所示（由于液压泵和液压马达图形符号相近，为了便于区分，故在此一并给出）。

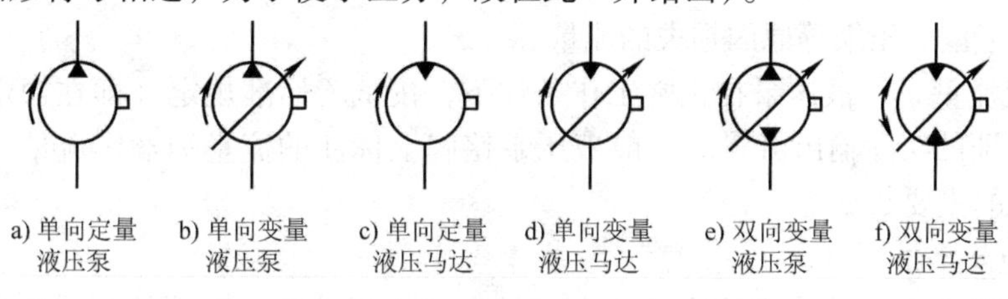

a) 单向定量液压泵　b) 单向变量液压泵　c) 单向定量液压马达　d) 单向变量液压马达　e) 双向变量液压泵　f) 双向变量液压马达

图3-2　液压泵和液压马达的图形符号

3.1.2　液压泵的主要性能参数

1. 压力

（1）工作压力 p　液压泵实际工作时的输出压力称为工作压力，其大小取决于负载和排油管路上的压力损失，而与液压泵的流量无关。负载越小压力越小，当泵的出口直接接油箱（即 $p\approx0$）时，称为泵的卸荷。负载越大压力越大，如果负载无限制增大，液压泵的工作压力也会无限制增大，直至液压泵本身工作机构的密封件或零件被损坏。因此，在液压泵输出口应设置溢流阀，来限制泵的最高压力，起过载保护作用。为了满足各种液压系统所需的不同压力，液压泵的工作压力分为几个等级，见表3-1。

表3-1　液压泵（液压系统）的工作压力分级

压力等级	低　压	中　压	中　高　压	高　压	超　高　压
p/MPa	小于等于2.5	2.5～8	8～16	16～32	大于32

（2）额定压力 p_n　液压泵在正常工作条件下，按试验标准规定连续运转的最高工作压力称为液压泵的额定压力。一般液压泵铭牌上标注的压力为额定压力，超过此压力称为液压泵过载。额定压力是选择液压泵的重要数据之一。

（3）最高允许压力 p_{max}　在超过额定压力的条件下，根据试验标准规定，允许液压泵短暂运行的最高压力值称为液压泵的最高允许压力。一般最高允许压力为额定压力的1.1倍，压力过大时将使液压泵的各项性能恶化，甚至造成损坏。

2. 排量和流量

（1）排量 V 是指在不考虑泄漏的情况下泵轴每转一圈所排出液体的体积，其大小取决于密封容积的几何尺寸，与泵的转速和泄漏无关。不同结构的泵其排量的计算方法也不同。图3-1所示单柱塞液压泵的排量为

$$V = AL \tag{3-1}$$

式中，A 是柱塞截面积；L 是柱塞行程。

排量可以调节的液压泵称为变量泵，排量不可以调节的液压泵则称为定量泵。

（2）理论流量 q_t 是指在不考虑泄漏的情况下，单位时间内所排出液体的体积。显然，

$$q_t = Vn \tag{3-2}$$

式中，n 是泵轴转速。

（3）实际流量 q 是指在某一具体工况下，单位时间内实际排出液体的体积。由于泵存在泄漏、压缩等原因，所以泵的实际流量小于理论流量，即

$$q = q_t - q_l \tag{3-3}$$

式中，q_l 是因泄漏、压缩等原因损失的流量。

（4）额定流量 q_n 液压泵在正常工作条件下，按试验标准规定（即在额定压力和额定转速）必须保证的实际输出流量。一般液压泵铭牌上标注的流量为额定流量。额定流量也是选择液压泵的重要数据之一。

3. 功率和效率

（1）输入功率 P_i 是指作用在液压泵主轴上的机械功率，即泵的驱动功率。当输入转矩为 T、角速度为 ω 时，有

$$P_i = T\omega = T2\pi n \tag{3-4}$$

（2）输出功率 P_o 是指在工作过程中，液压泵的实际吸、压油口间的压力差 Δp 和输出流量 q 的乘积，即

$$P_o = \Delta pq \tag{3-5}$$

在实际的计算中，通常油箱通大气，此时液压泵吸、压油口间的压力差 Δp 往往用液压泵出口压力 p 代替，此时有

$$P_o = pq \tag{3-6}$$

若不考虑功率损失，即 $P_i = P_o$，则 $T_t 2\pi n = pq_t$，即

$$T_t = \frac{pq_t}{2\pi n} = \frac{pV}{2\pi} \tag{3-7}$$

（3）液压泵的功率损失及效率 液压泵的功率损失等于泵的输入功率与输出功率之差，即

$$\Delta P = P_i - P_o \tag{3-8}$$

液压泵的功率损失分为容积损失和机械损失两种：

1）容积损失。是指液压泵在流量上的损失。由于液压泵内部高低压油腔之间油液的泄漏、油液的压缩以及在吸油过程中由于吸油阻力太大、油液黏度大以及液压泵转速高等原因而导致油液不能全部充满密封工作腔，所以液压泵的实际输出流量总是小于其理论流量。液

压泵容积损失用容积效率 η_V 表示，它等于液压泵的实际输出流量 q 与其理论流量 q_t 之比，设流量损失为 q_l，则液压泵的容积效率为

$$\eta_V = \frac{q}{q_t} = \frac{q_t - q_l}{q_t} \tag{3-9}$$

因此，液压泵的实际输出流量 q 为

$$q = q_t\eta_V = Vn\eta_V \tag{3-10}$$

液压泵的容积效率随着液压泵工作压力的增大而减小，且因液压泵的结构类型不同而异。

2）机械损失。机械损失是指液压泵在转矩上的损失。液压泵的实际输入转矩 T 总是大于理论上所需要的转矩 T_t，其主要原因是由于液压泵泵体内相对运动部件之间的机械摩擦而引起的摩擦转矩损失以及液体的黏性而引起的摩擦损失。液压泵的机械损失用机械效率 η_m 表示，它等于液压泵的理论转矩 T_t 与实际输入转矩 T 之比，设转矩损失为 T_l，则液压泵的机械效率为

$$\eta_m = \frac{T_t}{T} = \frac{T_t}{T_t + T_l}$$

将式(3-7) 代入得

$$\eta_m = \frac{pV}{2\pi T} \tag{3-11}$$

3）液压泵的总效率 η。液压泵的总效率是指液压泵的实际输出功率与其输入功率的比值，即

$$\eta = \frac{P_o}{P_i} = \frac{pq}{T\,2\pi n} = \frac{pq_t\eta_V}{\dfrac{T_t 2\pi n}{\eta_m}} = \eta_V\eta_m \tag{3-12}$$

【例 3-1】 从产品样本上查得 CB－B32 型齿轮泵的额定压力 $p = 2.5\times10^6$Pa，流量 $q =$ 32L/min，转速 $n = 1450$r/min，泵的容积效率 $\eta_V = 0.9$，驱动功率 $P_i = 1.65$kW。

试求：(1) 该齿轮泵的总效率和机械效率。

(2) 泵的理论流量及在额定压力下的实际流量。

解：(1) $\eta = P_o/P_i = pq/P_i = 2.5\times10^6\times32\times10^{-3}/(60\times1.65\times10^3) = 0.81$

$\eta_m = \eta/\eta_V = 0.81/0.9 = 0.9$

(2) $q_t = q/\eta_V = 32/0.9$L/min $= 35.6$L/min

额定压力下的实际流量 $q = 32$L/min

3.2 齿轮泵

齿轮泵是液压系统中广泛采用的一种泵，它一般做成定量泵。按结构不同，齿轮泵分为外啮合式和内啮合式两种。其中外啮合齿轮泵结构简单，价格低廉，应用最广。本节主要介绍外啮合齿轮泵的工作原理和结构特点。

3.2.1 外啮合齿轮泵的工作原理及特点

1. 外啮合齿轮泵的工作原理

外啮合齿轮泵的工作原理如图 3-3 所示。它由装在壳体内的一对互相啮合的齿轮组成，

齿轮两侧有端盖（图中未示出），壳体、端盖和齿轮的各个齿间槽组成了许多密封工作腔。当齿轮按图示方向旋转时，右侧吸油腔由于相互啮合的轮齿逐渐脱开，密封工作容积逐渐增大，形成部分真空，因此油箱中的油液在外界大气压力的作用下，经吸油管进入吸油腔，将齿间槽充满，并随着齿轮旋转，把油液带到左侧压油腔内。在压油腔一侧，由于齿轮在这里逐渐进入啮合，密封工作腔容积不断减小，油液便被挤压出去，从压油腔输送到压力管路中去。在齿轮泵的工作过程中，只要两齿轮的旋转方向不变，其吸、压油腔的工作位置也就确定不变。这里啮合点处的齿面接触线始终将吸、压油腔分开并起配流作用，因此，在齿轮泵中不需要设置专门的配流机构。

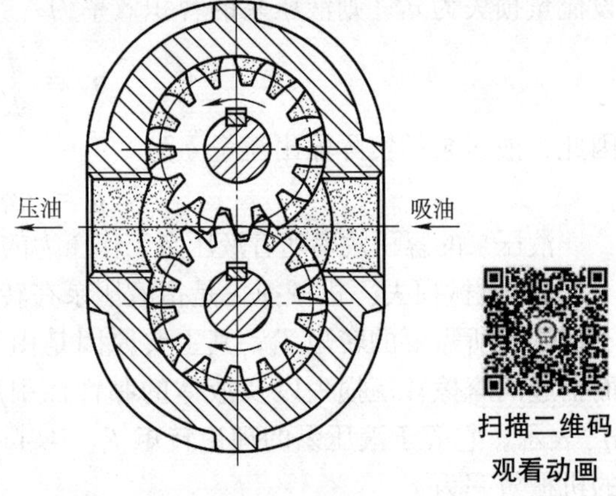

图 3-3　外啮合齿轮泵的工作原理

2. 外啮合齿轮泵的排量和流量计算

外啮合齿轮泵排量的精确计算应按照啮合原理来进行，近似计算时可认为排量等于它的两个齿轮的齿间槽容积之总和，假设齿间槽的容积（扣去齿根间隙后）等于轮齿的体积，则齿轮泵的排量可以近似地等于外径为$(Zm+2m)$、内径为$(Zm-2m)$、厚度为齿轮宽度 B 的圆环的体积，即

$$V=\frac{\pi}{4}[(Zm+2m)^2-(Zm-2m)^2]B=2\pi m^2 ZB \tag{3-13}$$

式中，m 是齿轮的模数；B 是齿轮的齿宽；Z 是齿轮的齿数。

实际上齿间槽的容积比轮齿的体积稍大些，所以通常取

$$V=6.66m^2 ZB \tag{3-14}$$

因此，当驱动齿轮泵的原动机转速为 n 时，外啮合齿轮泵的理论流量和实际流量分别为

$$q_t=6.66m^2 ZBn \tag{3-15}$$

$$q=6.66m^2 ZBn\eta_V \tag{3-16}$$

以上计算的是外啮合齿轮泵的平均流量，实际上随着啮合点位置的不断改变，吸、压油腔在每一瞬时的容积变化率是不均匀的，因此齿轮泵的瞬时流量是脉动的，设 q_{max}、q_{min} 表示最大、最小瞬时流量，则流量脉动率 σ 可用下式表示：

$$\sigma=\frac{q_{max}-q_{min}}{q}\times 100\% \tag{3-17}$$

理论研究表明，外啮合齿轮泵齿数越小，脉动率 σ 就越大，其值最高可达 20% 以上。流量脉动将引起压力脉动，随之可能产生振动和噪声，所以高精度机械不宜采用齿轮泵。

3. 外啮合齿轮泵的结构特点和优缺点

外啮合齿轮泵的泄漏、困油和径向液压力不平衡是影响齿轮泵性能指标和寿命的三大问题。各种不同齿轮泵的结构特点之所以不同，都因采用了不同结构措施来解决这三大问题所致。

（1）泄漏问题　齿轮泵存在着三个可能产生泄漏的部位：齿轮端面和端盖间的轴向间

隙、齿轮外圆和壳体内孔间的径向间隙以及两个齿轮的齿面啮合处。其中对泄漏影响最大的是齿轮端面和端盖间的轴向间隙，原因是这里泄漏途径短，泄漏面积大，通过轴向间隙的泄漏量占总泄漏量的75%～80%。可见轴向间隙越大，泄漏量也越多，容积效率就越低；但轴向间隙过小，会使齿轮端面和端盖之间的机械摩擦损失增加，导致机械效率降低。因此，设计和制造时必须严格控制泵的轴向间隙。另外，还可采用齿轮轴向间隙自动补偿的办法。图3-4所示为齿轮轴向间隙的自动补偿原理。利用特制的通道将泵内压油腔的压力油引到浮动轴套的外侧，产生液压作用力，使轴套压向齿轮端面，这个力必须大于齿轮端面作用在轴套内侧的作用力，才能保证在各种压力下，轴套始终自动贴紧齿轮端面，减小泵内通过端面的泄漏，达到提高压力的目的。

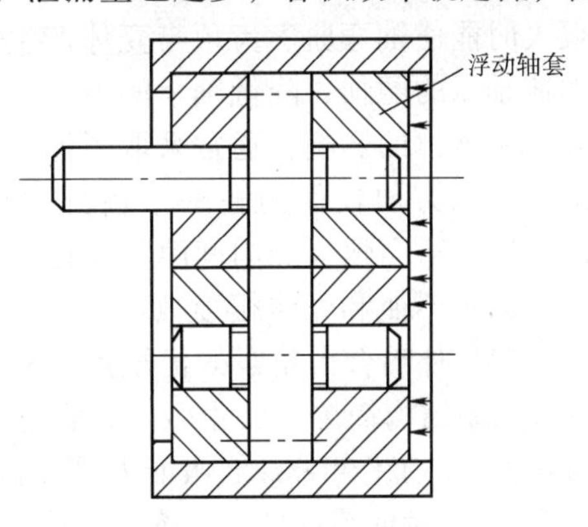

图3-4 齿轮轴向间隙的自动补偿原理

(2) 困油现象 为了使齿轮泵正常运转和平稳工作，必须使齿轮啮合的重叠系数大于1，也就是要求在前一对轮齿尚未脱开啮合时，后一对轮齿就已经开始进入啮合。这样就在两对同时啮合的轮齿之间形成一个密闭容积，这个容积称为困油区，随着齿轮旋转，困油区容积将发生变化，且有部分油液被困在困油区内，如图3-5a所示。当困油区形成后，齿轮继续旋转时，困油区的容积先是逐渐减小，直到两个啮合点 A、B 处于节点两侧的对称位置，如图3-5b所示，此时困油区容积减至最小。由于油液的可压缩性很小，当困油区容积减小时，被困的油液受挤压，压力急剧上升，油液将从一切可能泄漏的缝隙中强行挤出，使齿轮和轴承受到很大的径向力，功率消耗增加、油温升高。当齿轮继续旋转时，困油区容积又将逐渐增大，直到图3-5c所示的最大位置，困油区容积增大时又会造成局部真空，使油液中溶解的气体分离，产生气穴现象，这些都将使齿轮泵产生强烈的噪声。这种由于困油区容积不断变化而引起的不良现象就称为齿轮泵的困油现象。

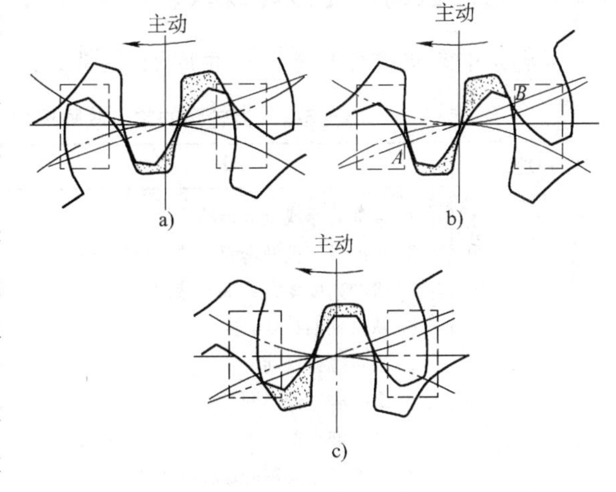

图3-5 困油现象

消除困油现象的方法，通常是在齿轮泵的两侧端盖上铣两条卸荷槽（如图3-5中虚线所示）。当困油区容积减小时，使其与压油腔相通（如图3-5a所示），便于油液及时挤出，防止压力升高；而当困油区容积增大时，使其与吸油腔相通（如图3-5c所示），便于及时补油，防止真空气化。而且，两槽间的距离必须保证在任何时候都不能使吸油腔和压油腔相互串通。

(3) 径向不平衡力问题 如图3-6所示，在齿轮泵中作用在齿轮外圆上的压力是不相等的，在压油腔和吸油腔处齿轮外圆和齿廓表面分别承受着泵的工作压力和吸油腔压力；在齿轮和壳体内孔的径向间隙中，可以认为压力是由压油腔压力逐级下降到吸油腔压力的。这些液体压力综合作用的结果，相当于给齿轮一个径向的作用力（即不平衡力）使齿轮和轴承受载。工作压力越大，径向不平衡力也越大。径向不平衡力很大时能使轴弯曲、齿顶与壳体产生接触，同时加速轴承的磨损，降低轴承的寿命。为了减小径向不平衡力的影响，通常采取了缩小压油口的办法，使压力油仅作用在一个齿到两个齿的范围内，同时适当增大径向间隙，使齿轮在压力作用下，齿顶不能和壳体相接触。

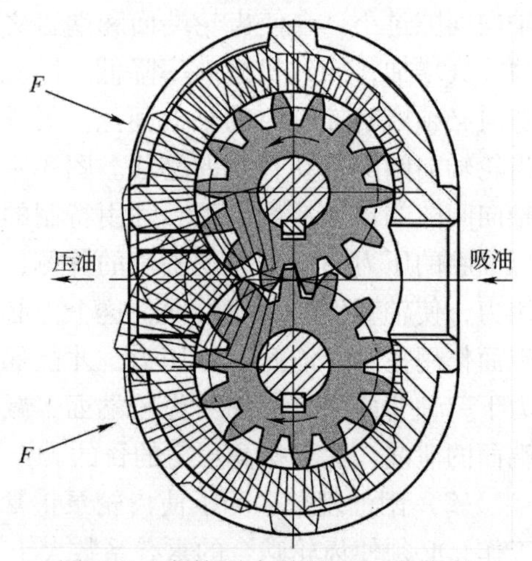

图 3-6 齿轮泵中的径向压力分布

（4）外啮合齿轮泵的优缺点 外啮合齿轮泵的优点是结构简单，尺寸小，重量轻，制造方便，价格低廉，工作可靠，自吸能力强（容许的吸油真空度大），对油液污染不敏感，维护容易。它的缺点是一些机件承受不平衡径向力，磨损严重，泄漏大，工作压力的提高受到限制。此外，它的流量脉动大，因而压力脉动和噪声都比较大。

3.2.2 齿轮泵的常见故障现象、产生原因及排除方法

齿轮泵的常见故障现象、产生原因及排除方法见表 3-2。

表 3-2 齿轮泵的常见故障现象、产生原因及排除方法

故障现象	产生原因	排除方法
泵噪声过大	1. 吸油管路或过滤器堵塞 2. 吸油口连接处密封不严，有空气进入 3. 吸油高度太大，油箱液面低 4. 从泵轴油封处有空气进入 5. 端盖螺钉松动 6. 泵与联轴器不同轴或松动 7. 液压油黏度太大 8. 吸油口过滤器的通流能力小 9. 转速太高 10. 齿形精度不高或接触不良，泵内零件损坏 11. 轴向间隙过小，齿轮内孔与端面垂直度超差或泵盖上两孔平行度超差 12. 溢流阀阻尼孔堵塞 13. 管路振动	1. 除去污物，使吸油管路畅通 2. 加强密封，紧固连接件 3. 降低吸油高度，向油箱加油 4. 更换油封 5. 适当拧紧螺钉 6. 重新安装，使其同轴心，紧固连接件 7. 更换黏度适当的液压油 8. 更换通流能力较大的过滤器 9. 使其转速降至允许最高转速以下 10. 研磨修整或更换齿轮，更换损坏零件 11. 检查并修复有关零件 12. 拆卸、清洗溢流阀 13. 采取隔离消振措施
泵输出流量不足甚至完全不排油	1. 电动机转向不对 2. 油箱液面过低 3. 吸油管路或过滤器堵塞 4. 电动机转速过低 5. 油液黏度过大 6. 泵内零件间磨损，间隙过大	1. 纠正转向 2. 补油至油标线 3. 疏通吸油管路，清洗过滤器 4. 使转速达到液压泵的最低转速以上 5. 检查油质，更换液压油或提高油温 6. 更换或重新配研零件

（续）

故障现象	产生原因	排除方法
泵输出油压力低或没有压力	1. 溢流阀失灵 2. 侧板和轴套与齿轮端面严重摩擦 3. 泵端盖螺钉松动	1. 调整、拆卸、清洗溢流阀 2. 修理或更换侧板和轴套 3. 拧紧螺钉
泵温升过高	1. 压力过高，转速过快 2. 油黏度过大 3. 油箱散热条件差 4. 侧板和轴套与齿轮端面严重摩擦 5. 油箱容积小	1. 调整压力阀，降低转速到规定值 2. 合理选用黏度适宜的油液 3. 加大油箱容积或增加冷却装置 4. 修理或更换侧板和轴套 5. 加大油箱，扩大散热面积
外泄漏	1. 密封圈损伤 2. 密封表面不良 3. 泵内零件间磨损，间隙过大 4. 组装螺钉松动	1. 更换密封圈 2. 检查修理 3. 更换或重新配研零件 4. 拧紧螺钉

3.3　叶片泵

叶片泵的结构较齿轮泵复杂，但其工作压力较高，且流量脉动小，工作平稳，噪声较小，寿命较长，所以它被广泛应用于机械制造中的专用机床、自动生产线等中低压液压系统中。叶片泵的主要缺点是结构复杂，吸油特性不太好，对油液的污染也比较敏感。

叶片泵分为单作用式和双作用式两种，其中单作用叶片泵多用于变量泵，双作用叶片泵均为定量泵。

3.3.1　单作用叶片泵

1. 单作用叶片泵的工作原理

单作用叶片泵的工作原理如图3-7所示，单作用叶片泵由转子1、定子2、叶片3、配油盘和端盖（图中未画出）等组成。定子具有圆柱形内表面，定子和转子间有偏心距e，叶片装在转子槽中，并可在槽内滑动。当转子回转时，由于离心力的作用，使叶片紧靠在定子内壁上，这样在叶片、定子内表面、转子外表面和两侧配油盘间就形成若干个密封的工作容积。在配油盘上，开有两个腰形配流窗口，其中一个与泵的吸油口相连，称为吸油窗口；另一个与泵的压油口相连，称为压油窗口。当转子按图示方向旋转时，在图的右

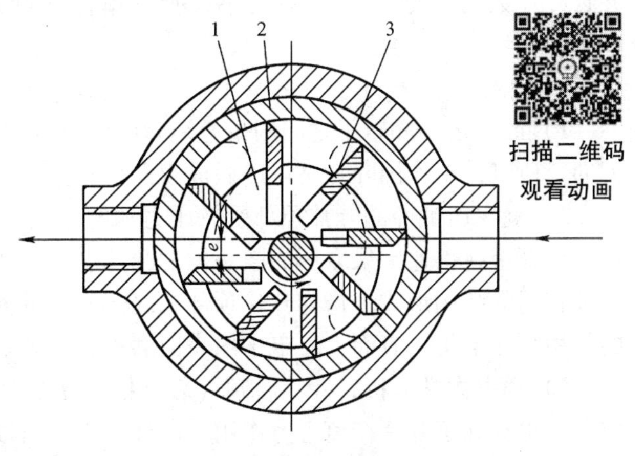

图3-7　单作用叶片泵的工作原理
1—转子　2—定子　3—叶片

部，叶片逐渐伸出，叶片间的工作容积逐渐增大，形成局部真空，从吸油口吸油，这是吸油腔。在图的左部，叶片被定子内壁逐渐压进槽内，工作容积逐渐缩小，将油液从压油口压出，这就是压油腔。在吸油腔和压油腔之间，有一段封油区，把吸油腔和压油腔隔开。这种叶片泵转子每转一周，每个密封工作容积完成一次吸油和压油，因此称为单作用叶片泵。又由于转子单方向承受压力油作用，径向力不平衡，所以它又称为非卸荷式叶片泵或非平衡式叶片泵，这也是这种泵的工作压力不宜过高的原因。只要改变转子和定子的偏心距 e 和偏心方向，就可以改变输出油流量和输油方向，可成为双向变量泵。

2. 单作用叶片泵的排量和流量计算

单作用叶片泵的排量应为每个工作容积在转子旋转一周时所排出液体的总和。如图 3-8 所示，每个工作容积旋转一周所排出的液体的体积近似地等于扇形体积 V_1 和 V_2 之差。经过理论推导得出单作用叶片泵的排量可以近似地表示为

$$V = Z(V_1 - V_2) = 4\pi ReB \tag{3-18}$$

式中，Z 是叶片数；R 是定子的内圆半径；e 是转子与定子之间的偏心矩；B 是定子的宽度。

当单作用叶片泵转速为 n，泵的容积效率为 η_V 时，泵的理论流量和实际流量分别为

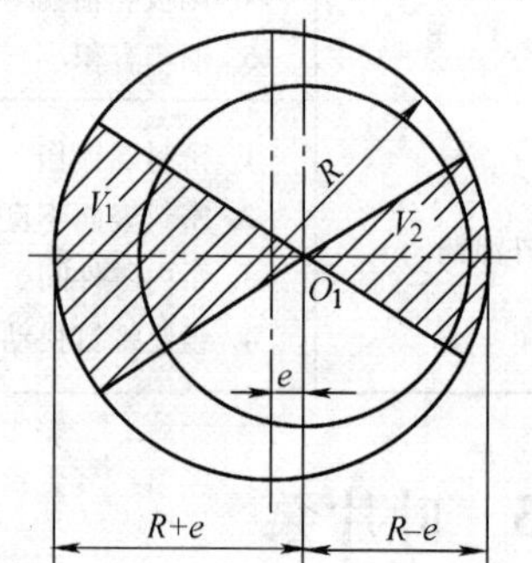

图 3-8 单作用叶片泵排量计算简图

$$q_t = Vn = 4\pi ReBn \tag{3-19}$$

$$q = q_t\eta_V = 4\pi ReBn\eta_V \tag{3-20}$$

显然，在式(3-18) 至式(3-20) 的计算中没有考虑叶片的厚度以及叶片的倾角对单作用叶片泵排量和流量的影响，这是因为在单作用叶片泵中，处于压油腔和吸油腔的叶片的底部分别与压油腔和吸油腔相通，叶片在槽中伸出和缩进时，叶片槽底部也有吸油和压油过程，而一般叶片槽底部的吸油和压油恰好补偿了叶片厚度及倾角所占据体积而引起的排量和流量的减小，这就是在计算中不考虑叶片厚度和倾角影响的缘故。

单作用叶片泵的流量是有脉动的，理论分析表明，泵内叶片数越多，流量脉动率越小，并且叶片数为奇数时脉动率较小，所以单作用叶片泵的叶片数均为奇数，一般为 13 或 15 片。

3. 特点

1）改变定子和转子之间的偏心矩 e 可以改变流量。改变偏心方向可以改变吸、压油口方向。所以，单作用叶片泵可以做成双向变量泵。

2）处在压油腔的叶片顶部受有压力油的作用，为了使叶片顶部可靠地和定子内表面相接触保证密封，通常采取压油腔一侧的叶片底部与压油腔相通，吸油腔一侧的叶片底部与吸油腔相通的结构形式。这样叶片顶部和底部所受的液压作用力基本平衡，叶片始终靠离心力的作用顶在定子内表面上，定子内表面磨损较均匀。

3）根据力学分析，叶片后倾（后倾指叶片根部不动，叶片顶部逆着转动方向旋转）一定角度更有利于叶片在离心力作用下向外伸出。所以，通常单作用叶片泵的叶片后倾 24°。

4）由于转子受有不平衡的径向液压力作用，所以泵的工作压力受到限制，不宜用于高压系统。

3.3.2 双作用叶片泵

1. 双作用叶片泵的工作原理

双作用叶片泵的工作原理如图3-9所示，它是由定子1、转子2、叶片3和配油盘等组成。转子和定子中心重合，定子内表面近似为椭圆柱形，该椭圆形由两段长半径圆弧、两段短半径圆弧和四段过渡曲线组成。当转子转动时，叶片在离心力和（建压后）根部压力油的作用下，向外伸出压向定子内表面，于是在相邻两叶片、定子内表面、转子外表面和两侧配油盘间就形成若干个密封的工作容积。当转子按图示方向旋转时，处在短半径圆弧上的密封容积经过渡曲线运动到长半径圆弧的过程中，叶片外伸，密封工作容积增大，称为吸油区实现吸油；密封容积再从长半径圆弧经过渡曲线运动到短半径圆弧的过程中，叶片被定子内壁逐渐压进槽内，密封工作容积减小，称为压油区实现压油；四段圆弧区称为封油区。因为这种泵的转子每转一周，每个密封工作容积要完成两次吸油和压油，故称为双作用叶片泵。又因为泵的两个吸油区和压油区是径向对称的，使作用在转子上的径向液压力平衡，所以又称为卸荷式叶片泵或平衡式叶片泵。双作用叶片泵只能做成定量泵。

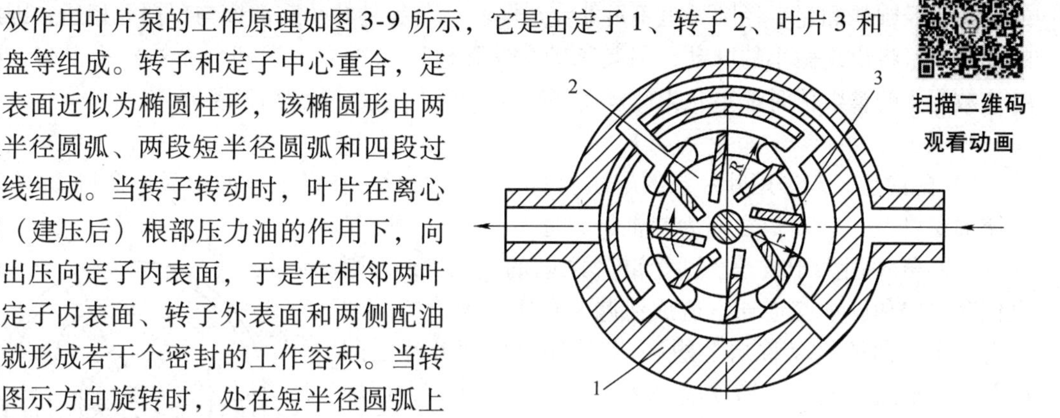

图3-9 双作用叶片泵的工作原理
1—定子 2—转子 3—叶片

2. 双作用叶片泵的排量和流量计算

双作用叶片泵排量计算简图如图3-10所示，由于转子在转一周的过程中，每个密封容积完成两次吸油和压油，当定子的长半径圆弧半径为R，短半径圆弧半径为r，定子宽度为B，叶片数为Z，两叶片间的夹角$\beta=2\pi/Z(\mathrm{rad})$时，每个密封容积排出的油液体积为半径为$R$和$r$、扇形角为$\beta$、厚度为$B$的两扇形体积之差的两倍。在不考虑叶片的厚度和倾角的影响时，则双作用叶片泵的排量为

$$V=2Z\frac{1}{2}\beta(R^2-r^2)B=2\pi(R^2-r^2)B \tag{3-21}$$

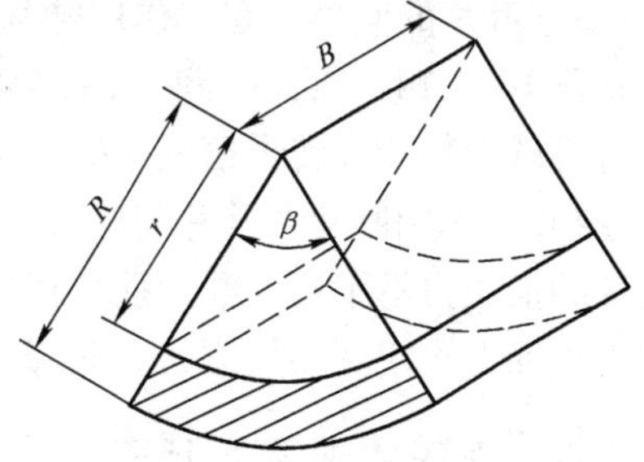

图3-10 双作用叶片泵排量计算简图

一般在双作用叶片泵中，叶片底部全部与压油腔接通，因而叶片在槽中作往复运动时，叶片槽底部的吸油和压油不能补偿由于叶片厚度所造成的排量减小。因此，当叶片厚度为b，叶片安放的倾角为θ时的排量为

$$V=2\pi(R^2-r^2)B-2\frac{R-r}{\cos\theta}bZB=2B\left[\pi(R^2-r^2)-\frac{R-r}{\cos\theta}bZ\right] \tag{3-22}$$

故当双作用叶片泵转速为n，泵的容积效率为η_V时，泵的理论流量和实际流量分别为

$$q_{\mathrm{t}}=Vn=2B\left[\pi(R^2-r^2)-\frac{R-r}{\cos\theta}bZ\right]n \tag{3-23}$$

$$q = q_t\eta_V = 2B\left[\pi(R^2 - r^2) - \frac{R - r}{\cos\theta}bZ\right]n\eta_V \tag{3-24}$$

若不考虑双作用叶片泵的叶片厚度，则泵的输出流量是均匀的，但实际上叶片是有厚度的，长半径圆弧和短半径圆弧也不可能完全同心，尤其是叶片底部槽与压油腔相通，因此泵的输出流量将出现微小的脉动，但其脉动率较其他形式的泵（螺杆泵除外）小得多，且在叶片数为4的整数倍时最小，为此双作用叶片泵的叶片数一般为12或16片。

3. 特点

1）配油盘。双作用叶片泵的配油盘如图3-11所示。在盘上有两个吸油窗口2、4和两个压油窗口1、3，窗口之间为封油区，通常应使封油区对应的中心角α稍大于或等于两个叶片之间的夹角β，否则会使吸油腔和压油腔连通，造成泄漏。在压油窗口的一端开有一个三角槽（又称眉毛槽），其作用是使两叶片之间的封闭油液通过该三角槽逐渐进入压力区，使其压力逐渐上升，避免引起液压泵的流量脉动、压力脉动和噪声。在配油盘上对应于叶片根部位置处开有环形槽C，在环形槽内有四个小孔与压油窗口相通，使叶片的底部始终与压油窗口相连，叶片在底部压力油和离心力联合作用下压紧定子内表面实现密封。

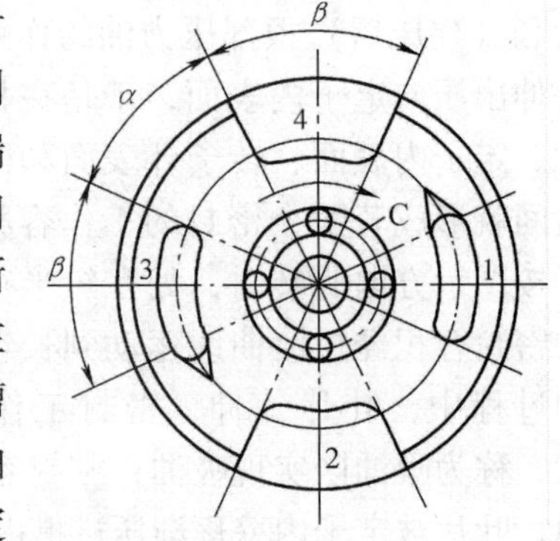

图3-11 配油盘

2）定子曲线。定子内表面曲线是由四段圆弧和四段过渡曲线组成的，过渡曲线一般采用“等加速—等减速”曲线，且在大、小圆弧和过渡曲线的连接点处用小圆弧圆滑过渡，目的是保证叶片在转子槽中径向运动时速度和加速度变化均匀，减小加速度的突变，使叶片对定子内表面的冲击尽可能小，从而减小噪声和磨损。

3）叶片的倾角。在双作用叶片泵中，一般将叶片顺着转子回转方向前倾一个θ角，通常θ取10°~14°。目的是使处于压油区的叶片所受的摩擦力减小，有利于其在槽内的滑动，同时可减少叶片对转子槽侧面的压紧力和磨损。

4）双作用叶片泵叶片的底部始终与压油口相连。这样就使得处于吸油区的叶片顶部和底部的液压力不平衡，叶片顶部以很大的压紧力（包括液压力和离心力）抵在定子吸油区的内表面上，使磨损加剧，寿命降低，这是限制双作用叶片泵工作压力提高的主要原因。

3.3.3 限压式变量叶片泵

1. 限压式变量叶片泵的工作原理

限压式变量叶片泵是一种单作用叶片泵，它的特点是能够根据输出压力的大小自动调节偏心距e，从而改变泵的输出流量。图3-12所示为限压式变量叶片泵的工作原理，图3-13所示为限压式变量叶片泵的流量特性曲线。图3-12中，1为转子，在转子槽中装有叶片，2为定子，3为配油盘上的吸油窗口，8为压油窗口，9为调压弹簧，10为调压螺钉，4为柱塞，5为流量调节螺钉。泵的出口经通道7与柱塞缸6相通。泵未运转时，定子在调压弹簧9的作用下，紧靠柱塞4，并使柱塞4靠在流量调节螺钉5上，使定子和转子有一偏心距e。泵运转时，当泵的出口压力p较低时，作用在柱塞4上的液压力也较小，当压力低于由调压螺钉10调节的某一限定压力p_B时，作用在柱塞4上的液压力小于上端的弹簧力，柱塞4处于最下端，偏心距为最大值 e_0，泵的输出流量也最大，且基本不变，如图3-13中曲线 AB 段所示（偏心距最大时，泵的理论输出流量 q_t 不变，但由于随着供油压力增大，泵的泄漏流量 q_l 增加，所以泵的实际输出流量 q 略有减少）；当泵的出口压力 p 等于限定压力 p_B 时，作用在柱塞4上的液压力与上端的弹簧力相平衡，柱塞4仍处于最下端；当泵的出口压力再进一步升高时，液压作用力就要克服弹簧力推动定子向上移动，泵的偏心距 e 开始减小，泵的输出流量也随之减小，而且，泵的工作压力越高，偏心距就越小，泵的输出流量也就越小，直至泵的输出流量为零，如图3-13中曲线 BC 段所示。泵的限定压力 p_B 为泵处于最大流量时所能达到的最高压力。

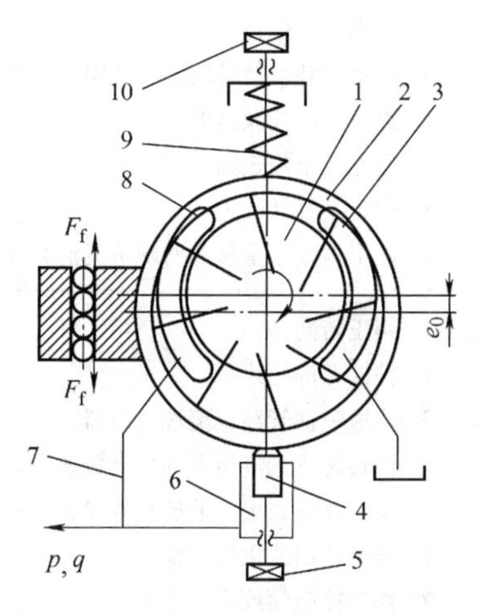

图3-12 限压式变量叶片泵的工作原理

1—转子 2—定子 3—配油盘上的吸油窗口
4—柱塞 5—流量调节螺钉 6—柱塞缸 7—通道
8—配油盘上的压油窗口 9—调压弹簧 10—调压螺钉

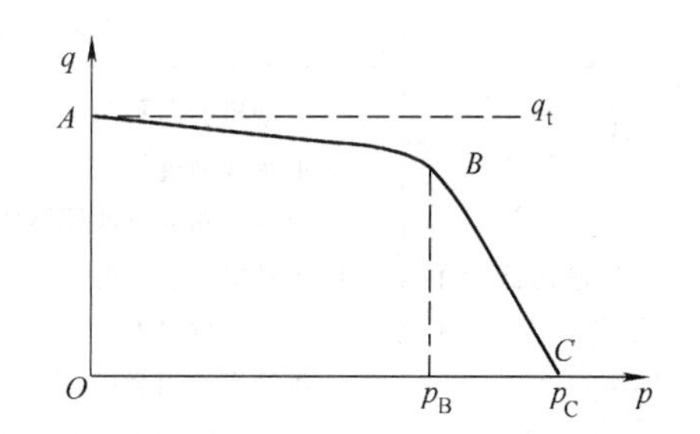

图3-13 限压式变量叶片泵的特性曲线

2. 限压式变量叶片泵的调整及应用

调节流量调节螺钉5的位置，可以改变定子和转子之间的最大偏心距 e_0，即可改变最大输出流量 q_t，使特性曲线 AB 段上下平移。调节调压螺钉10，可改变弹簧的预压缩量 x_0，即可改变限定压力 p_B 的大小，使特性曲线 BC 段左右平移。而改变调压弹簧的刚度 k 时，可改变 BC 段的斜率，弹簧越“软”（k 值越小），BC 段越徒，p_{max} 值越小，系统压力达到的最大值 $p_C=p_{max}$ 称为截止压力，实际上由于泵的泄漏存在，当偏心量尚未达到零时，泵实际的输出流量已为零。

总之，限压式变量叶片泵的特点是能够根据输出压力的大小自动调节输出流量，在功率使用上较为合理，可减少油液发热。对既要实现快速移动，又要实现工作进给（慢速移动）的执行元件来说，限压式变量叶片泵是一种合适的能源：快速移动需要较大的流量，负载压力较低，使用特性曲线的 AB 段；工作进给时负载压力升高，需要流量减少，使用特性曲线的 BC 段。因而合理调整拐点压力 p_B 是使用该泵的关键。目前这种泵被广泛用于要求执行元件有快、慢速和保压阶段的中低压系统中，有利于节能和简化回路。但限压式变量叶片泵结构复杂，轮廓尺寸大，相对运动的机件多，泄漏较大，轴上受有不平衡的径向液压力，噪声较大，容积效率和机械效率都没有双作用叶片泵高。

3.3.4 叶片泵的常见故障现象、产生原因及排除方法

叶片泵的常见故障现象、产生原因及排除方法见表3-3。

表3-3 叶片泵的常见故障现象、产生原因及排除方法

故障现象	产 生 原 因	排 除 方 法
泵噪声过大	1. 吸油管路或过滤器堵塞 2. 吸油口连接处密封不严，有空气进入 3. 吸油高度太大，油箱液面低 4. 端盖螺钉松动 5. 泵与联轴器不同轴或松动 6. 液压油黏度大，吸油口过滤器通流能力小 7. 定子内表面拉毛 8. 定子吸油区内表面磨损 9. 个别叶片运动不灵活或装反	1. 除去污物，使吸油管路畅通 2. 加强密封，紧固连接件 3. 降低吸油高度，向油箱加油 4. 适当拧紧螺钉 5. 重新安装，使其同轴，紧固连接件 6. 更换液压油及过滤器 7. 抛光定子内表面 8. 将定子翻转装入 9. 逐个检查、重装并研配不灵活叶片
泵输出流量不足甚至完全不排油	1. 电动机转向不对 2. 油箱液面过低 3. 吸油管路或过滤器堵塞 4. 电动机转速过低 5. 油液黏度过大 6. 配油盘端面磨损 7. 叶片与定子内表面接触不良 8. 叶片在叶片槽内卡死或移动不灵活 9. 螺钉松动	1. 纠正转向 2. 补油至油标线 3. 疏通吸油管路，清洗过滤器 4. 使转速达到液压泵的最低转速以上 5. 检查油质，更换液压油或提高油温 6. 修磨端面或更换配油盘 7. 修磨接触面或更换叶片 8. 逐个检查，研配移动不灵活的叶片 9. 适当拧紧螺钉
泵温升过高	1. 压力过高，转速过快 2. 油黏度过大 3. 油箱散热条件差 4. 配油盘与转子严重摩擦 5. 油箱容积太小 6. 叶片与定子内表面严重摩擦	1. 调整压力阀，降低转速到规定值 2. 合理选用黏度适宜的油液 3. 加大油箱容积或增加冷却装置 4. 修理或更换配油盘或转子 5. 加大油箱，扩大散热面积 6. 修磨或更换叶片、定子并采取措施，减小磨损
外泄漏	1. 密封圈损伤 2. 密封表面不良 3. 泵内零件间磨损，间隙过大 4. 组装螺钉过松	1. 更换密封圈 2. 检查修理 3. 更换或重新配研零件 4. 拧紧螺钉

3.4 柱塞泵

柱塞泵是利用柱塞在缸体中的往复运动形成密封容积的变化来实现吸油与压油的液压泵。与齿轮泵和叶片泵相比，柱塞泵的优点是构成密封容积的零件为圆柱形的柱塞和缸体孔，加工方便，配合精度高，密封性能好，在高压下工作时仍有较高的容积效率，所以可以

用于高压系统。同时，由于只需改变柱塞在缸体中的工作行程就能改变泵的排量，易于实现流量的调节和流向的改变，可以做成双向变量泵。按照柱塞在缸体中排列方向的不同可分为径向柱塞泵和轴向柱塞泵两大类。

3.4.1　径向柱塞泵

径向柱塞泵的工作原理如图3-14所示，它主要由定子1、转子（缸体）2、柱塞3、衬套4和配油轴5组成。柱塞径向排列安装在缸体中，缸体由原动机带动连同柱塞一起旋转，柱塞靠离心力（或低压油）的作用下压紧在定子内壁上，当转子按图示顺时针方向旋转时，由于定子和转子之间有偏心距 e，柱塞绕经上半周时向外伸出，柱塞底部的密封容积逐渐增大，形成局部真空，于是油箱中的油液经配油轴的吸油腔和衬套（衬套压紧在转子内，并和转子一起回转）上的油孔进入泵内，实现泵的吸油；当柱塞转到下半周时，定子内壁将柱塞向里推，柱塞底部的密封容积逐渐减小，将油液从衬套上的油孔经配油轴的压油腔排出，实现泵的压油。当转子连续运转时，即可连续输出压力油。

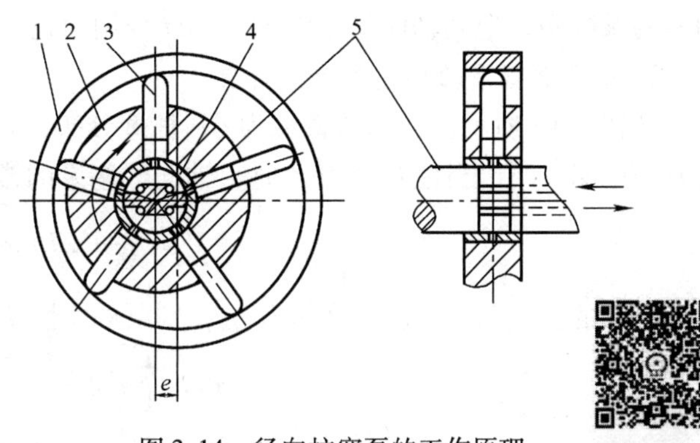

图3-14　径向柱塞泵的工作原理
1—定子　2—转子（缸体）　3—柱塞　4—衬套　5—配油轴

扫描二维码
观看动画

改变这种泵的偏心距 e 即可改变径向柱塞泵的输出流量，改变偏心距的方向即可改变进油口和出油口方向，可以做成双向变量泵。

由于径向柱塞泵径向尺寸大，结构复杂，自吸能力差，且配油轴受到径向不平衡液压力的作用，易于磨损，从而限制了转速和压力的提高。

3.4.2　轴向柱塞泵

1. 轴向柱塞泵的工作原理

轴向柱塞泵是将柱塞轴向配置在缸体的圆周上，并使柱塞中心线和缸体中心线平行的一种泵。轴向柱塞泵的工作原理如图3-15所示，这种泵主要由缸体3、柱塞2、配油盘4和斜盘1组成。柱塞沿圆周均匀分布在缸体内。斜盘与缸体轴线倾斜一角度 δ，柱塞靠机械装置（如图3-16中的滑靴结构或柱塞根部的弹簧）或低压油的作用压紧在斜盘上，配油盘和斜盘固定不转。当原动机通过传动轴使缸体按图示方向旋转时，由于斜盘的作用，迫使处于里半圈的柱塞随着旋转逐渐向外伸出，使柱塞底部的密封容积逐渐增大，并通过配油盘的吸油窗口a实现吸油；而处于外半圈的柱塞随着旋转逐渐被斜盘推入缸体，使柱塞

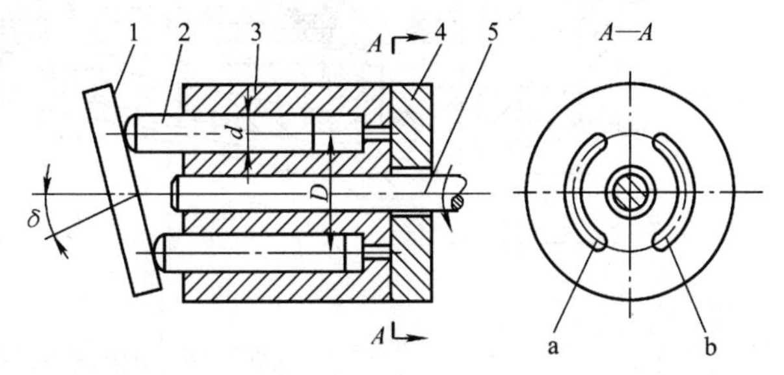

图3-15　轴向柱塞泵的工作原理
1—斜盘　2—柱塞　3—缸体　4—配油盘　5—泵轴

底部的密封容积逐渐减小，并通过配油盘的压油窗口 b 实现压油。缸体每转一周，每个柱塞底部的容积完成吸、压油各一次，当转子连续运转时，泵即可连续输出压力油。

如改变斜盘倾角 δ 的大小，就能改变柱塞行程的长短，即改变液压泵的排量。改变斜盘倾角方向，就能改变吸油口和压油口的方向，即可成为双向变量泵。

轴向柱塞泵的优点是结构紧凑、径向尺寸小，惯性小，容积效率高，目前工作压力一般为 20～40MPa，最高可达 100MPa，一般用于工程机械、拉床和压力机等高压、大流量及大功率的系统中，但其轴向尺寸较大，轴向作用力也较大，结构比较复杂。

2. 轴向柱塞泵的排量和流量计算

如图 3-15 所示，柱塞的直径为 d，柱塞分布圆直径为 D，斜盘倾角为 δ 时，柱塞的行程为 $s = D\tan\delta$，所以当柱塞数为 Z 时，轴向柱塞泵的排量为

$$V = \frac{\pi}{4}d^2 ZD\tan\delta \tag{3-25}$$

设泵的转速为 n，容积效率为 η_V，则泵的实际输出流量为

$$q = \frac{\pi}{4}d^2 Zn\eta_V D\tan\delta \tag{3-26}$$

实际上，由于柱塞在缸体孔中运动的速度不是恒定的，因而输出流量是有脉动的，当柱塞数为奇数且柱塞数较多时，脉动较小，因而常用的柱塞泵柱塞数为 7、9 或 11。

3. 轴向柱塞泵的结构

图 3-16 为某种轴向柱塞泵的结构，它由主体部分（右半部）和变量机构（左半部）组成。

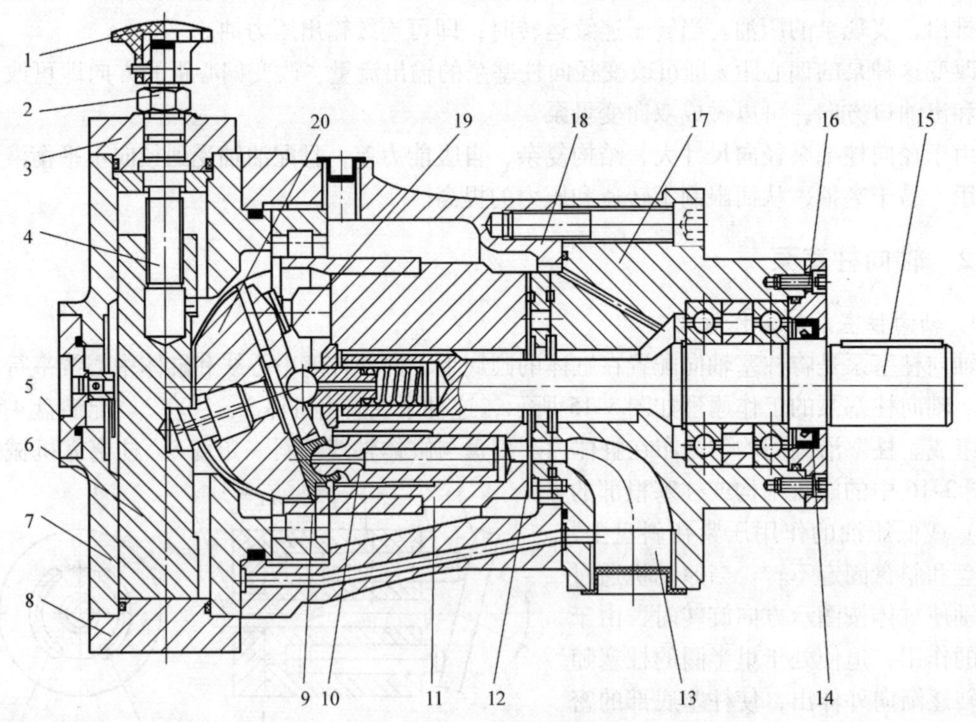

图 3-16 轴向柱塞泵的结构

1—调节手轮 2—锁紧螺母 3—上法兰 4—调节螺杆 5—刻度盘 6—变量活塞 7—变量壳体 8—下法兰 9—柱塞滑靴 10—柱塞 11—缸体 12—配油盘 13—进出油口 14—骨架油封 15—传动轴 16—法兰盘 17—泵体 18—泵壳 19—回程盘 20—斜盘

（1）主体部分结构　这里柱塞10的球状头部装在柱塞滑靴9内，柱塞滑靴9依靠回程盘19紧紧压在斜盘20表面上，当传动轴15通过左边的花键带动缸体11旋转时，回程盘19和柱塞滑靴9随缸体11一同转动（斜盘不转），在柱塞滑靴与斜盘相接触的部分有一油室，它通过柱塞中间的小孔与缸体中的工作腔相连，压力油进入油室后在柱塞滑靴与斜盘的接触面间形成了一层油膜，起着静压支承的作用，使柱塞滑靴作用在斜盘上的力大大减小，同时也减小磨损。由于柱塞滑靴9贴紧在斜盘表面上，柱塞在随缸体旋转的同时在缸体中作往复运动。缸体中柱塞底部的密封工作容积通过配油盘12与泵的进出油口13相通。随着传动轴的转动，液压泵就连续地实现吸油和排油。

（2）变量机构　由式(3-25）和式(3-26）可知，只要改变斜盘的倾角δ，即可改变轴向柱塞泵的排量和输出流量，下面介绍常用的轴向柱塞泵的手动变量机构的工作原理。

图3-16所示左侧为手动变量机构，转动调节手轮1，使调节螺杆4转动，带动变量活塞6作轴向移动（因导向键的作用，变量活塞只能作轴向移动，不能转动）。通过销轴使斜盘20绕变量壳体上的圆弧导轨面的中心（即为钢球中心）旋转，从而使斜盘倾角改变，达到变量的目的。当流量达到要求时，可用锁紧螺母2锁紧，这种变量机构结构简单，但操纵不轻便，且不能在工作过程中变量。

除了以上介绍的手动变量机构以外，轴向柱塞泵还有很多种变量机构，如恒功率变量机构、恒压变量机构、恒流量变量机构和伺服变量机构等，这些变量机构与轴向柱塞泵的主体部分组合就成为各种不同变量方式的轴向柱塞泵，在此不一一介绍。

3.4.3　柱塞泵的常见故障现象、产生原因及排除方法

柱塞泵的常见故障现象、产生原因及排除方法见表3-4。

表3-4　柱塞泵的常见故障现象、产生原因及排除方法

故障现象	产生原因	排除方法
泵噪声过大	1. 吸油管路或过滤油堵塞 2. 吸油口连接处密封不严，有空气进入 3. 吸油高度太大，油箱液面低 4. 有空气从泵轴油封处进入 5. 泵与联轴器不同轴或松动 6. 油箱上的通气孔堵塞 7. 液压油黏度太大 8. 吸油口过滤器的通流能力小 9. 转速太高 10. 溢流阀阻尼孔堵塞 11. 管路振动	1. 除去污物，使吸油管路畅通 2. 加强密封，紧固连接件 3. 降低吸油高度，向油箱加油 4. 更换油封 5. 重新安装，使其同轴心，紧固连接件 6. 清洗油箱上的通气孔 7. 更换黏度适当的液压油 8. 更换通流能力较大的过滤器 9. 使其转速降至允许最高转速以下 10. 拆卸、清洗溢流阀 11. 采取隔离消振措施
泵输出流量不足甚至完全不排油	1. 电动机转向不对 2. 油箱液面过低 3. 吸油管路或过滤器堵塞 4. 电动机转速过低 5. 油液黏度过大 6. 柱塞泵与缸体或配油盘与缸体间摩擦，引起缸体与配油盘间失去密封 7. 中心弹簧折断，柱塞回程不够或不能回程	1. 纠正转向 2. 补油至油标线 3. 疏通吸油管路，清洗过滤器 4. 使转速达到液压泵的最低转速以上 5. 检查油质，更换液压油或提高油温 6. 更换柱塞，修磨配油盘与缸体的接触面，保证接触良好 7. 检查或更换中心弹簧

（续）

故障现象	产 生 原 因	排 除 方 法
泵输出油压力低或没有压力	1. 溢流阀失灵 2. 柱塞泵与缸体或配油盘与缸体间摩擦，引起缸体与配油盘间失去密封 3. 变量机构倾角太小	1. 调整、拆卸和清洗溢流阀 2. 更换柱塞，修磨配油盘与缸体的接触面，保证接触良好 3. 检查变量机构，纠正其调整误差
泵温升过高	1. 压力过高，转速过快 2. 油黏度过大 3. 油箱散热条件差 4. 柱塞泵与缸体运动不灵活，甚至卡死，柱塞球头折断，滑靴脱落，磨损严重 5. 油箱容积小	1. 调整压力阀，降低转速到规定值 2. 合理选用黏度适宜的油液 3. 加大油箱容积或增加冷却装置 4. 修磨柱塞与缸体的接触面，保证接触良好，更换磨损零件 5. 加大油箱，扩大散热面积
外泄漏	1. 密封圈损伤 2. 密封表面不良 3. 组装螺钉松动	1. 更换密封圈 2. 检查修理 3. 拧紧螺钉

3.5 液压泵的选用

液压泵是向液压系统提供一定流量的压力油液的动力元件，它是每个液压系统不可缺少的核心元件，合理选择液压泵对于降低液压系统的能耗、提高系统的效率、降低噪声、改善工作性能和保证系统可靠工作都十分重要。

选择液压泵时首先要根据主机工况、功率大小和系统对工作性能的要求来确定液压泵的类型，然后按系统所要求的压力、流量大小确定其规格型号。

3.5.1 液压泵类型的选择

表3-5列出了液压系统中常用液压泵的主要性能。一般来说，由于各类液压泵有各自突出的特点，其结构、功用和运转方式各不相同，因此应根据不同的使用场合选择合适的液压泵。一般在机床液压系统中，往往选用双作用叶片泵和限压式变量叶片泵；而在筑路机械、港口机械以及小型工程机械中，往往选择抗污染能力较强的齿轮泵；在负载大、功率大的场合往往选择柱塞泵。

表3-5 液压系统中常用液压泵的主要性能

性 能	外啮合齿轮泵	双作用叶片泵	限压式变量叶片泵	径向柱塞泵	轴向柱塞泵
输出压力	低压	中压	中压	高压	高压
流量调节	不能	不能	能	能	能
效率	低	较高	较高	高	高
输出流量脉动	很大	很低	一般	一般	一般
自吸特性	好	较差	较差	差	差
对油的污染敏感性	不敏感	较敏感	较敏感	很敏感	很敏感
噪声	大	小	较大	大	大

注：齿轮泵常用于低压系统，叶片泵常用于中压系统，柱塞泵常用于高压系统。

3.5.2 液压泵额定压力和额定流量的确定

1）液压泵的额定压力 p_n 应满足液压系统中执行元件所需的最大工作压力 p_{max} 的要求，即

$$p_n \geqslant (1.25 \sim 1.6) p_{max} \tag{3-27}$$

2）液压泵的额定流量 q_n 应满足液压系统中同时工作的执行元件所需流量之和的最大值，即

$$q_n \geqslant (1.1 \sim 1.3)(\sum q)_{max} \tag{3-28}$$

知识拓展

螺杆泵

螺杆泵实质上是一种外啮合齿轮泵，因其螺杆根数不同而分为单螺杆泵、双螺杆泵和三螺杆泵等；按螺杆的横截面不同分为摆线齿形、摆线渐开线齿形和圆形齿形等螺杆泵。螺杆泵属于转子型容积式泵，它是依靠做旋转运动的螺杆把液体挤压出去来进行液压传动的。它具有在工作中不产生困油现象、流量均匀、无压力脉动、噪声和振动小、自吸性能强、允许转速高、结构紧凑、工作可靠、使用寿命长等优点。因此，广泛应用于精密机械的液压传动系统和输送黏度大或含有颗粒物质的液体传动系统中。

小　结

1. 从能量转换角度看，液压泵是将机械能转换为压力能的一种能量转换装置。

2. 容积式液压泵是依靠密封容积变化的原理来进行工作的。着重理解液压泵完成吸油和压油的必备条件。

3. 液压泵的主要参数有压力、排量、流量、转矩、转速、机械效率、容积效率和功率等。其中压力、转矩和机械效率在计算上关系密切；排量、流量、转速和容积效率在计算上关系密切。另外，注意公式的灵活运用。

4. 液压泵按结构的不同分为齿轮式、叶片式和柱塞式三大类，应重点掌握其工作原理、结构特点及其应用。

习　题

3-1　填空题

1. 液压泵的压力包括（　　）、（　　）和（　　）；其中（　　）<（　　）<（　　）。

2. 液压泵的流量包括（　　）、（　　）和（　　）；其中（　　）<（　　）。

3. 液压泵的功率损失有（　　）损失和（　　）损失两种；其中（　　）损失是指泵在转矩上的损失，其大小用（　　）表示；（　　）损失是指泵在流量上的损失，其大小用（　　）表示。

4. 容积式液压泵的工作原理是：容积增大时实现（　　），容积减小时实现（　　）。

5. 叶片泵按转子每转一转，每个密封容积吸、压油次数的不同分为（　　）式和（　　）式

两种。

6. 轴向柱塞泵是通过改变（　　　）实现变量的，单作用式叶片泵是通过改变（　　　）实现变量的。

7. 通常使用的液压泵按照结构分为（　　　）、（　　　）和（　　　）。分别用于（　　　）、（　　　）和（　　　）压系统。液压泵按排量是否可调分为（　　　）和（　　　）两种；其中（　　　）和（　　　）能做成变量泵；（　　　）和（　　　）只能做成定量泵。

3-2　判断题

1. 液压泵的工作压力取决于液压泵的公称压力。（　　）

2. CB 型齿轮泵可以作为液压马达使用。（　　）

3. 齿轮泵只能作为低压泵使用。（　　）

4. 液压泵在公称压力下的流量就是液压泵的理论流量。（　　）

5. 双作用叶片泵也可以作为变量泵使用。（　　）

6. 单作用和双作用叶片泵的叶片角度都要倾斜，但倾斜方向不同。（　　）

7. 改变轴向柱塞泵斜盘倾角的大小就能改变吸、压油方向。（　　）

8. 轴向柱塞泵不管哪种变量方式，其主体结构都基本一样。（　　）

3-3　问答题

1. 液压泵完成吸油和压油必须具备的条件是什么？

2. 液压泵的排量和流量各取决于哪些参数？理论流量和实际流量的区别是什么？写出反映理论流量和实际流量关系的两种表达式。

3. 齿轮泵的泄漏方式有哪些？主要解决方法是什么？

4. 什么是齿轮泵的困油现象？什么是齿轮泵的径向力不平衡？简述这两个问题的解决方法。

5. 画出限压式变量叶片泵的流量特性曲线，结合图 3-13 说明如何调节限压式变量叶片泵流量特性？并填空：

要求执行元件空载快进时负载小、速度大，适合流量特性曲线的（　　　）段；要求执行元件工作进给时负载大、速度小，适合流量特性曲线的（　　　）段。

6. 齿轮泵、叶片泵、径向和轴向柱塞泵的配流机构分别是什么？

7. 液压泵的选用原则是什么？主要考虑哪些参数？

3-4　计算题

1. 某液压泵的输出压力为 5MPa，排量为 10mL/r，机械效率为 0.95，容积效率为 0.9，当转速为 1200r/min 时，试求泵的输出功率和驱动泵的电动机功率各为多少？

2. 某液压泵的额定压力为 20MPa，额定流量为 20L/min，泵的容积效率为 0.95，试计算泵的理论流量和泄漏量。

3. 某液压泵的转速为 950r/min，排量为 $V=168$mL/r，在额定压力为 29.5MPa 和同样转速下，测得的实际流量为 150L/min，额定工况下的总效率为 0.87，求：

1）泵的理论流量 q_t。

2）泵的容积效率 η_V 和机械效率 η_m。

3）在额定工况下，泵所需电动机的驱动功率 P_i。

4）驱动泵的实际转矩 T。

4. 某变量叶片泵转子外径 $d=83$mm，定子内径 $D=89$mm，叶片宽度 $B=30$mm，试求：

1）叶片泵排量为 38mL/r 时的偏心距 e。

2）叶片泵最大可能的排量 V_{max}。

5. 一轴向柱塞泵，共 9 个柱塞，其柱塞分布圆直径 $D=125$mm，柱塞直径 $d=16$mm，若液压泵以 3000r/min 转速旋转，则其输出流量为 $q=50$L/min，试问斜盘角度为多少（忽略泄漏的影响）？

第4章　液压执行元件

液压执行元件是将液压泵提供的液压能转变为机械能的能量转换装置，它包括液压马达和液压缸两种类型。它们的区别是：液压马达是将液压能转变为旋转运动的机械能，而液压缸是将液压能转变为直线运动（其中包括摆动运动）的机械能。

本章重点介绍容积式液压马达的工作原理及性能参数，单活塞杆液压缸的工作特点、速度推力计算及其典型结构。难点是差动液压缸的工作特点及其速度、推力计算。

常用执行元件 { 液压马达：齿轮式、叶片式和柱塞式等
液压缸：活塞式、柱塞式和摆动式等

4.1　液压马达

4.1.1　液压马达的特点及分类

液压马达是将液体的压力能转变为连续旋转运动的机械能的液压执行元件。从原理上讲液压泵和液压马达具有可逆性，其结构也基本相似。从能量转换的角度看，向任何一种液压泵输入工作液体，都可使其变成液压马达工况；反之，当液压马达的主轴由外力矩驱动旋转时，也可变为液压泵工况。因为它们具有同样的基本结构要素——密闭而又可以周期性变化的容积和相应的配油机构。

但是，由于液压马达和液压泵的功能和工作状况不同，对其性能要求也不一样，所以同类型的液压马达和液压泵之间，仍存在许多差别。首先，液压马达应能够正、反转，因而要求其内部结构对称；液压马达的转速范围需要足够大，尤其是对最低稳定转速有一定的要求。因此，它通常都采用滚动轴承或静压滑动轴承。其次，液压马达由于在输入压力油条件下工作，因而不必具备自吸能力，但需要一定的初始密封性，才能提供必要的起动转矩。由于存在着这些差别，使得液压马达和液压泵在结构有所区别，不能互逆使用。

液压马达按其结构类型可以分为齿轮式、叶片式、柱塞式和其他类型，也可以按液压马达的额定转速分为高速和低速两大类，额定转速高于500r/min的属于高速液压马达，额定转速低于500r/min的属于低速液压马达。高速液压马达的基本形式有齿轮式、螺杆式、叶片式和轴向柱塞式等。高速液压马达的主要特点是转速较高、转动惯量小，便于起动和制动，调节（调速及换向）灵敏度高。通常高速液压马达输出转矩不大（仅几十牛米到几百牛米），所以又称为高速小转矩液压马达。低速液压马达的基本形式是径向柱塞式，此外在轴向柱塞式、叶片式和齿轮式中也有低速的结构形式。低速液压马达的主要特点是排量大、体积大、转速低（有时可达每分钟几转甚至零点几转），因此可直接与工作机构连接，不需要减速装置，使传动机构大为简化。通常低速液压马达输出转矩较大（可达几千牛米到几万牛米），所以又称为低速大转矩液压马达。

4.1.2 液压马达的工作原理

常用液压马达的结构与同类型的液压泵很相似。下面以叶片式和径向柱塞式液压马达为例对其工作原理进行简单介绍。

1. 叶片式液压马达

图4-1所示为叶片式液压马达工作原理图和图形符号。当压力油通入压油腔后，在叶片1、3及叶片5、7上，一面作用有压力油，另一面为低压油。由于叶片3、7伸出的面积大于叶片1、5伸出的面积，因此作用于叶片3、7上的总液压力大于作用于叶片1、5上的总液压力，于是压力差使叶片带动转子作逆时针方向旋转。叶片2、6两面同时受压力油作用，受力平衡，不产生转矩。叶片式液压马达的输出转矩与液压马达的排量和液压马达进、出油口之间的压力差有关，其转速由输入液压马达的流量大小来决定。

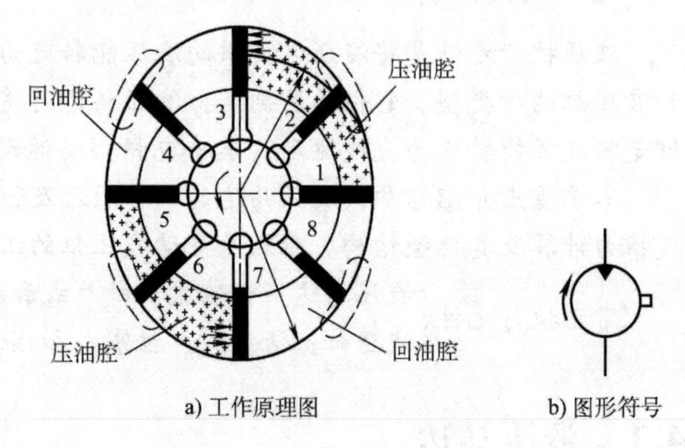

图4-1 叶片式液压马达的工作原理图和图形符号

由于液压马达一般都要求能正反转，所以叶片式液压马达的叶片要径向放置。为了使叶片根部始终通有压力油，在进、回油腔与叶片根部相通的油路上应设置单向阀。为了确保叶片式液压马达在压力油通入后能正常起动，必须使叶片顶部和定子内表面紧密接触，以保证良好的密封，因此在叶片根部应设置预紧弹簧。

叶片式液压马达体积小，转动惯量小，动作灵敏，可适用于换向频率较高的场合。但叶片式液压马达的泄漏量较大，低速工作时不稳定。因此叶片式液压马达一般用于转速高、转矩小和动作要求灵敏的场合。

2. 径向柱塞式液压马达

图4-2所示为径向柱塞式液压马达工作原理图。当压力油经固定的配油轴4的窗口进入缸体3内柱塞1底部时，柱塞向外伸出，紧紧顶住定子2的内壁。由于定子与缸体存在一偏心距e，在柱塞与定子接触处，定子对柱塞的反作用力为F。力F可分解为F_r和F_t两个分力。当作用在柱塞底部的油液压力为p，柱塞直径为d，力F与F_r之间的夹角为φ时，它们分别为

$$F_r = p\frac{\pi}{4}d^2$$

$$F_t = F\tan\varphi$$

力F_t对缸体产生一转矩，使缸体旋转。缸体再通过端面连接的传动轴向外输出转矩和转速。

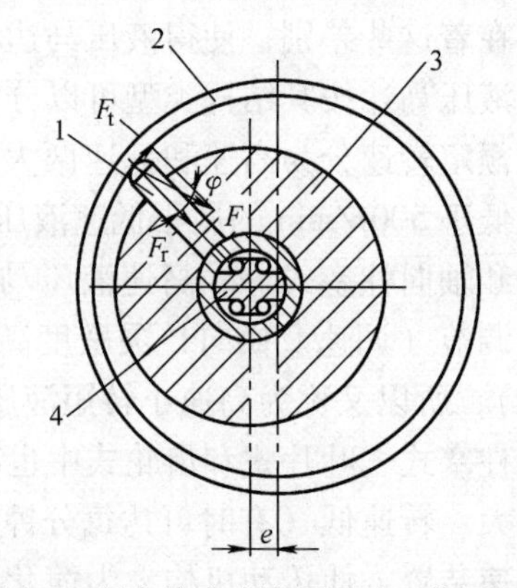

图4-2 径向柱塞式液压马达工作原理图
1—柱塞 2—定子 3—缸体 4—配油轴

以上分析的是一个柱塞产生转矩的情况。压力油将作用在处于压油区的若干柱塞（即处于上半圈的

柱塞）的底部，这些柱塞上所产生的转矩均会使缸体旋转，并输出转矩。

径向柱塞马达作为低速大转矩马达，其常见的结构形式有曲轴连杆式（又称单作用连杆式）、静力平衡式（又称单作用无连杆式）和多作用内曲线式。下面介绍多作用内曲线式径向柱塞液压马达的工作原理。

图4-3所示为多作用内曲线式径向柱塞液压马达的工作原理图。其中定子1的内表面称为导轨，由 x 段形状相同作均匀分布段的曲面组成，曲面的数目 x 就是马达的作用次数（本图 $x=6$）。每个曲面的凹部从顶点处分为对称的两半，一半为进油区段（即工作区段），另一半为回油区段。缸体2有 z 个（本图 $z=8$）径向柱塞孔沿圆周均布，柱塞孔中装有柱塞3。柱塞3头部与横梁4接触，横梁4可在缸体的径向槽中滑动。安装在横梁4两端轴颈上的滚轮5可沿定子内表面滚动。在缸体内，每个柱塞孔底部都有一个配流孔与配油轴相通。配油轴6固定不动，其上有 $2x$ 个配流窗孔沿圆周均匀分布。其中有 x 个窗孔a与轴中心的进油孔相通，另外 x 个窗孔b与回油孔相通，这 $2x$ 个配流窗孔位置又分别和定子内表面的进、回油区段位置一一对应。

扫描二维码
观看动画

图4-3　多作用内曲线式径向柱塞液压马达工作原理图

1—定子　2—缸体　3—柱塞　4—横梁　5—滚轮　6—配油轴

当压力油输入马达后，通过配油轴上的进油窗孔分配到处于进油区段的柱塞底部油腔。压力油使滚轮顶紧在定子内表面上，滚轮所受到的法向反力 F 可以分解为两个方向分力，其中径向分力 F_r 和作用在柱塞后端的液压力相平衡，切向分力 F_t 通过横梁对缸体产生转矩；同时，处于回油区段的柱塞受压力缩回，将低压油从回油窗孔排出。

缸体每转一圈，每个柱塞往复移动 x 次，由于 x 和 z 不等，所以任一瞬间总有一部分柱塞处于进油区段，使缸体转动。

当马达的进、回油口互换时，马达将反转。

多作用内曲线式径向柱塞马达还可以做成多排柱塞，以增大输出转矩，减小转矩脉动。该马达在使用时，其回油管路不能直接接油箱，必须要具有一定的回油背压力（一般为0.5～1MPa），以防止处于回油区段的滚轮在工作过程中脱离轨道而造成事故。

多作用内曲线式径向柱塞马达工作转矩脉动小，径向力平衡，启动转矩大，低速运动稳定，因而获得了广泛的应用。

4.1.3　液压马达的基本参数

1. 排量与转速

液压马达的转速取决于供油流量 q 和本身的排量 V。由于液压马达内部有泄漏，并不是所有进入液压马达的液体都推动液压马达做功，一小部分液体损失掉了，所以马达的实际转

速要比理想情况低一些，即

$$n = \frac{q}{V}\eta_V \tag{4-1}$$

式中，η_V 是液压马达容积效率。

2. 机械效率与转矩

液压马达在工作中输出的转矩大小是由负载转矩所决定的。当液压马达进、出油口之间的压力差为 Δp、输入液压马达的流量为 q、液压马达输出的理论转矩为 T_t、角速度为 ω 时，如果不计损失，输入液压马达的液压功率应当全部转化为液压马达输出的机械功率，即

$$\Delta pq = T_t\omega$$

又因为 $\omega = 2\pi n$，$q = Vn$，所以液压马达的理论转矩为

$$T_t = \frac{\Delta pV}{2\pi} \tag{4-2}$$

由于液压马达内部不可避免地存在各种摩擦，实际输出的转矩 T 总要小于理论转矩 T_t，即

$$T = T_t - \Delta T = \frac{\Delta pV\eta_m}{2\pi} \tag{4-3}$$

式中，ΔT 是由于各种摩擦造成的液压马达转矩损失；η_m 是液压马达的机械效率。

除此以外，在同样的压力下，液压马达由静止到开始转动时的起动状态的输出转矩要比运转中的转矩小，这给液压马达带负载起动造成了困难，所以起动性能对液压马达是很重要的。起动转矩降低的原因是在静止状态下的摩擦因数最大，当摩擦表面出现相对滑动后，摩擦因数明显减小，这是机械摩擦的一般性质。对液压马达来说，更为重要的是静止状态润滑油膜被挤掉，基本上变成了干摩擦。一旦液压马达开始运动，随着润滑油膜的建立，摩擦阻力立即下降，并随滑动速度增大和油膜变厚而减少。

液压马达的起动性能用起动机械效率 η_{m0} 表示，表达式为

$$\eta_{m0} = \frac{T_0}{T_t} \tag{4-4}$$

式中，T_0 是液压马达的起动转矩。

不同类型的液压马达，内部受力部件的力平衡情况不同，摩擦力的大小不同，所以起动性能也不尽相同，例如齿轮式液压马达的起动性能较差，而轴向柱塞马达的起动性能较好。所以，如果液压马达带负载起动，那么必须注意到所选择液压马达的起动性能。

3. 总效率

$$\eta = \frac{P_o}{P_i} = \frac{T2\pi n}{pq} = \eta_m\eta_V \tag{4-5}$$

可见，液压马达的总效率等于机械效率与容积效率的乘积。

4. 调速范围

液压马达的调速比 i 用允许的最大转速和最低稳定转速之比表示，即

$$i = \frac{n_{max}}{n_{min}} \tag{4-6}$$

显然，调速比 i 宽的液压马达应当既有好的高速性能又有好的低速稳定性。这样，当执行机构要求的调速范围很宽时，要求液压马达能在较大的调速范围内工作，否则就需要增设变速机构，但这会使传动机构复杂化。

4.1.4 液压马达的常见故障现象、产生原因及排除方法

液压马达的常见故障现象、产生原因及排除方法见表4-1。

表4-1 液压马达的常见故障现象、产生原因及排除方法

故障现象	产生原因	排除方法
转速低或输出功率不足	1. 液压泵输出流量或压力不足 2. 液压马达内部泄漏严重 3. 液压马达外部泄漏严重 4. 液压马达磨损严重 5. 液压油黏度小 6. 进油口堵塞 7. 回油阻力大 8. 液压油不洁 9. 密封不严，空气进入	1. 查明原因，采取相应措施 2. 查明泄漏部位和原因，采取密封措施 3. 加强密封 4. 更换磨损零件 5. 更换黏度适合的液压油 6. 排除污物 7. 疏通回油路 8. 加强过滤 9. 排除气体，紧固密封
噪声过大	1. 进油口堵塞 2. 进油口漏油 3. 液压油不清洁，气泡混入 4. 液压马达安装不良 5. 液压马达零件磨损	1. 除去污物 2. 拧紧接头 3. 加强过滤，排除气体 4. 重新调整、安装 5. 更换磨损零件
外泄漏	1. 管接头未拧紧 2. 接合面未拧紧 3. 密封件损伤 4. 配油装置发生故障 5. 相互运动零件间隙过大	1. 拧紧管接头 2. 拧紧螺钉 3. 更换密封件 4. 修配油装置 5. 重新调整间隙或修理、更换零件

4.2 液压缸

4.2.1 液压缸的分类

液压缸按液体压力的作用方式分为单作用式和双作用式两种，按结构形式不同分为活塞缸、柱塞缸和摆动缸三种。活塞缸和柱塞缸实现往复运动，输出推力和速度；摆动缸则能实现小于360°的往复摆动，输出转矩和角速度。液压缸除单个使用外，还可以几个缸组合起来或与其他机构组合起来使用，以实现特殊的功用。液压缸的具体分类见表4-2。

表 4-2 液压缸的分类

分类	名 称	符号或结构简图	说 明
单作用液压缸	柱塞式液压缸		柱塞仅单向液压驱动，返回行程靠自重、负载或其他外力。通常做成空心柱塞，特别适用在行程较长的场合
	单活塞杆液压缸		活塞仅单向液压驱动，返回行程靠自重或负载将活塞推回
	双活塞杆液压缸		活塞两侧均装有活塞杆，但只向活塞一侧供给压力油，返回行程通常利用弹簧力、重力或外力
	伸缩液压缸		它以短缸获得长行程，靠压力油从大到小逐节推出，靠外力由大到小逐节缩回
双作用液压缸	单活塞杆液压缸		单边有活塞杆，双向液压驱动，两个方向推力和速度各不相等
	双活塞杆液压缸		双边有活塞杆，双向液压驱动，可实现等速往复运动
	伸缩液压缸		柱塞多为套筒形式，前一级活塞缸的活塞是后一级活塞缸的缸筒。伸出由大到小逐节推出，收回由小到大逐节缩回
	单叶片式摆动缸		它的摆动角度较大，可达 300°。输出转矩较小，角速度较大
	双叶片式摆动缸		摆动角度较小，可达 150°。输出转矩较大，角速度较小

（续）

分类	名　称	符号或结构简图	说　明
组合液压缸	弹簧复位液压缸		单向液压驱动，由弹簧力复位
	串联液压缸		用于缸的直径受限制、而长度不受限制的场合，可获得大的推力
	增压缸	A　B	由大小油缸串联组成，由低压大缸 A 驱动，使小缸 B 获得高压
	齿条传动液压缸		活塞的往复运动，经齿条传动使与之啮合的齿轮获得双向回转运动

4.2.2 液压缸的计算

1. 双作用活塞式液压缸

双作用活塞式液压缸根据其使用要求不同可分为双活塞杆式和单活塞杆式两种。

（1）双活塞杆液压缸　双活塞杆液压缸是活塞两端都有一根直径相等的活塞杆伸出。根据安装方式不同又可以分为缸筒固定式和活塞杆固定式两种。图 4-4a 所示为机床上使用

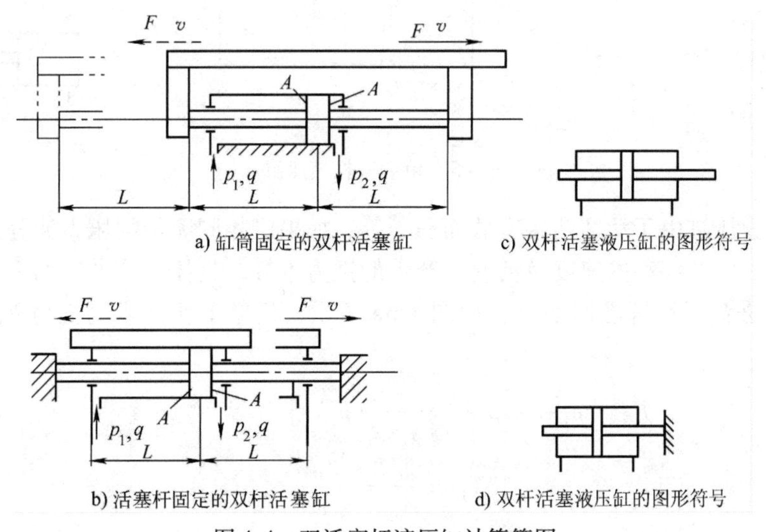

a) 缸筒固定的双杆活塞缸　c) 双杆活塞液压缸的图形符号

b) 活塞杆固定的双杆活塞缸　d) 双杆活塞液压缸的图形符号

图 4-4　双活塞杆液压缸计算简图

的缸筒固定的双活塞杆液压缸。它的进、出油口布置在缸筒两端，活塞通过活塞杆带动工作台移动，整个工作台的运动范围为活塞有效行程的3倍（3L），所以机床占地面积大，一般适用于小型机床。图4-4b所示为活塞杆固定的形式，这时，缸体与工作台相连，活塞杆通过支架固定在机床上，动力由缸体传出。这种安装形式中，工作台的移动范围只等于液压缸有效行程L的两倍（2L），因此占地面积小。进、出油口可以设置在固定不动的空心活塞杆的两端，使油液从活塞杆中进出，也可设置在缸体的两端，但必须使用软管连接。图4-4c、d所示为双活塞杆液压缸的图形符号。

由于双活塞杆液压缸两端的活塞杆直径通常是相等的，因此它左、右两腔的有效面积也相等。当分别向左、右腔输入相同压力和相同流量的油液时，液压缸左、右两个方向的推力F和速度v相等。当活塞的直径为D，活塞杆的直径为d，液压缸进、出油腔的压力为p_1和p_2，输入流量为q时，双活塞杆液压缸的推力F和速度v为

$$F = A(p_1 - p_2) = \frac{\pi}{4}(D^2 - d^2)(p_1 - p_2) \tag{4-7}$$

$$v = \frac{q}{A} = \frac{4q}{\pi(D^2 - d^2)} \tag{4-8}$$

式中，A是活塞的有效工作面积。

双活塞杆液压缸在工作时，一般设计成一个活塞杆是受拉的，而另一个活塞杆不受力，因此这种液压缸的活塞杆可以做得细些。

（2）单活塞杆液压缸　如图4-5所示，活塞只有一端带活塞杆。单活塞杆液压缸也有缸体固定（见图4-5a）和活塞杆（见图4-5b）固定两种形式，但它们的工作台移动范围都是活塞有效行程的两倍。单活塞杆液压缸结构紧凑，应用广泛。图4-5c、d所示为单活塞杆液压缸的图形符号。

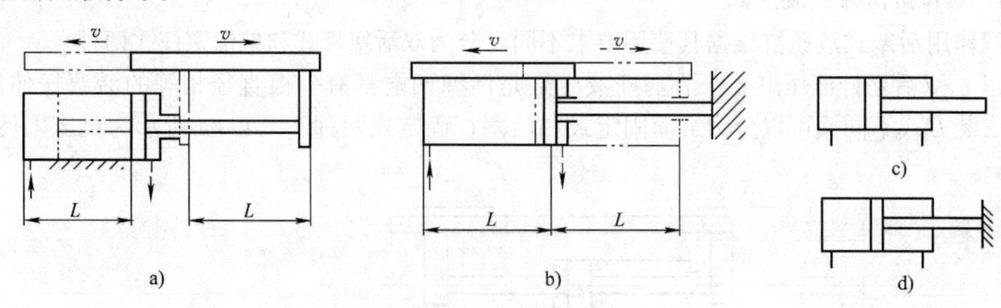

图4-5　单活塞杆液压缸

单活塞杆液压缸由于活塞两端有效面积不等，如果以相同流量的压力油分别进入液压缸的左、右两腔，活塞移动的速度及活塞上产生的推力不等。具体计算方法如下：

当无杆腔进油，有杆腔回油时，如图4-6a所示，活塞上所产生的推力F_1和速度v_1分别为

$$F_1 = p_1A_1 - p_2A_2 = \frac{\pi}{4}[(p_1 - p_2)D^2 + p_2d^2] \tag{4-9}$$

$$v_1 = \frac{q}{A_1} = \frac{4q}{\pi D^2} \tag{4-10}$$

当有杆腔进油，无杆腔回油时，如图4-5b所示，活塞上所产生的推力F_2和速度v_2分别为

$$F_2 = p_1A_2 - p_2A_1 = \frac{\pi}{4}[(p_1 - p_2)D^2 - p_1d^2] \tag{4-11}$$

$$v_2 = \frac{q}{A_2} = \frac{4q}{\pi(D^2 - d^2)} \tag{4-12}$$

式中，A_1是无杆腔有效工作面积；A_2是有杆腔有效工作面积；D是活塞直径；d是活塞杆直径；p_1、p_2是液压缸进、出油口压力；q是输入液压缸的油液流量。

由式(4-9)～式(4-12)可知，由于$A_1 > A_2$，所以$F_1 > F_2$，$v_1 < v_2$。若把两个方向上的输出速度v_1和v_2的比值称为速比，记作λ_v，则$\lambda_v = v_2/v_1 = D^2/D^2 - d^2$。因此，活塞杆直径$d$越小，$\lambda_v$越接近于1，活塞两个方向的速度差值也就越小；如果活塞杆较粗，那么活塞两个方向运动的速度差值就较大。在已知D和λ_v的情况下，也就可以较方便地确定d。

当向单活塞杆液压缸的左右两腔同时通压力油时，如图4-6c所示，即所谓的差动连接。差动连接的单活塞杆液压缸称为差动液压缸，差动连接时的活塞速度称为差动速度。开始工作时差动缸左右两腔的油液压力相同，但是由于左腔（无杆腔）的有效面积大于右腔（有杆腔）的有效面积，故活塞向右运动，同时使右腔中排出的油液（流量为q'）也进入左腔，加大了流入左腔的流量（$q + q'$），从而也加快了活塞移动的速度。实际上活塞在运动时，由于差动缸两腔间的管路中有压力损失，所以右腔中油液的压力稍大于左腔油液压力，而这个差值一般都较小，可以忽略不计，则差动缸活塞推力F_3和运动速度v_3为

$$F_3 = p_1(A_1 - A_2) = p_1\frac{\pi}{4}d^2 \tag{4-13}$$

$$v_3 = \frac{q + q'}{A_1} = \frac{q + \frac{\pi}{4}(D^2 - d^2)v_3}{\frac{\pi}{4}D^2} \tag{4-14}$$

即

$$v_3 = \frac{4q}{\pi d^2} \tag{4-15}$$

由式(4-9)～式(4-15)可知，差动连接时液压缸的推力比非差动连接时小，速度比非差动连接时大，可使在不加大油源（或泵）流量的情况下得到较快的运动速度，这种连接方式被广泛应用在组合机床的液压动力滑台和其他机械设备的快速运动中。

如果要求快速运动和快速退回速度相等，即使$v_3 = v_2$，则由式(4-12)、式(4-15)可得$D = \sqrt{2}d$。

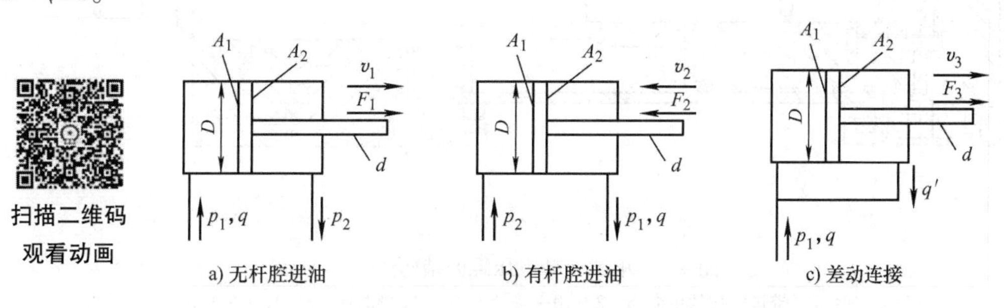

a) 无杆腔进油　　b) 有杆腔进油　　c) 差动连接

图4-6　单活塞杆液压缸计算简图

2. 柱塞式液压缸

柱塞式液压缸是一种单作用液压缸，其工作原理如图4-7a所示（图4-7b所示为柱塞式液压缸图形符号），柱塞与工作部件连接，缸筒固定在机体上。当压力油进入缸筒时，推动柱塞带动运动部件向右运动，但反向退回时必须靠其他外力或自重驱动。当柱塞的直径为d，输入液压油的流量为q，压力为p时，柱塞上所产生的推力F和速度v为

$$F = pA = p\frac{\pi}{4}d^2 \tag{4-16}$$

$$v = \frac{q}{A} = \frac{4q}{\pi d^2} \tag{4-17}$$

要想实现双向液压驱动，通常将柱塞式液压缸成对反向布置，如图4-7c所示。柱塞式液压缸的主要特点是：柱塞与缸体内壁不接触，缸筒内孔不需精加工，甚至可以不加工；运动时由缸盖上的导向套来导向，所以它特别适用在行程较长的场合；为了减轻柱塞重量，通常做成空心柱塞并可设置各种不同的辅助支承。

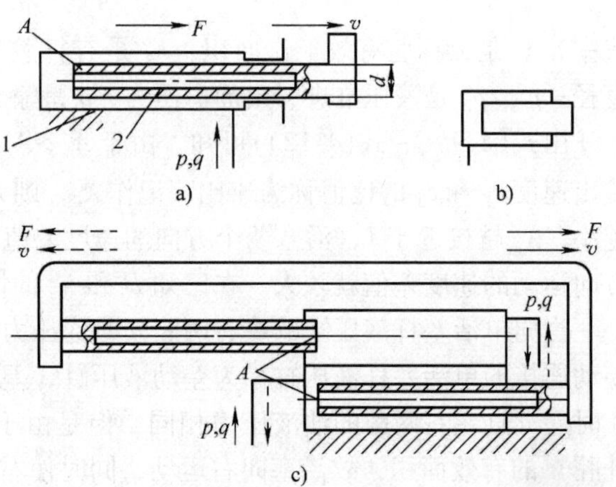

图4-7 柱塞式液压缸示意图
1—缸体 2—柱塞

扫描二维码
观看动画

4.2.3 液压缸的典型结构及组成

1. 液压缸的典型结构举例

图4-8所示为单活塞杆液压缸的结构图，它主要由缸底1、缸体7、缸头18、活塞20、活塞杆8、导向套12、缓冲套6和21、缓冲节流阀11、带排气孔的单向阀2以及密封装置等组成。缸体7与法兰3、10焊接成一个整体，然后通过螺钉与缸底1、缸头18连接。图中

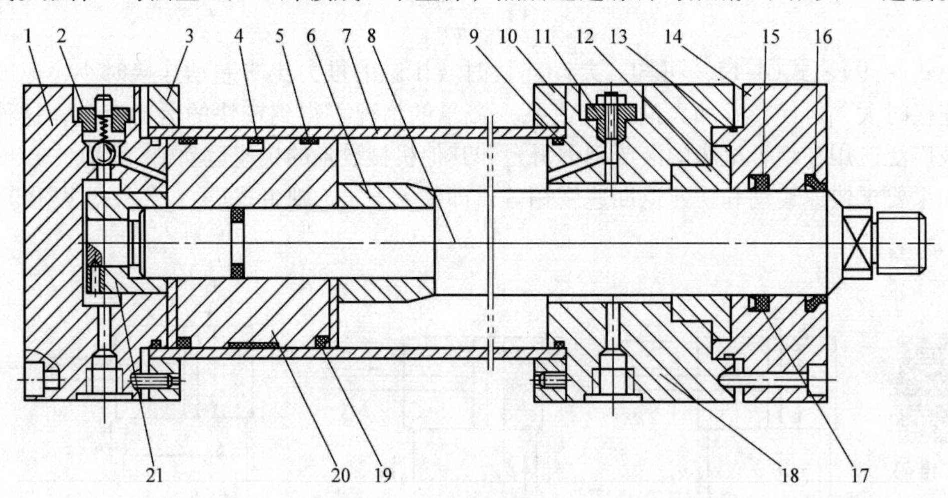

图4-8 单活塞杆液压缸的结构图
1—缸底 2—带排气孔的单向阀 3、10—法兰 5、22—导向环 6、21—缓冲套
7—缸体 8—活塞杆 11—缓冲节流阀 12—导向套 14—缸盖 18—缸头 20—活塞
4、9、13、15、16、17、19—各种密封圈

用半剖面的方法表示了活塞与缸筒、活塞杆与缸盖之间的两种密封形式。该液压缸具有双向缓冲功能。工作时压力油经进油口、单向阀进入工作腔，推动活塞运动，当活塞运动到终点前，缓冲套切断油路，排油只能经节流阀排出，起节流缓冲作用（图中左端只画了单向阀，右端只画了节流阀）。

2. 液压缸的组成

从上述的液压缸典型结构中可以看到，液压缸的结构基本上可以分为缸体和缸盖、活塞和活塞杆、密封装置、缓冲装置和排气装置五个部分。

（1）缸体和缸盖　图4-9所示为常用的缸筒和缸盖的连接方式。图4-9a为法兰连接式，这种结构易于加工和装卸，但外形尺寸大，适用于大中型液压缸。图4-9b为半环连接式，采用半环连接装卸方便，但缸筒壁部因开了环形槽而削弱了强度，为此要加厚缸壁，常用于无缝钢管缸体与缸盖的连接。图4-9c为螺纹联接式，采用螺纹联接时，缸筒端部结构复杂，外径加工时要求保证内外径同心，装卸时要使用专用工具，但外形尺寸和重量均较小，一般用于小型液压缸。图4-9d为拉杆连接式，这种结构通用性好，缸筒加工方便，装卸方便，但缸盖的体积较大，重量也较大，适用于长度不大的中低压缸。在设计过程中，采用何种连接方式主要取决于液压缸的工作压力、缸体的材料和具体工作条件。如对于工作压力 $p<10\text{MPa}$ 的铸铁缸体多用法兰连接式，对于工作压力 $p<20\text{MPa}$ 的无缝钢管缸体、$p>20\text{MPa}$ 时的铸钢或锻钢缸体，采用半环连接式和螺纹联接式。

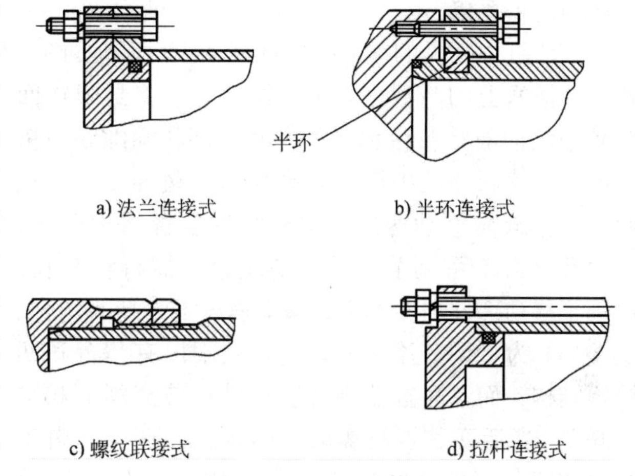

图4-9　缸筒和缸盖的连接方式

（2）活塞和活塞杆　活塞和活塞杆连接的方式很多，但无论采用何种连接方式，都必须保证连接可靠。图4-10a所示为螺纹式联接，此结构简单，装卸方便，但在高压大负载下需设螺母防松装置。图4-10b为半环式连接，此结构较复杂，装卸不便，但工作可靠，多用于高压和振动较大的场合。此外活塞和活塞杆也有制成整体式结构的，适用于尺寸较小的场合。活塞一般用耐磨铸铁制造，活塞杆大多用钢制造。

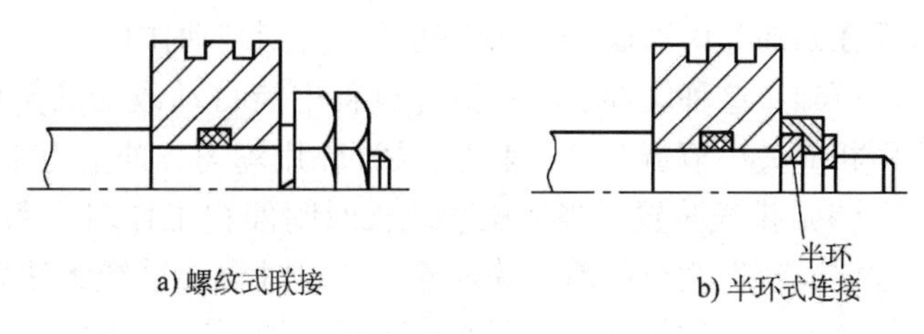

图4-10　活塞和活塞杆连接的方式

（3）密封装置　液压缸的密封装置用以防止油液的泄漏。一般来说，不允许液压缸有外泄漏，并且要求其内泄漏尽可能小。密封装置设计得好坏对于液压缸的工作有重要的影响。一般要求密封装置应具有良好的密封性，寿命尽可能长，制造简单，装卸方便，成本低。液压缸的密封主要指活塞和缸体、活塞杆和缸盖间的动密封，以及缸体和缸盖等处的静密封等。有关密封装置的结构、材料、安装和使用等详见第6章。

（4）缓冲装置　当液压缸所驱动的工作部件质量较大，移动速度较快时，为了防止在行程终端活塞与端盖发生撞击，造成液压冲击和噪声，甚至引起整个系统和元件的损坏，一般应在液压缸中设置缓冲装置，必要时还需在液压系统中设置缓冲回路。缓冲装置的工作原理是当活塞行驶到终点快接近缸盖时，增大液压缸回油阻力，使回油腔中产生足够大的缓冲压力，从而降低活塞运动速度，避免活塞撞击缸盖。缓冲机构在设计时不仅要考虑在较短的缓冲行程中吸收较大的动能，而且缓冲腔压力的变化要比较平缓，峰值压力应小于液压缸额定压力的1.5倍。

液压缸中常见的缓冲装置如图4-11所示。图4-11a为间隙式缓冲装置，当活塞移近缸盖时，活塞上的凸台进入缸盖的凹腔，将封闭在回油腔中的油液从凸台和凹腔之间的环状间隙δ中挤压出去，使回油腔中压力升高而形成缓冲压力，从而使活塞减慢移动速度。这种缓冲装置结构简单，但缓冲压力不可调节，且实现减速所需行程较长，适用于移动部件惯性不大，移动速度不太高的场合。图4-11b为可调节流缓冲装置，它不但有凸台和凹腔等结构，而且在缸盖中还装有针形节流阀1和单向阀2。当活塞移近缸盖时，凸台进入凹腔，由于凸台和凹腔间的间隙较小（有时用O形密封圈挡油），所以回油腔中的油液只能经针状节流阀流出，从而在回油腔中形成缓冲压力，使活塞受到制动作用。这种缓冲装置可以根据负载情况调整节流阀开口的大小，改变缓冲压力的大小，因此适用范围较广。图4-11c为可变节流缓冲装置，它在活塞上开有横截面为三角形的轴向斜槽3，当活塞移近液压缸缸盖时，活塞与缸盖间的油液须经轴向斜槽流出，从而在回油腔中形成缓冲压力使活塞受到制动作用。由图可知，这种缓冲装置在缓冲过程中能自动改变其节流口大小（随着活塞运动速度的降低而相应关小节流口），因而使缓冲作用均匀，冲击力小，制动位置精度高。

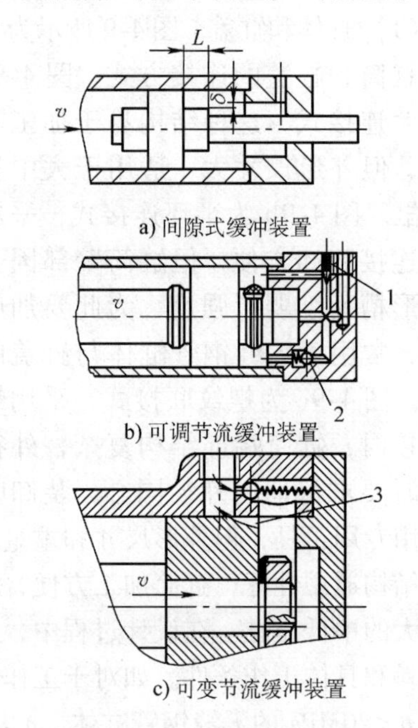

图4-11　常见的缓冲装置

1—针形节流阀　2—单向阀　3—轴向斜槽

（5）排气装置　当液压系统长时间停止工作时，系统中往往会混入空气，使系统工作不稳定，产生爬行和前冲等现象，严重时会使系统无法正常工作。因此，在设计液压缸时，必须考虑空气的排除。对于要求不高的液压缸，往往不设专门的排气装置，而是将油口布置在缸体两端的最高处，由流出的液压油将缸中的空气带走；对于速度稳定性要求较高的液压缸和大型液压缸，常在液压缸的最高处设置专门的排气装置，如排气塞、排气阀等。图4-12所示为两种不同结构的排气塞，当松开排气塞螺钉时，让液压缸全行程空载往复运动若干次，带有气泡的油液就会排出，空气排完后拧紧螺钉，液压缸便可正常工作。

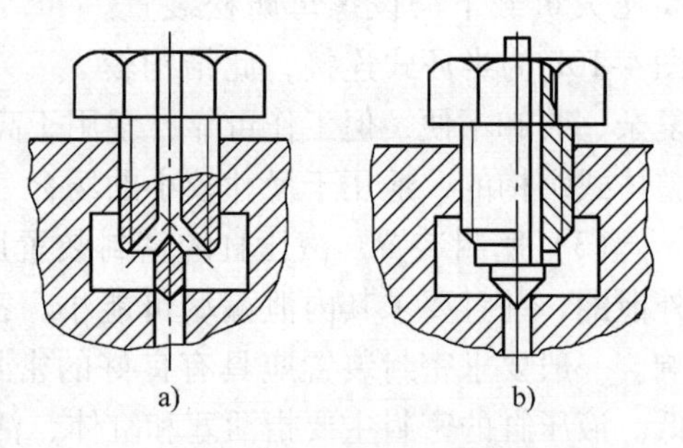

图4-12　两种不同结构的排气塞

4.2.4 液压缸的常见故障现象、产生原因及排除方法

液压缸的常见故障现象、产生原因及排除方法见表4-3。

表4-3 液压缸的常见故障现象、产生原因及排除方法

故障现象	产生原因	排除方法
爬行	1. 混入空气 2. 运动密封件装配过紧 3. 活塞杆与活塞不同轴 4. 导向套与缸筒不同轴 5. 活塞杆弯曲 6. 液压缸安装不良，其中心线与导轨不平行 7. 缸筒内径圆柱度超差 8. 缸筒内孔锈蚀、拉毛 9. 活塞杆两端螺母拧得过紧，使其同轴度降低 10. 活塞杆刚性差 11. 液压缸运动件间隙过大 12. 导轨润滑不良	1. 排除空气 2. 调整密封圈，使之松紧适当 3. 校正、修正或更换 4. 修正调整 5. 校直活塞杆 6. 重新安装 7. 镗、磨修复，重新装配活塞或增加密封件 8. 除去锈蚀、毛刺或重新镗、磨 9. 略拧松螺母，使活塞杆处于自然状态 10. 加大活塞杆直径 11. 减小配合间隙 12. 保持良好润滑
冲击	1. 缓冲间隙过大 2. 缓冲装置中的单向阀失灵	1. 减小缓冲间隙 2. 修理单向阀
推力不足或工作速度下降	1. 缸体和活塞的配合间隙过大，或密封件损坏，造成内泄漏 2. 缸体和活塞的配合间隙过小，密封过紧，运动阻力大 3. 运动零件制造存在误差和装配不良，引起不同轴或单面剧烈摩擦 4. 活塞杆弯曲，引起剧烈摩擦 5. 缸体内孔拉伤，与活塞咬死，或缸体内孔加工不良 6. 液压油中杂质过多，使活塞杆卡死 7. 油温过高，加剧泄漏	1. 修理或更换不符合精度要求的零件，重新装配。调整或更换密封件 2. 增加配合间隙，调整密封件的压紧程度 3. 修理误差较大的零件，重新装配 4. 校直活塞杆 5. 镗、磨修复缸体或更换缸体 6. 清洗液压油系统，更换液压油 7. 分析温度升高原因，改进密封结构，避免温度升高过快
外泄漏	1. 密封件咬边或破坏 2. 密封件方向装反 3. 缸盖螺钉未拧紧 4. 运动零件之间有纵向拉伤和沟痕	1. 更换密封件 2. 改正密封件方向 3. 拧紧螺钉 4. 修理或更换零件

知识拓展

摆动马达

摆动马达是一种输出转矩并实现往复摆动的液压执行元件，旧称摆动缸。常用的有单叶

片式和双叶片式两种结构形式，如图4-13b、c所示。摆动马达由叶片轴1、缸体2、定子块3和回转叶片4等零件组成。定子块固定在缸体上，叶片和叶片轴（转子）连接在一起，当油口A、B交替输入压力油时，叶片带动叶片轴做往复摆动，输出转矩和角速度。单叶片缸输出轴的摆角一般不超过280°，双叶片缸输出轴的摆角小于150°，但输出转矩是单叶片缸的两倍。摆动马达如图4-13所示。

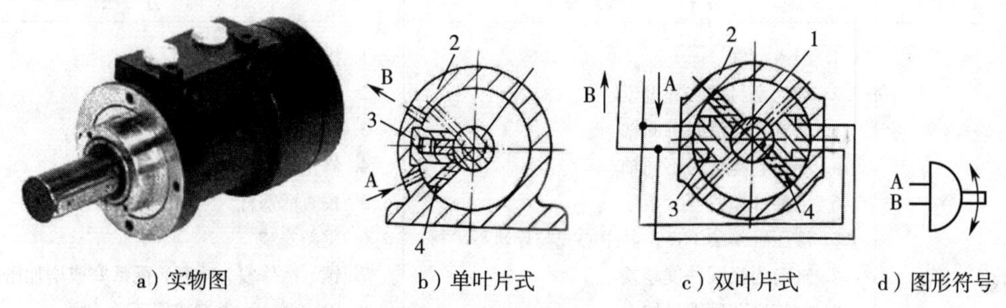

a）实物图　　b）单叶片式　　c）双叶片式　　d）图形符号

图4-13　摆动马达

1—叶片轴　2—缸体　3—定子块　4—回转叶片

摆动马达结构紧凑、输出转矩大，但密封性较差，一般用于机床的送料装置、转位装置、周期性进给机构等中低压系统以及工程机械中。

小　结

1. 液压马达和液压缸都是将液体的压力能转变为机械能的液压执行元件。液压马达实现的是连续转动，而液压缸实现的是直线运动或摆动运动。

2. 液压马达和液压泵从原理上讲是可逆的，但结构有所区别，不能互逆使用。液压马达按其结构类型也可分为齿轮式、叶片式和柱塞式。

3. 当向单活塞杆液压缸的无杆腔通油时，液压缸所产生的推力 F_1 大、速度 v_1 小，适合于执行元件工作进给的场合；当向有杆腔通油时，液压缸所产生的推力 F_2 小、速度 v_2 大，适合于执行元件快速退回的场合；当向两腔同时通入压力油，即实现差动连续时，此时速度 v_3 较大且与 v_1 同向，适合于执行元件快速进给的场合。

4. 对液压缸的结构，主要掌握缸体和缸盖连接、活塞和活塞杆连接、密封装置、缓冲装置和排气装置五个部分的基本结构及其功能。

习　题

4-1　填空题

1. 液压缸按照结构可分为（　　　）、（　　　）和（　　　）；按照液体压力的作用方式可分为（　　　）和（　　　）。

2. 对于差动液压缸，若使其快速往返运动速度相等，则活塞面积应为活塞杆面积的（　　　）倍。活塞直径应为活塞杆直径的（　　　）倍。

3. 当工作行程较长时，采用（　　　）缸较合适。

4. 排气装置应设在液压缸的（　　　）位置。

5. 在液压缸中，为了减少活塞在终端的冲击，应采取（　　　）措施。

6. 液压马达的功率损失有（　　　）损失和（　　　）损失两种；其中（　　　）损失是指马达在转矩上的损失，其大小用（　　　）表示；（　　　）损失是指马达在流量上的损失，其大小用（　　　）表示。

4-2　判断题

1. 柱塞油缸只能实现单向运动。（　）

2. 液压缸差动连接时，所产生的推力比非差动连接时的推力大。（　）

3. 液压泵和液压马达可以通用，只要改变进出油口即可。（　）

4. 液压缸除单个使用外，还可以几个缸组合起来以实现特殊的功用。（　）

5. 柱塞油缸一般都做成空心的。（　）

6. 需要长行程的场合，柱塞油缸常常成对使用。（　）

4-3　问答题

1. 如果要使机床工作往复运动速度相同，那么应采用什么类型的液压缸？

2. 用理论流量和实际流量（q_t 和 q）如何表示液压泵和液压马达的容积效率？用理论转距和实际转距（T_t 和 T）如何表示液压泵和液压马达的机械效率？请分别写出表达式。

3. 液压缸的哪些部位需要密封？常见的密封方法有哪些？常用的密封元件有哪些？

4-4　画出下列图形符号

单向定量液压泵　双向定量液压泵　单向定量液压马达　双向定量液压马达　单作用单活塞杆液压缸　双作用单活塞杆液压缸　双作用双活塞杆液压缸　柱塞式液压缸

4-5　计算题

1. 已知某液压马达的排量 $V=250\text{mL/r}$，液压马达入口压力 $p_1=10.5\text{MPa}$，出口压力 $p_2=1.0\text{MPa}$，其机械效率 $\eta_m=0.9$，容积效率 $\eta_V=0.92$，当输入流量 $q=22\text{L/min}$ 时，试求液压马达的实际转速 n 和液压马达的输出转矩 T。

2. 图4-14所示为四种结构形式的液压缸，已知活塞（缸体）和活塞杆（柱塞）直径为 D、d，如进入液压缸的流量为 q，压力为 p，试计算各缸产生的推力、速度大小并说明运动的方向。

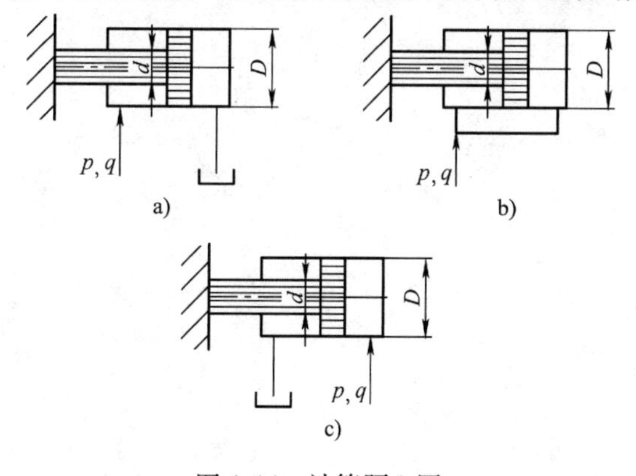

图4-14　计算题2图

3. 图4-15所示为两个结构相同的液压缸串联，无杆腔的面积 $A_1=100\times10^{-4}\text{m}^2$，有杆腔的面积 $A_2=80\times10^{-4}\text{m}^2$，缸1的输入压力 $p_1=0.9\text{MPa}$，输入流量 $q_1=12\text{L/min}$，不计泄漏和损失，求：

（1）两缸承受相同负载时（$F_1=F_2$），该负载的数值及两缸的运动速度。

（2）缸2的输入压力是缸1的一半时，两缸各能承受多少负载。

（3）缸1不承受负载（$F_1=0$）时，缸2能承受多少负载。

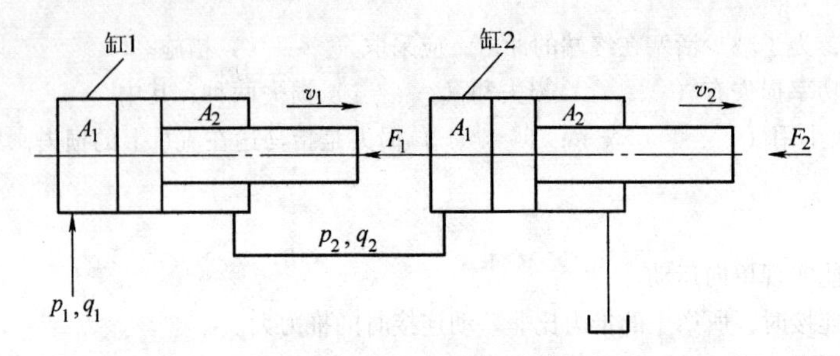

图4-15 计算题3图

4. 某一差动液压缸，当 $v_{快进}=v_{快退}$ 或 $v_{快进}=2v_{快退}$ 时，求活塞面积 A_1 和活塞杆面积 A_3 之比应为多少?

5. 某泵的输出流量为100L/min，容积效率为0.9。用该泵向一液压马达供油时，测量液压马达输出转速为400r/min，其容积效率为0.8。试求此液压马达的排量。

第5章 液压控制元件

液压控制元件用来控制液压系统中油液的流动方向、系统的压力和流量，从而控制液压执行元件运动的方向、承受的负载和运动速度的大小以满足不同机械工作性能的要求。液压阀性能的优劣、工作是否可靠，将直接影响整个液压系统的正常工作。本章内容是学习液压基本回路和液压系统的关键部分，要引起足够重视。

本章重点介绍常用液压阀的结构、工作原理、性能特点及使用场合。学习时应把图形符号和结构原理图联系起来，这样才能更好地掌握其原理及性能。

各类液压控制阀虽然形式不同，控制的功能不同，但却具有共性。首先，在结构上，所有的阀都由阀体、阀芯和驱动阀体动作的部件（如弹簧、电磁铁）等组成；其次，在工作原理上，所有阀的阀口大小、阀进出油口间的压力差以及通过阀的流量之间的关系都符合孔口流量公式（$q=KA\Delta p^{m}$），只是各种阀控制的参数不同而已。如压力阀控制的是压力，流量阀控制的是流量等。因而，根据其外部特征、内在联系、结构和用途的不同，可将液压控制阀按不同的方式进行分类，见表5-1。

表5-1 液压控制阀的分类

分类方法	种　类	详细分类
按用途分	压力控制阀	溢流阀、减压阀、顺序阀、压力继电器和比例压力阀等
	流量控制阀	节流阀、调速阀、分流阀和比例流量控制阀等
	方向控制阀	单向阀、液控单向阀、换向阀和比例方向控制阀等
按操作方式分	人力操作阀	手柄及手轮、杠杆和踏板
	机械操作阀	挡块、弹簧、液压和气动
	电动操作阀	电磁铁控制和电液联合控制
按连接方式分	管式连接	螺纹式联接、法兰式连接
	板式及叠加式连接	单层连接板式、双层连接板式、集成块连接和叠加式
	插装式连接	螺纹式插装、法兰式插装

液压传动系统对液压控制阀的基本要求：

1）动作灵敏，工作可靠，使用时冲击振动小。

2）油液通过阀时压力损失要小。

3）密封性好，内泄漏小，无外泄漏。

4）结构简单紧凑，安装、维护和调整方便，通用性好。

液压控制阀的基本参数：

（1）公称通径 液压阀的公称通径指阀的进出油口的名义尺寸。它表明阀的通流能力和所配管路的尺寸规格，同一公称通径的阀、管子与管路附件均能相互连接，具有互换性。阀的公称通径用D_g表示，但不表示阀的进出油口的实际尺寸。如D_g20的电液换向阀，表示该阀的公称通径为20mm，其进出油口的实际尺寸是ϕ21mm。

我国中低压（≤6.3MPa）液压阀系列规格，未采用公称通径表示，而是采用阀的额定流量来表示。

（2）额定流量 液压阀的额定流量指液压阀在额定工作状态下通过的名义流量，常用q_n表示，单位为L/min。

5.1 方向控制阀

方向控制阀是利用阀芯与阀体间相对位置的改变来实现油路的接通或断开，以满足执行元件对油流方向的要求。它分为单向阀和换向阀两类。

5.1.1 单向阀

单向阀的主要作用是控制油液的单方向流动。它分为普通单向阀和液控单向阀两种。

1. 普通单向阀

普通单向阀简称单向阀，其作用是只允许油液单方向通过，而反方向不能流通，故又称为单向阀或逆止阀。

对单向阀的主要性能要求是：油液通过时压力损失要小，反向截止时密封性要好；动作灵敏；工作时没有撞击和噪声。

（1）结构及工作原理 目前常用的普通单向阀有直通式和直角式两种形式，直通式单向阀为管式连接，阀芯为钢球式，如图5-1a所示。直角式单向阀为板式连接，阀芯为锥阀式，如图5-1b所示，图5-1c为单向阀的图形符号。

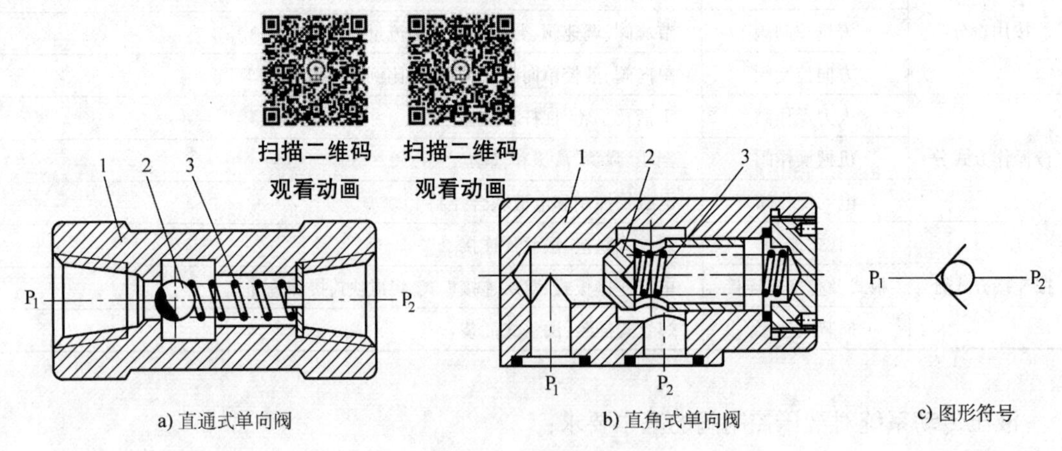

a) 直通式单向阀　b) 直角式单向阀　c) 图形符号

图5-1 普通单向阀

1—阀体 2—阀芯 3—弹簧

钢球式单向阀结构简单、制造工艺简便，但密封性较差，由于其无导向，易产生振动，一般用于低压小流量场合；锥阀式单向阀正向通油的阻力小，有导向，密封性能好，但加工工艺要求严格，阀体孔和阀座孔必须有较高的同轴度，一般在高压大流量的场合采用。

普通单向阀由阀芯、阀体和弹簧等零件组成。不管哪种形式，其工作原理都相同。当压力为 p_1 的油液从进油口流入时，压力油克服压在钢球或锥阀阀芯2上的弹簧3的作用力以及阀芯与阀体之间的摩擦力顶开钢球或锥阀阀芯，压力降为 p_2，从出油口流出。当油液从相反方向流入时，油液压力和弹簧力一起使钢球或锥阀阀芯紧紧地压在阀体1的阀座处，截断油路，使油液不能通过。普通单向阀中的弹簧只起阀芯复位作用，弹簧刚度应较小，以免液流通过时产生过大的压力降。一般普通单向阀的开启压力为0.03～0.05MPa，通过额定流量时的压力降不超过0.1～0.3MPa。若用作背压阀，则可更换硬弹簧，使其开启压力达到0.2～0.6MPa。

（2）普通单向阀的应用

1）区分高、低压力油，防止高压油进入低压系统。有些液压系统同时采用高压小流量泵和低压大流量泵向系统供油，如图5-2a所示。当高压回路空载时，低压泵1经单向阀与高压泵2同时供油。当高压系统压力升高，并高于低压系统压力时，高压油将单向阀关闭，只用高压泵供油。

2）保护液压泵。如图5-2b所示，将单向阀安置在泵的出口处，防止系统压力突然升高而使泵反转，避免泵损坏。

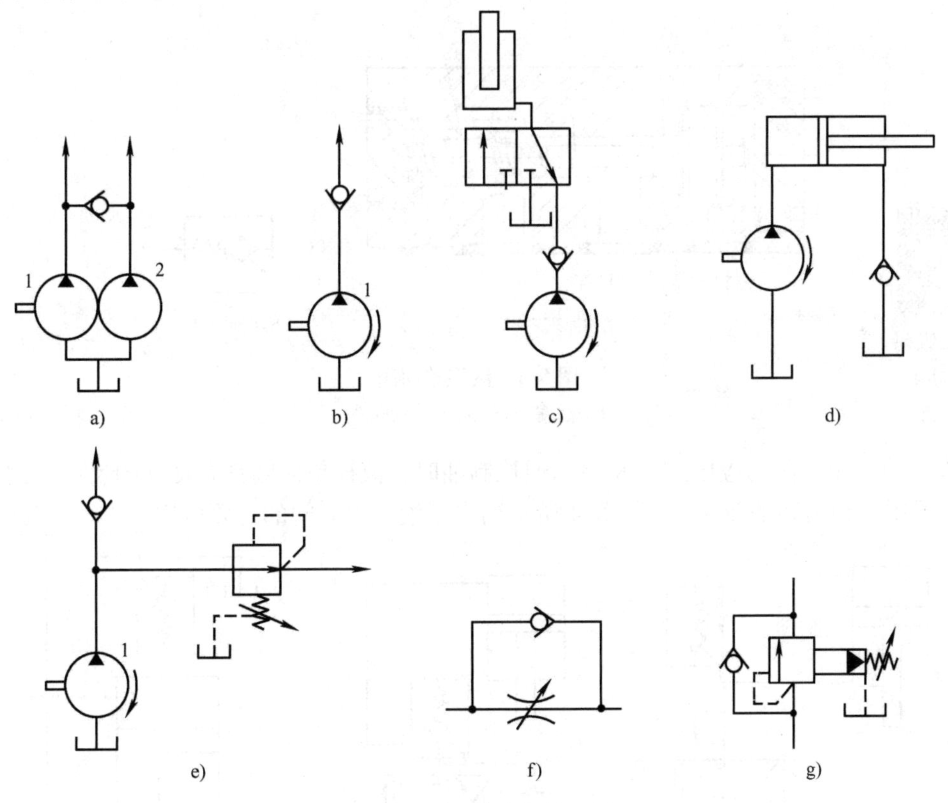

图5-2 普通单向阀的应用

1—低压泵 2—高压泵

3）液压泵停止工作时，保持液压缸的位置。如图5-2c所示，在泵停止工作时，单向阀用于防止柱塞液压缸下滑，起到安全保护作用。

4）作背压阀。如图5-2d所示，单向阀接在液压缸的回油路上，使回油产生背压，这样可以减小液压缸运动时的前冲和爬行现象，提高液压缸运动的平稳性。

5）保持低压回路的压力。如图 5-2e 所示，利用单向阀的背压作用，其出口接主油路，进口接控制油路。当主油路空载或回油时，控制回路仍能保持一个较小的控制压力。

6）与其他控制阀并联使用，使之在单方向上起作用。如图 5-2f 所示，若单向阀与节流阀并联使用，则实现只在单方向上起节流或调速作用。又如图 5-2g 所示，单向阀与顺序阀并联使用，组成复合阀。

2. 液控单向阀

液控单向阀由普通单向阀和液控装置两部分组成。当液控装置不通压力油时，它和普通单向阀一样，能够起单向通油的作用；当液控装置通压力油时，阀就保持开启状态，油液双向都能通过。

（1）结构及工作原理　图 5-3a 所示为液控单向阀的结构原理图。当控制油口 K 不通压力油时，液控单向阀的工作原理和普通单向阀一样。当控制油口 K 通压力油时，控制活塞 1 右侧 a 腔通泄油口（图中未画出），在油液压力作用下活塞向右移动，推动顶杆 2 顶开阀芯 3，使油液从 P_1 到 P_2 及 P_2 到 P_1 均能接通，这时油液可以从 P_2 口流向 P_1 口。K 口通入的控制油压力为主油路压力的 30% ~50%。图 5-3b 为液控单向阀的图形符号。

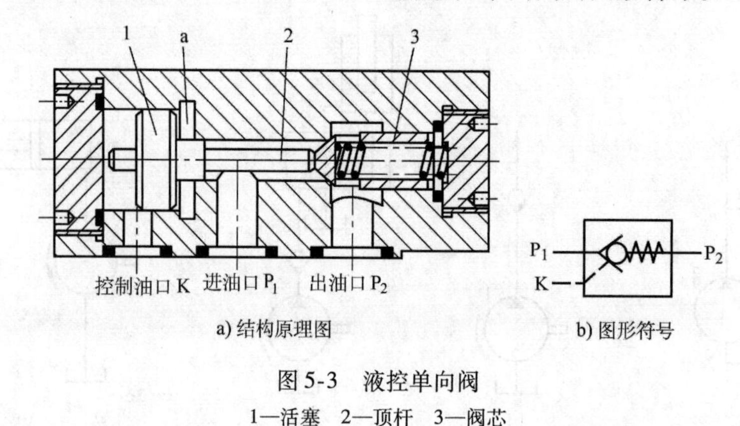

扫描二维码
观看动画

a) 结构原理图　　b) 图形符号

图 5-3　液控单向阀

1—活塞　2—顶杆　3—阀芯

（2）液控单向阀的应用　当 K 口未通控制油时，液控单向阀具有良好的反向密封性能，常用于保压、锁紧和平衡回路。图 5-4 所示列出了液控单向阀的主要应用。

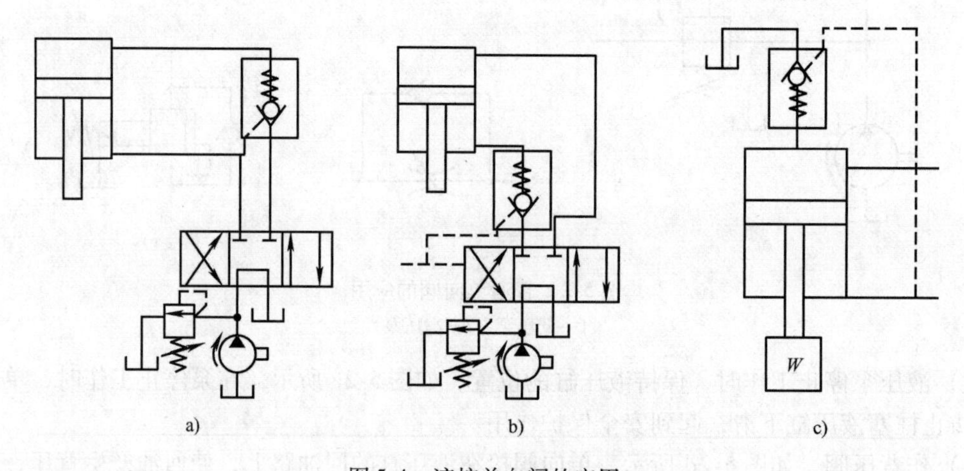

图 5-4　液控单向阀的应用

1）保持压力。滑阀式换向阀都有间隙泄漏现象，只能短时间保压。当有保压要求时，可在油路上加一个液控单向阀，如图5-4a所示，利用锥阀关闭的严密性，使油路长时间保压。

2）用于液压缸的支撑。液控单向阀接于液压缸下行的回油路上，如图5-4b所示，可防止立式液压缸的活塞和滑块等活动部件因滑阀泄漏而下滑。

3）作为充油阀使用。立式液压缸的活塞在高速下降过程中，因高压油和自重的作用，可能致使下降迅速，产生吸空和负压，所以必须增设补油装置。图5-4c所示的液控单向阀作为充液阀使用，以完成补油功能。

3. 双向液压锁

双向液压锁又称双向液控单向阀或双向闭锁阀，其结构原理图及图形符号如图5-5所示。它是由两个液控单向阀共用一个阀体1和控制活塞2组成。当压力油从A腔进入时，依靠油压自动将左边的阀芯顶开，使油液从A腔到A_1腔流动。同时，通过控制活塞2把右阀顶开，使B腔与B_1腔沟通，将原来封闭在B_1腔通路上的油液，通过B腔排出。即当一个油腔正向进油时，另一个油腔就反向出油，反之亦然。当A、B两腔都没有压力油时，A_1腔与B_1腔的反向油液依靠顶杆3（即卸荷阀芯）的锥面与阀座的严密接触而封闭，这时执行元件被双向锁住（如汽车起重机的液压支腿回路）。

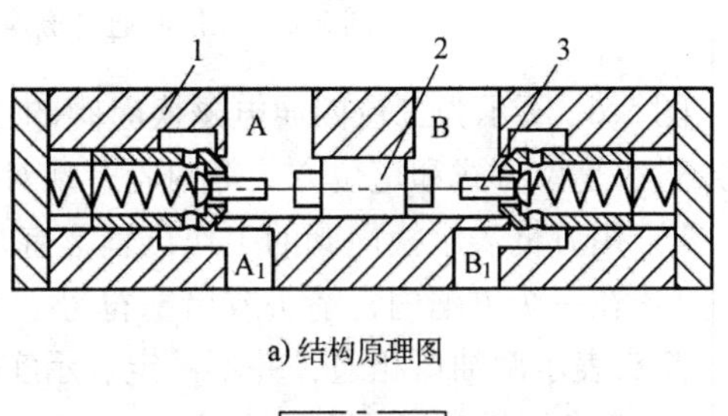

a) 结构原理图

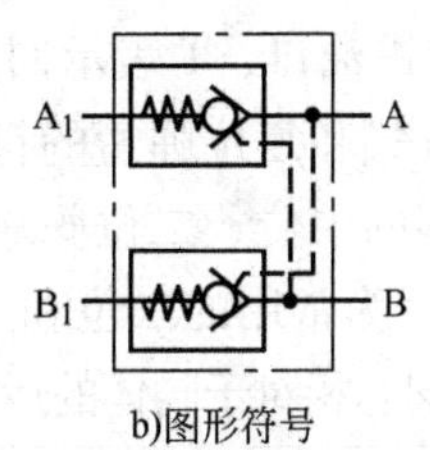

b)图形符号

图5-5　双向液压锁及其图形符号
1—阀体　2—控制活塞　3—顶杆

5.1.2　换向阀

1. 换向阀的分类

换向阀的种类很多，其分类见表5-2。

表5-2　换向阀的分类

分类方法	类　型
按阀芯的运动方式	转阀式、滑阀式
按阀的操纵方式	手动、机动（亦称行程）、电动、液动和电液动等
按阀的工作位置数和通路数	二位二通、二位三通、三位四通和三位五通等
按阀的安装方式	管式、板式和法兰式

2. 换向阀的工作原理及图形符号

换向阀是利用阀芯和阀体的相对位置变化使油路接通、断开或变换油流的方向，从而实现液压执行元件的起动、停止或变换方向。如图5-6所示，滑阀阀芯是一个具有多段环槽的圆柱体，而阀体孔内有若干条沉割槽。每条沉割槽都通过相应的孔道与外部相通，其P为进油口，T为出油口，A和B分别接执行元件的两腔。如图5-6a所示，当电磁铁吸合时，阀芯右移，阀体上的油口P与A口连通，B口与T口连通，压力油经P口、A口进入液压缸右腔，活塞左移，左腔油液经B口、T口回油箱。反之，如图5-6b所示，当电磁铁断电时，P口与B口连通，A口和T口连通，活塞便右移。

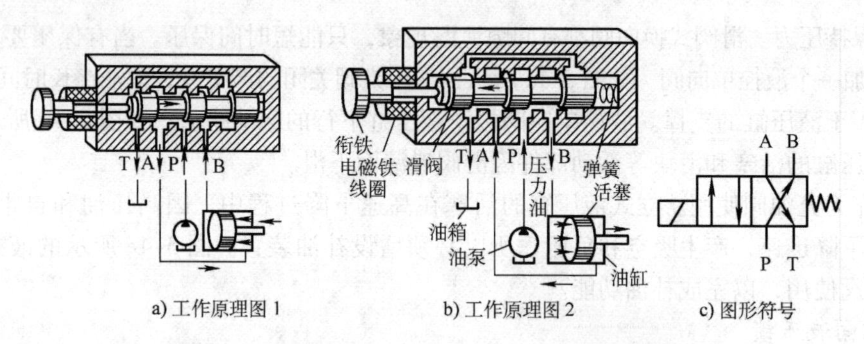

a) 工作原理图 1 b) 工作原理图 2 c) 图形符号

图 5-6 二位四通电磁换向阀的工作原理图和图形符号

图 5-6c 所示为二位四通电磁换向阀的图形符号，换向阀的完整图形符号应表示出其操纵方式、复位方式和定位方式等内容，现对换向阀的图形符号含义作如下说明：

1）用方框表示换向阀的工作位置，有几个方框就表示是几位阀。

2）在一个方框内，箭头或堵塞符号“┬”或“┴”与方框的交点数为油口“通”路数；箭头表示两油口相通，并不一定表示实际流向，“┬”或“┴”表示油口截止。

3）P 表示进油口，T 表示回油口，A 和 B 表示连接其他两个工作油路的油口。

4）控制方式和复位弹簧的符号画在方框的两侧。

5）三位阀的中位、二位阀靠近弹簧的一侧为常态位。

图 5-7 所示为常用的二位和三位换向阀的位和通路的符号。

换向阀中阀芯相对于阀体的运动需要有外力操纵来实现，常用的操纵方式符号如图 5-8 所示。

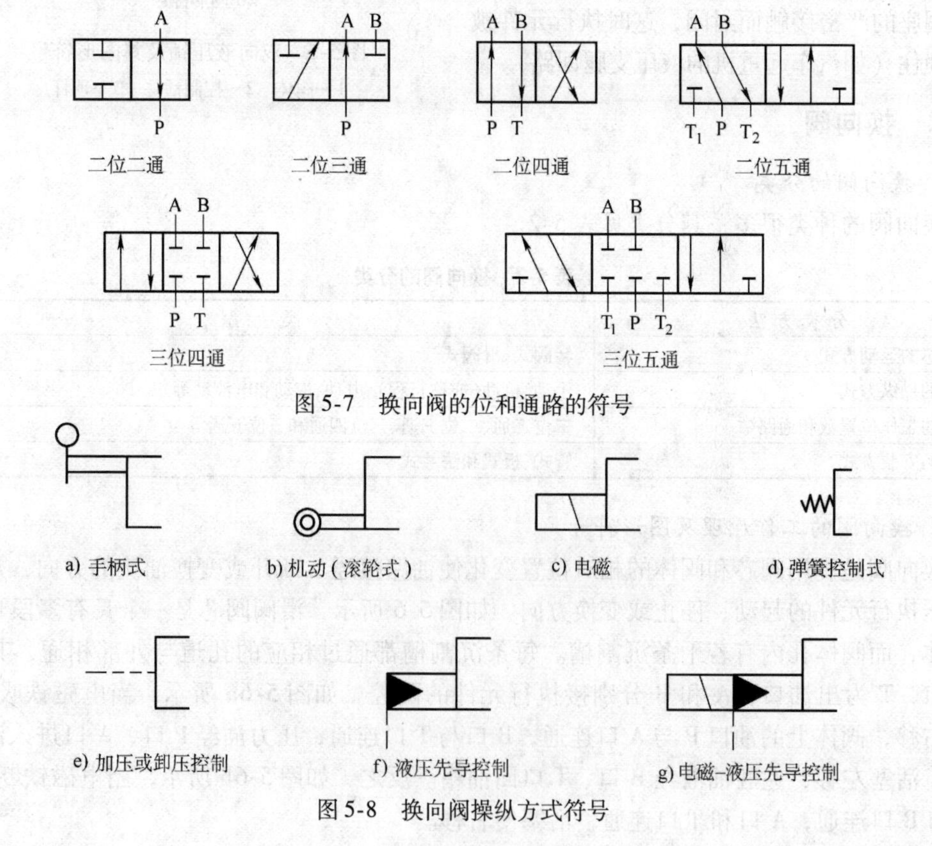

图 5-7 换向阀的位和通路的符号

a) 手柄式 b) 机动（滚轮式） c) 电磁 d) 弹簧控制式

e) 加压或卸压控制 f) 液压先导控制 g) 电磁–液压先导控制

图 5-8 换向阀操纵方式符号

3. 换向阀的结构

在液压传动系统中，广泛采用滑阀式换向阀，因为滑阀方便采用各种控制方式，且在高压和低压情况下皆可使用。下面介绍滑阀式换向阀的几种典型结构。

（1）手动换向阀　手动换向阀是用手动杠杆操纵阀芯移动来实现换向的。

手动换向阀阀芯的定位方式有钢球定位式和弹簧复位式两种。图5-9a为自动复位式三位四通手动换向阀，放开手柄1，阀芯2在弹簧3的作用下自动回复到中位。该阀适用于动作频繁、工作持续时间短的场合，操作比较安全，常用于工程机械的液压传动系统中。

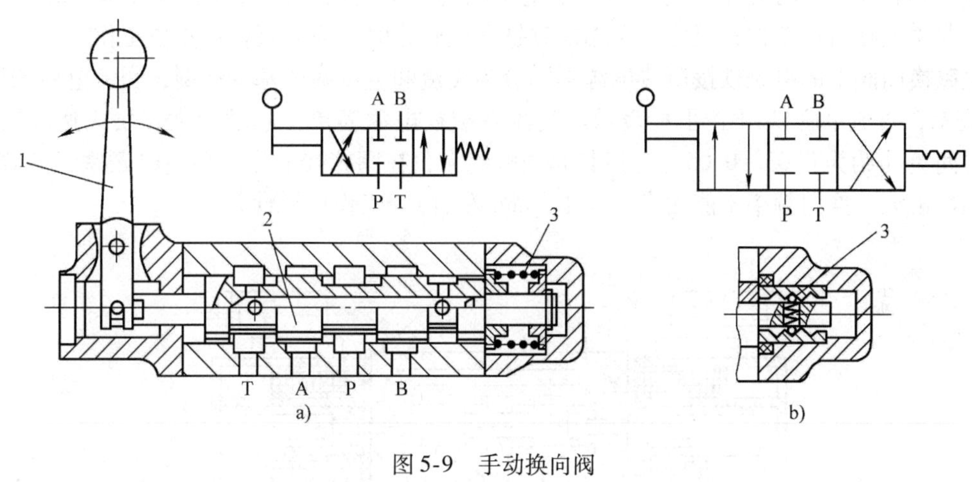

图5-9　手动换向阀

1—手柄　2—阀芯　3—弹簧

如果将该阀阀芯右端弹簧3的部位改为图5-9b所示的形式，即成为可在三个位置定位的手动换向阀。

手动换向阀有一个特点，可通过操纵手柄控制阀芯和行程在一定范围内（中间位置到换向终止位置之间）变动，即各油口的开度可以根据需要进行调节，使其在换向的过程中兼有节流的功能。

（2）机动换向阀　机动换向阀又称行程换向阀，它是借助于运动部件上的行程挡块（或凸轮）推动滚轮使阀芯移动来实现换向的。机动换向阀一般只有二位，但可以有二通、三通、四通等形式。其中二位二通机动阀又分常闭和常开两种。

图5-10a所示是二位二通机动换向阀的结构原理图，在图示位置上，阀芯2在弹簧4的推力作用下处在最上端位置，把进油口P与出油口切断。当行程挡块将滚轮压下时，P、A口接通；当行程挡块脱开滚轮时，阀芯在其底部弹簧的作用下又恢复到初始位置。该阀为常闭式，图5-10b是该阀的图形符号。

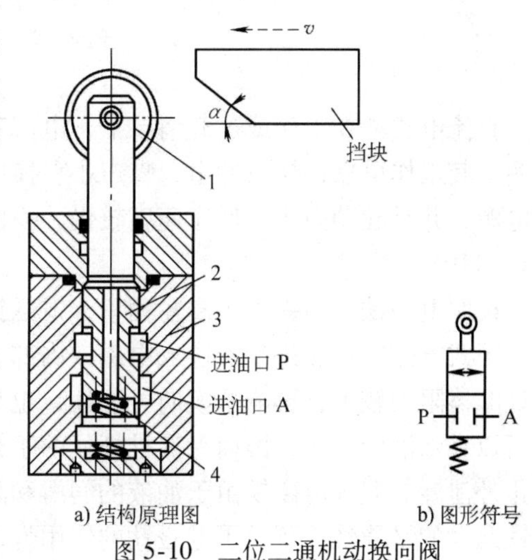

图5-10　二位二通机动换向阀

1—滚轮　2—阀芯　3—阀体　4—弹簧

机动换向阀结构简单、动作可靠、换向精度高，改变挡块斜面的角度 α（或凸轮外廓的形状），便可改变阀芯移动的速度，因而可以调节换向过程的时间。但这种阀要安放在它的操纵件旁，不能安装在液压站上，因此连接管路较长，并使整个液压装置不够紧凑，常用于要求换向性能好、布置方便的场合。

（3）电磁换向阀 电磁换向阀是利用电磁铁的通电吸合与断电释放直接推动阀芯移动来控制液流方向的。

图 5-11a 所示为三位四通电磁换向阀的结构原理图。阀的两端各有一个电磁铁和一个对中弹簧，阀芯在常态时处于中位。当右端电磁铁通电吸合时，衔铁通过推杆将阀芯推至左端，换向阀就在右位工作；反之，左端电磁铁通电吸合时，换向阀就在左位工作。

电磁换向阀上的电磁铁按所接电源不同分为交流和直流两种基本类型，交流电磁铁用字母 D 表示，直流电磁铁用字母 E 表示。交流电磁铁电源简单，起动力大，反应速度较快，换向时间短（约为 0.03～0.05s），但其起动电流大，在阀芯被卡住时会使电磁铁线圈烧毁，且换向冲击大，换向频率不能太高（30 次/min 左右），工作可靠性差。

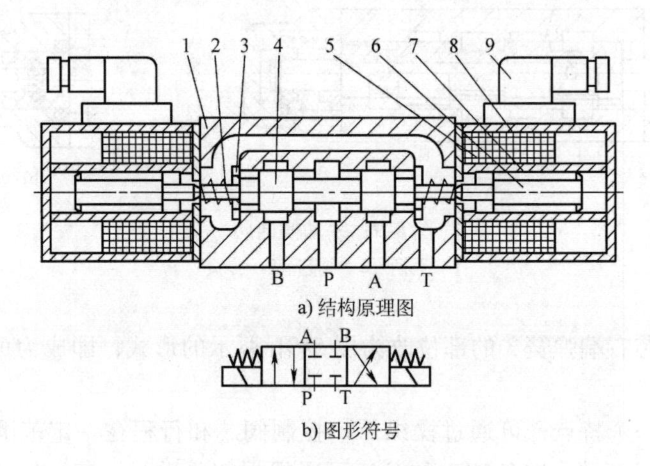

图 5-11 三位四通电磁换向阀

1—阀体 2—弹簧 3—弹簧座 4—阀芯 5—线圈 6—衔铁 7—隔套 8—壳体 9—插头组件

直流电磁铁在工作或过载情况下，电流基本不变，因此不会因阀芯被卡住而烧毁电磁铁线圈，其工作可靠，换向冲击、噪声小，换向频率较高（可达 240 次/min 以上），但需要直流电源，并且起动力小，反应速度较慢，换向时间长。常用直流电磁铁的电压为直流 12V、24V、110V。

按照电磁铁的衔铁是否浸在油里，电磁铁又分为干式和湿式两种。

干式电磁铁不允许油液进入电磁铁内部，因此推动阀芯的推杆处要有可靠的密封，但密封处摩擦阻力较大，影响了换向可靠性，也易产生泄漏。而湿式电磁铁（见图 5-11）的衔铁可以在油液中工作，因而无需推杆处的密封圈，只是在电磁铁与阀的结合面上安装密封圈防止外泄漏。湿式电磁铁由于油液的润滑和阻尼作用，减缓了衔铁与阀芯间的撞击，提高了衔铁运动的平稳性，延长了电磁铁的使用寿命，同时也使换向时间较干式的略有增加，允许的换向频率较高。由于衔铁的往复动作，使油液循环进入和排出电磁铁内，能起到一定的冷却作用。由于推杆处没有密封圈的摩擦阻力，可以充分地利用电磁铁有限的推力，提高阀换向的可靠性。

湿式电磁铁较干式电磁铁结构复杂、价格高，但由于它的一系列突出优点，得到了迅速发展，使用日益广泛。

电磁换向阀由电气信号操纵，控制方便，布局灵活，在实现机械自动化方面得到了广泛的应用。电磁换向阀由于受到磁铁吸力较小的限制，其流量一般在63L/min以下，故对于要求流量较大、行程较长或换向时间能够调节的场合，宜采用液动或电液换向阀。

（4）液动换向阀　液动换向阀是靠液压力来改变阀芯位置的换向阀。

图5-12a为一种三位四通液动换向阀的结构原理图。当控制口K_1通压力油、控制口K_2回油时，阀芯右移，P口与A口通，T口与B口通；当控制口K_2通压力油、控制口K_1回油时，阀芯左移，P口与B口通，T口与A口通；当控制口K_1、K_2都不通压力油（即如图5-12所示的位置）时，阀芯在两端对中弹簧的作用下处于中间位置。图5-12b所示为液动换向阀的图形符号。

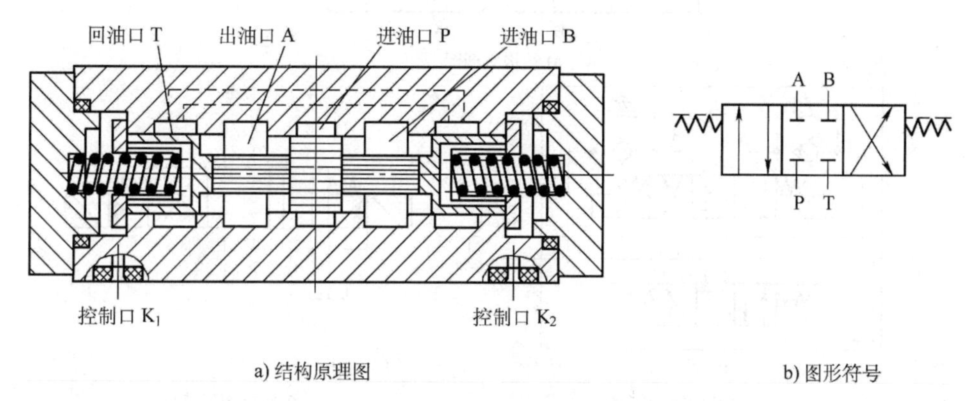

a) 结构原理图　　b) 图形符号

图5-12　三位四通液动换向阀

液压操纵可给予阀芯很大的推力，因此液动换向阀适用于压力高、流量大和阀芯移动行程长的场合。在液动换向阀的控制油路上往往装有可调的单向节流阀（称为阻尼器），以便分别调节换向阀芯在两个方向上的运动速度，改善换向性能。阻尼器和液动换向阀可连成一体，也可独立。带阻尼器的可调式液动换向阀的图形符号如图5-13所示。

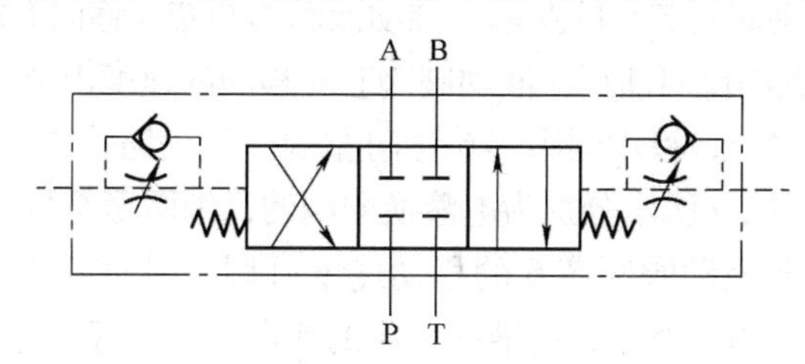

图5-13　带阻尼器的可调式液动换向阀的图形符号

（5）电液换向阀　电液换向阀是由一个普通的电磁换向阀和液动换向阀组合而成的。其中，电磁换向阀起先导阀的作用，它通过电磁铁的通电和断电改变控制油路的方向，进而推动液动换向阀的阀芯移动；液动换向阀是主阀，它在控制油液的作用下，改变阀芯的位置，使油路换向。为保证在先导电磁铁都断电时，主阀芯由弹簧作用回到中位，先导电磁阀的中位机能应是“Y”型。由于控制油液的流量不必很大，因而可实现以小容量的电磁阀来控制大通径的液动换向阀。

图 5-14 所示为电液换向阀的结构原理图和图形符号。

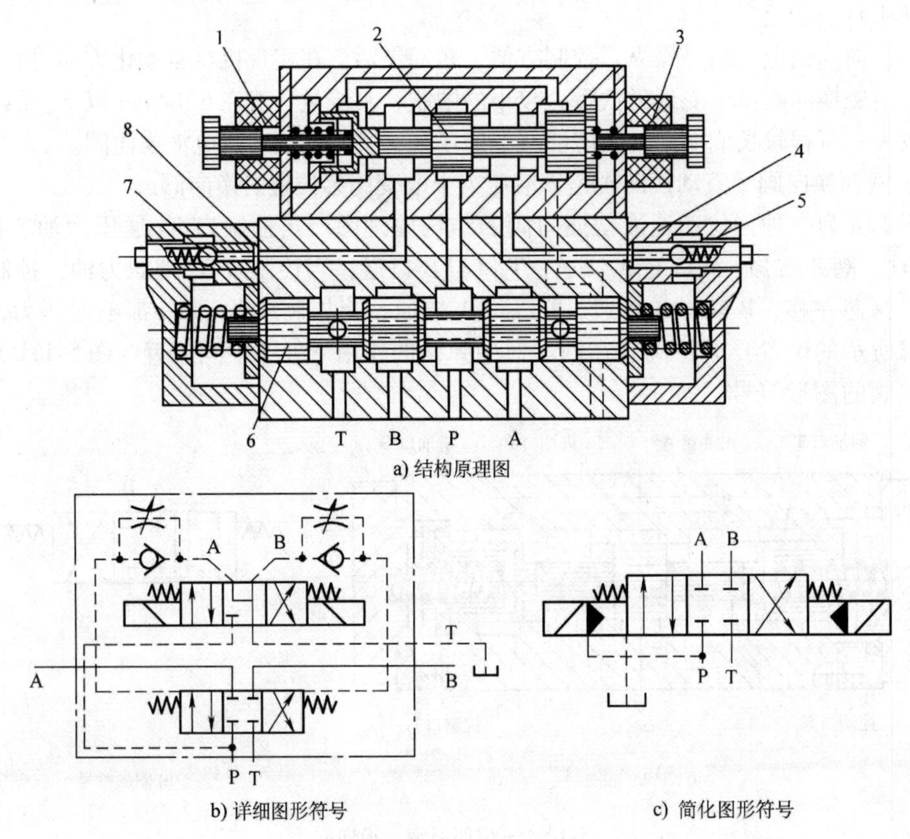

a) 结构原理图

b) 详细图形符号

c) 简化图形符号

图 5-14 电液换向阀

1、3—电磁铁 2—先导阀阀芯 6—液动阀阀芯 4、8—节流阀 5、7—单向阀

电磁铁 1、3 均不通电时，电磁阀阀芯处于中位，液动阀阀芯 6 因其两端没接通控制油液（而接通油箱），在对中弹簧的作用下也处于中位。当电磁铁 1 通电时，先导阀阀芯 2 向右移，控制油经单向阀 7 通入液动阀阀芯 6 的左端，推动液动阀阀芯 6 移向右端，液动阀阀芯 6 右端的油液则经节流阀 4、电磁阀流回油箱。液动阀阀芯 6 移动的速度由节流阀 4 的开口大小决定。同样道理，当电磁铁 3 通电时，液动阀阀芯 6 移向左端（使油路换向），其移动速度由节流阀 8 的开口大小决定。图5-14b、c所示分别为电液换向阀的详细图形符号和简化图形符号。

在电液换向阀中，由于液动阀阀芯 6 的移动速度可调，因而可调节液压缸换向的停留时间，并可使换向平稳而无冲击。所以，电液换向阀的换向性能较好，适用于高压大流量场合。

4. 换向阀的中位机能

对于各种操纵方式的三位换向阀，阀芯在中间位置时各油口的连通方式称为换向阀的中位机能。不同的中位机能，可以满足液压系统的不同要求，表 5-3 所示为常见的三位四通和五通换向阀中位机能的形式、中间位置的滑阀状态、符号中间位置油口的状况及性能特点。由表 5-3 可看出，不同的中位机能是通过改变阀芯的形状和尺寸来实现的。

表 5-3 三位换向阀的中位机能

中位机能形式	中间位置的滑阀状态	中间位置的符号		中间位置油口的状况及性能特点
		三位四通	三位五通	
O	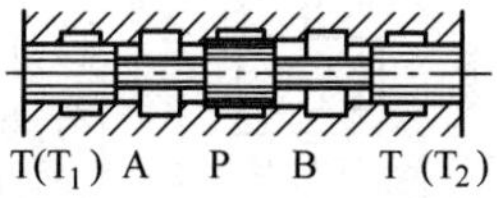 T(T_1) A P B T (T_2)	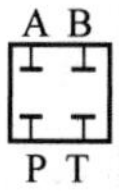 A B P T	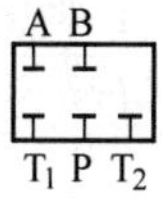 A B T_1 P T_2	P、A、B、T口全部封闭，系统保持压力，执行元件闭锁。可用于多个换向阀并联工作
H	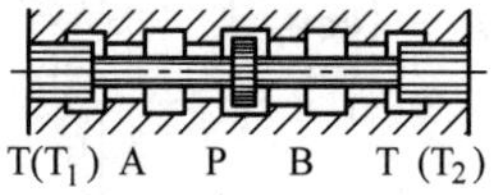 T(T_1) A P B T (T_2)	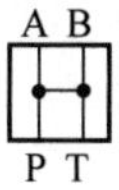 A B P T	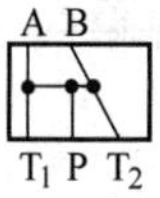 A B T_1 P T_2	P、A、B、T口全部连通，液压泵卸荷，执行元件两腔连通，处于浮动状态，在外力作用下可移动
Y	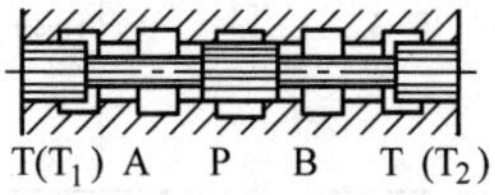 T(T_1) A P B T (T_2)	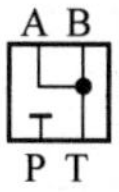 A B P T	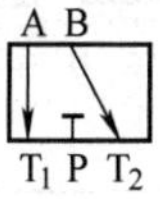 A B T_1 P T_2	P口封闭，A、B、T连通，液压泵不卸荷，执行元件两腔连通，处于浮动状态，在外力作用下可移动
P	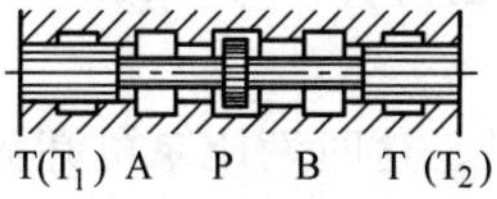 T(T_1) A P B T (T_2)	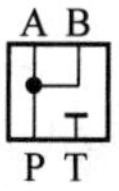 A B P T	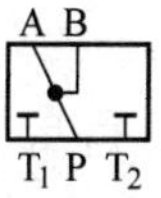 A B T_1 P T_2	P、A、B口连通，T口封闭，液压泵与执行元件两腔相通，可以实现液压缸的差动连接
J	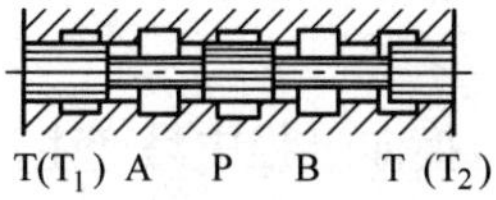 T(T_1) A P B T (T_2)	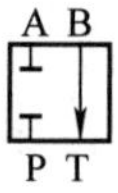 A B P T	 A B T_1 P T_2	P、A口封闭，B、T连通，液压泵不卸荷
C	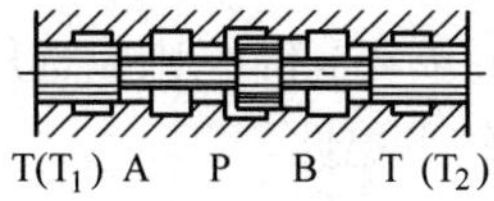 T(T_1) A P B T (T_2)	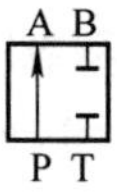 A B P T	 A B T_1 P T_2	P、A口连通，B、T口封闭，液压泵不卸荷
M	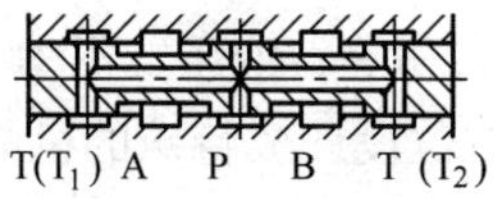 T(T_1) A P B T (T_2)	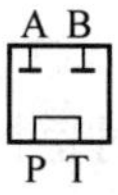 A B P T	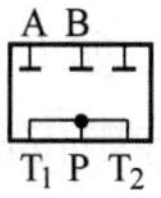 A B T_1 P T_2	P、T口连通，A、B口封闭。液压泵卸荷，执行元件处于闭锁状态

（续）

中位机能形式	中间位置的滑阀状态	中间位置的符号		中间位置油口的状况及性能特点
		三位四通	三位五通	
U	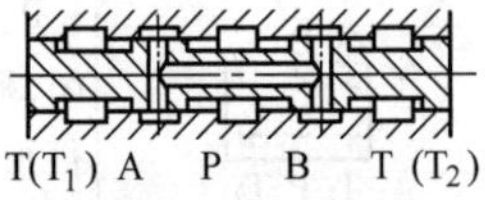 $T(T_1)$ A P B T (T_2)	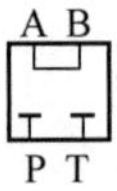 A B P T	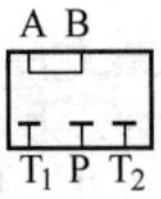 A B T_1 P T_2	A、B 口连通，P、T 口封闭，液压泵不卸荷，执行元件两腔连通且处于浮动状态
X	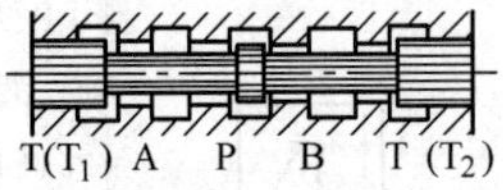 $T(T_1)$ A P B T (T_2)	 A B P T	 A B T_1 P T_2	P、A、B、T 处于半开启状态，液压泵基本卸荷，但仍保持一定压力
K	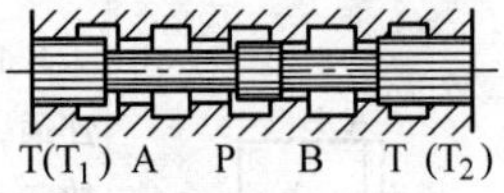 $T(T_1)$ A P B T (T_2)	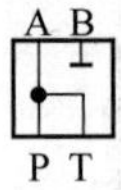 A B P T	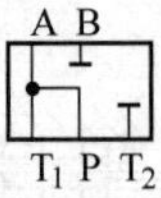 A B T_1 P T_2	P、A、T 口连通，B 口封闭，液压泵卸荷

中位机能不仅直接影响液压系统的工作性能，而且在换向阀由中位向左位或右位转换时对液压系统的工作性能也有影响。因此，在使用时应合理选择阀的中位机能。通常，中位机能的选用原则如下：

（1）系统卸荷　P 口与 T 口畅通的形式有 H、K、M 型，这时液压泵可卸荷，即液压系统卸荷。

（2）系统保压　当 P 口被堵塞时，系统保压，液压泵可用于多缸系统，如 O、Y、J、U 型。当 P 口不太通畅地与 T 口相通时，如 X 型，系统能保持一定压力，可供压力不高的控制油路使用。

（3）换向平稳性与精度　当液压缸 A、B 口都封闭时，换向过程中易产生液压冲击，换向不平稳，但换向精度高，如 O、M 型；反之，当 A、B 口都通 T 口时，换向过程中工作部件不易制动，换向精度低，但液压冲击小。

（4）起动平稳性　阀在中位时，液压缸 A 或 B 与 T 口相通，则起动时该腔内因无足够的油液起缓冲作用，起动不平稳。但若系统对起动平稳性要求较高时，则应选用 A 口、B 口都不通 T 口的形式，如 O、C、P、M 型，这时可保证起动的平稳性。

（5）液压缸浮动和在任意位置停留　阀在中位时，当 A 口、B 口相连通时，如 U 型，卧式液压缸呈浮动状态，这时可利用其他机械装置移动工作台，调整其位置（立式液压缸除外）；当要求执行元件能在任意位置上停留时，可选用 A、B 口封闭或都与 P 口相通的形式(差动液压缸除外)，如 P 型，这时液压缸左右两腔作用力相等，液压缸不动。

三位阀除了有各种中位机能外，有时也把阀的左位或右位设计成特殊的机能。这时就分别用两个字母来表示阀的中位和左（或右）位机能。常用的有 MP 型和 OP 型等，如图 5-15 所示。MP 型和 OP 型滑阀机能主要用于差动连接回路，以得到快速行程。

对于二位四通或二位五通换向阀，如果对换向时的中间状态有一定要求，那么可在换向阀的符号上把中间的过渡位置表示出来，并用虚线和两端的位置隔开。图5-16所示为具有X型过渡机能的二位四通换向阀，它在阀芯移过中间位置的瞬间，使P、A、B、T四个油口呈半开启连通状态。这样既可以避免换向过程中由于P口突然封闭而引起系统的压力冲击，同时也能使P口保持一定的压力。在某种场合下，三位阀从中位向左位或右位转换时，也有过渡机能的要求，其表示方法与二位阀类似。

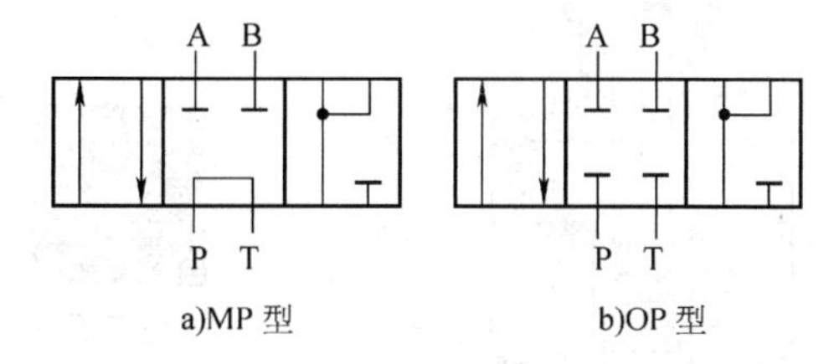

图5-15　MP型、OP型中位机能符号

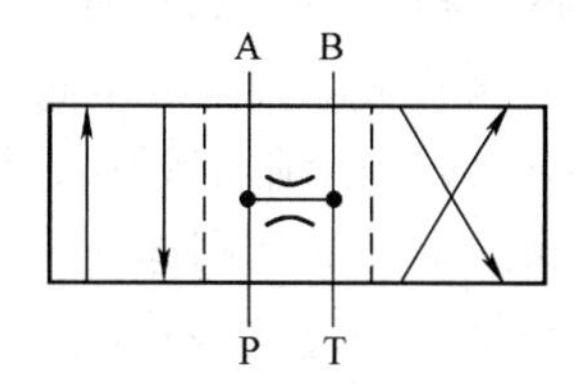

图5-16　具有X型过渡机能的二位四通换向阀

5.2　压力控制阀

在液压系统中，控制和调节油液压力高低的液压阀称为压力控制阀，简称压力阀。它们的共同特点是利用作用于阀芯上的液压力与弹簧力相平衡的原理进行工作。

压力控制阀按其功能和用途可分为溢流阀、减压阀、顺序阀和压力继电器等。

5.2.1　溢流阀

溢流阀是通过阀口的开启实现溢流，使被控制系统或回路的压力维持恒定，实现稳压、调压或限压作用，其作用可简称为溢流、定压。

1. 结构与工作原理

根据结构不同，溢流阀可分为直动型和先导型两类。

（1）直动型溢流阀　图5-17a所示为一种低压直动型溢流阀的结构原理图，它主要由阀体5、阀芯4、调节螺母1、调压弹簧2及上盖3等主要零件组成，P口和T口分别为进油口和回油口。来自液压泵的压力油，从进油口P进入，经过阀芯4的径向孔e、轴向小孔f流入阀芯4下端的d腔，并对阀芯4产生向上的推力。当进油压力较低、向上的推力不足以克服调压弹簧2的作用力时，阀芯处于最下端位置，此时进油口P、回油口T不通，阀处于关闭状态。当进油口P的压力不断升高时，d腔的油压同时也等值增高。当d腔内的油压力增高到大于弹簧2的作用力时，阀芯4被顶起，并停止在某一平衡位置上。这时进油口P、回油口T接通，油液从回油口T排回油箱，实现溢流，而阀入口、d腔处油压不再增高，且与此时的弹簧力相平衡，为某一定值。这就是直动型溢流阀的定压原理。很显然，调整调节螺母1，可以改变调压弹簧2的预紧力，从而改变顶起阀芯的油压力（称为阀的开启压力），也就改变了阀入口的压力值。故溢流阀弹簧的调定压力就是溢流阀入口压力的调定值。

设进口压力为p，阀芯面积为A，弹簧力为F_s，若忽略阀芯自重和摩擦力，则阀芯的受力平衡方程为

$$pA = F_s$$

或

$$p = \frac{F_s}{A} \tag{5-1}$$

由式(5-1) 可知，溢流阀处于某一平衡位置时，进口处的油液压力 p 的大小由弹簧力 F_s 决定。调节螺母 1 可以改变弹簧的预紧力，从而也就调整了溢流阀进口处的油液压力 p，并使其稳定在所调定的数值上。

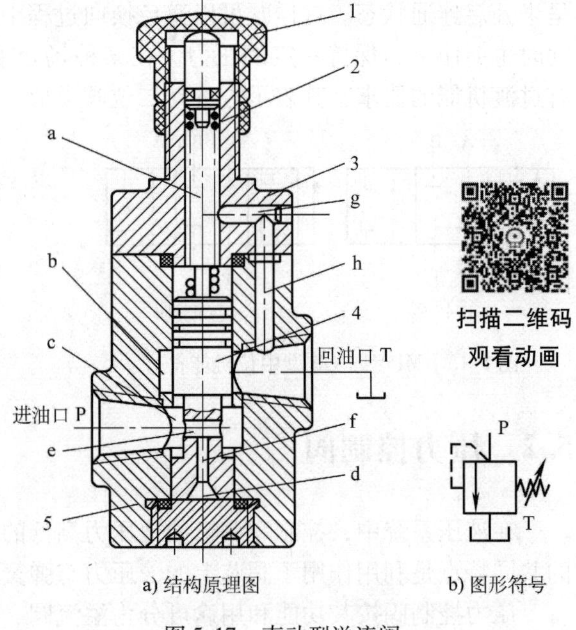

图 5-17 直动型溢流阀

1—调节螺母 2—调压弹簧

3—上盖 4—阀芯 5—阀体

需要说明的是，当调节螺母 1 调整好后，应将其下面的锁紧螺母锁紧，防止误操作使调整压力改变。另外，溢流阀工作时，因为阀芯 4 和阀体 5 之间有间隙，通过间隙泄漏到阀芯上端弹簧腔 a 的油液如果不排出，将形成一个附加背压，所以在直动型溢流阀的上盖 3 和阀体 5 上开设了孔 g、h，使泄漏油经过这些孔流回到回油口 T，随同溢流油液一起流回油箱，这种方式称为内泄。孔 g 的外端用螺塞或钢球堵住。

溢流阀的稳压作用是指在工作过程中，由于某种原因（如负载的突然变化）使溢流阀入口压力发生波动时，经过阀本身的调节，能将入口压力很快地调回到原来的数值上。当进口油压 p 超过预先所调定的压力值时，阀芯 4 失去平衡，阀芯上移，溢流口增大，油液流回油箱的阻力减小，使进油口处油压 p 下降，直至作用在阀芯上的液压力和弹簧力重新平衡为止。同理，当进口压力 p 低于所调定的压力时，阀芯失去平衡，阀芯下移，溢流口关小，溢流阻力增大，进口处的油压便自动升高，直至使阀芯重新回复平衡为止。在自动调整过程中，阀芯移动量很小，作用在阀芯上的平衡力 F_s 变化很小，因此可以认为，进油口处的压力 p 基本上就是恒定的。阀芯上的阻尼孔 f 对阀芯的运动起到阻尼作用，从而可以避免阀芯产生振动，提高了阀的工作稳定性。

直动型溢流阀是利用液压力直接和弹簧力相平衡来进行压力控制的。若系统所需压力较高，流量较大时，阀的结构必须加大，且需使用大刚度的弹簧，这样不仅使阀的调节性能变差，而且调节费力，故直动型溢流阀只适用于系统压力较低、流量不大的场合。

图 5-17b 所示为直动型溢流阀的图形符号。图形符号简要表明了以下内容：

1）溢流阀在常态（非工作状态）下阀口关闭（方框内箭头错开）。

2）控制压力取自进油口压力（虚线表示）。

3）出口接油箱。

4）采用内泄漏方式(弹簧处没有接油箱的标志)。

（2）先导型溢流阀　先导型溢流阀由先导阀和主阀两部分组成。先导阀一般为小规格的锥阀，其中的弹簧为调压弹簧，用来调定主阀的溢流压力。主阀用于控制主油路的溢流，其中的弹簧为平衡弹簧，其刚度较小，只是为了克服摩擦力使主阀阀芯及时复位。图 5-18 所示为先导型溢流阀。油液通过进油口 P 进入后，经主阀阀芯 5 的轴向孔 g 进入阀芯下腔，同时油液又经阻尼小孔 e 进入主阀阀芯 5 的上腔，并经 b 孔、a 孔作用于先导阀阀芯 3 上。当系统压力低于先导阀调压弹簧调定压力时，先导阀关闭，此时没有油液流过阻尼孔，主阀阀芯上下两腔的压力相等，主阀在弹簧4 的作用下处于最下端位置，进油口 P 与回油口 T 不通。当系统压力升高，作用在先导阀阀芯上的液压力大于调压弹簧的调定压力时，先导阀被打开，主阀上腔的压力油经先导阀开口、回油口 T 流回油箱。这时就有压力油经主阀阀芯上的阻尼小孔 e 流过，因而就产生了压力降，使主阀阀芯上腔的压力 p_1 低于下腔的压力 p。当此压力差对主阀阀芯所产生的作用力大于弹簧力 F_s 时，阀芯上移，进油口 P 和回油口 T 相通，实现了溢流作用。调节螺母 1 可调节调压弹簧 2 的预紧力，从而调定了系统的压力。这就是先导型溢流阀的定压过程，其稳压过程与直动型溢流阀相同。

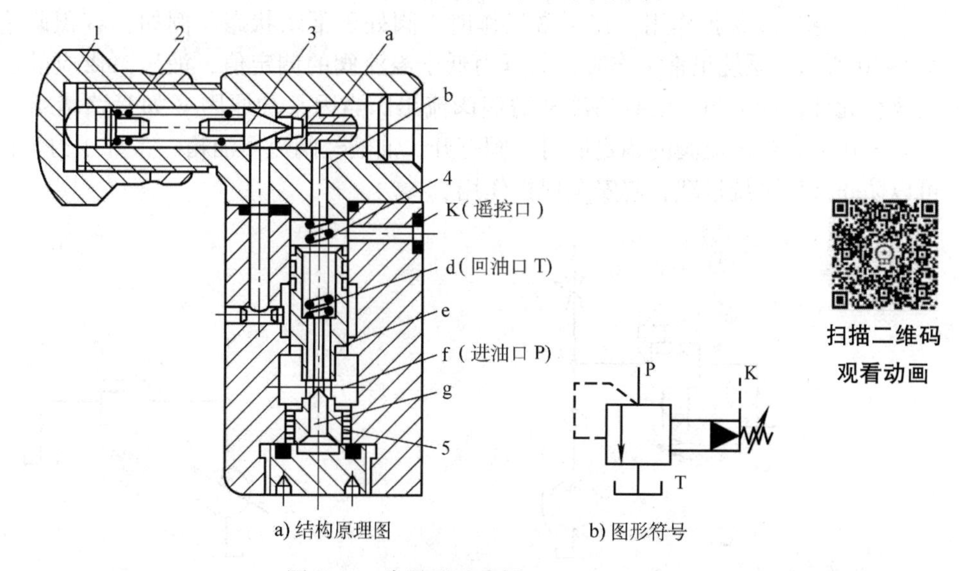

a) 结构原理图　　b) 图形符号

图 5-18　先导型溢流阀

1—调节螺母　2—调压弹簧　3—先导阀阀芯　4—主阀弹簧　5—主阀阀芯

在阀体上有一遥控口（又称远程调压口）K，采用不同的控制方式，可以使先导型溢流阀实现不同的功能。例如，将远程调压口 K 通过管道接到一个远程调压阀（远程调压阀的结构和先导型溢流阀的导阀部分相同）上，并且远程调压阀的调整压力小于先导阀的调整压力，那么溢流阀的进口压力就由远程调压阀决定，从而通过使用远程调压阀可以实现对液压系统的远程调压。又如，将远程调压口 K 接一个换向阀，通过换向阀接通油箱，主阀阀芯的上端压力接近于零，主阀阀芯在进油腔压力很小的情况下，就可压缩复位弹簧，移动到最上端，使阀的开口最大，系统的压力很低，油液通过溢流阀流回油箱，实现卸荷作用。

当溢流阀起溢流、稳压作用时，不计阀芯自重和摩擦力，作用于阀芯上的力平衡方程为

$$pA = p_1 A + F_s$$

或

$$p = p_1 + \frac{F_s}{A} \tag{5-2}$$

式中，p 是进油腔压力；p_1 是主阀阀芯上腔压力；A 是主阀阀芯端面积；F_s 是平衡弹簧的作用力。

由式(5-2) 可知，先导型溢流阀是利用阀芯上下两端的压力差 $\Delta p = p - p_1$ 所形成的作用力和弹簧力相平衡的原理进行压力控制的。由于主阀上腔存在有压力 p_1，所以弹簧4 的刚度

可以较小，F_s 的变化也较小，当先导阀的调压弹簧调整好以后，p_1 基本上是定值。当溢流阀变化较大时，阀口开度可以上下波动，但进油处的压力 p 变化则较小，这就克服了直动型溢流阀的缺点。同时先导阀阀芯的承压面积较小，因此调压比较轻便。先导型溢流阀工作时振动小，噪声低，压力稳定，但反应不如直动型溢流阀快。先导型溢流阀适用于中、高压系统。

2. 溢流阀的应用

（1）作溢流阀　在采用定量泵节流调速的液压系统中，调节流量控制阀（节流阀）的开口大小可调节进入执行元件的流量，而定量泵多余的油液则从溢流阀流回油箱。如图 5-19 所示，在工作过程中，阀处于常开状态，液压泵的工作压力决定于溢流阀的调整压力，且基本保持恒定。

（2）起安全保护作用　在正常工作时，阀处于常闭状态。例如在容积调速回路中，如图 5-20 所示，系统正常工作时，其压力低于溢流阀的调定值，液压泵供应的压力油全部进入执行元件，阀关闭，没有油液从溢流阀流出。当因某种原因（如管路堵塞、过载等）而使系统压力超过溢流阀的调定值时，阀打开，油液经阀流回油箱，系统压力不再增高，因而可以防止液压系统过载，起安全保护作用。

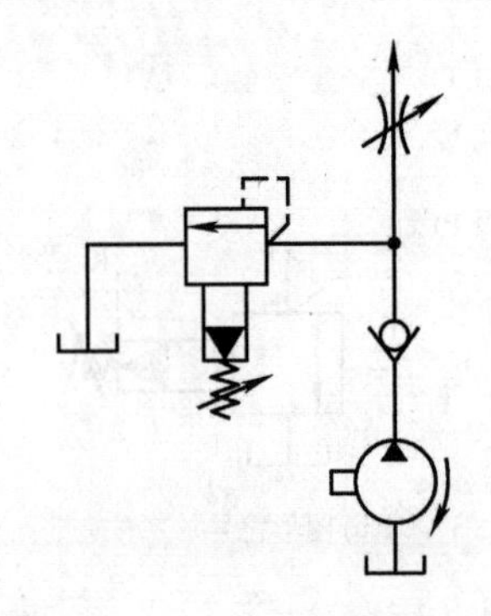

图 5-19　溢流阀作溢流阀

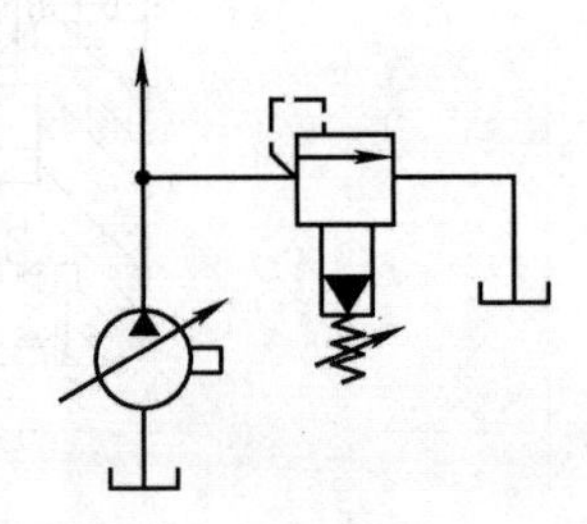

图 5-20　溢流阀作安全阀

（3）作背压阀　在液压系统的回油路上接一溢流阀，如图 5-21 所示，可造成一定的回油阻力即背压。背压的存在可提高执行元件运动的平稳性。调节溢流阀的调压弹簧可调节背压力大小。

（4）作远程调压阀　在前文“1. 结构与工作原理”中已介绍，具体回路如图 5-22 所示。

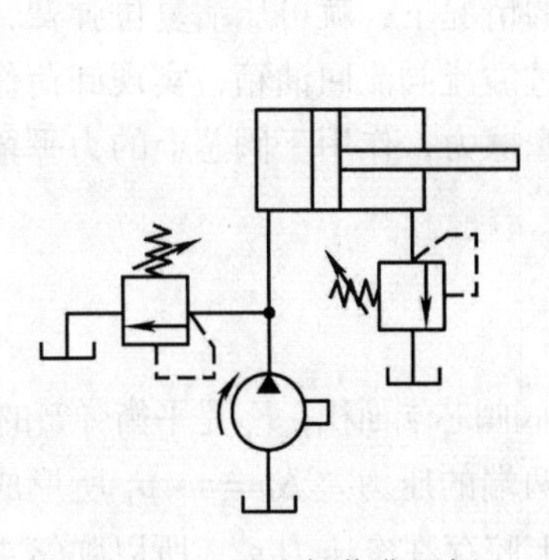

图 5-21　溢流阀作背压阀

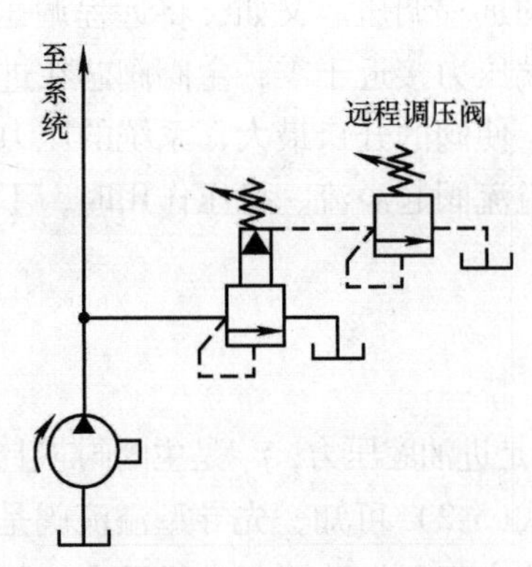

图 5-22　溢流阀作远程调压阀

（5）实现系统的二级调压　如图5-23所示，当换向阀2的电磁铁断电时，泵的出口压力由先导型溢流阀1调定；当换向阀2的电磁铁通电时，泵的出口压力由远程调压阀3调定。为了实现对系统的二级调压，远程调压阀3的调定压力必须小于先导型溢流阀1的调定值。

（6）使系统卸荷　前文已介绍，具体回路如图5-24所示。

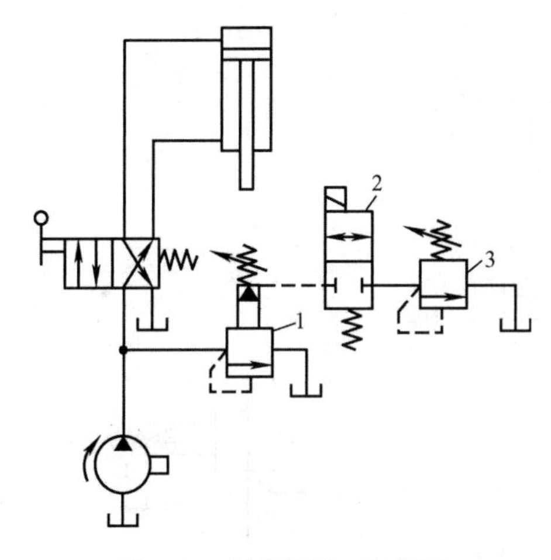

图5-23　溢流阀的二级调压

1—先导型溢流阀　2—换向阀　3—远程调压阀

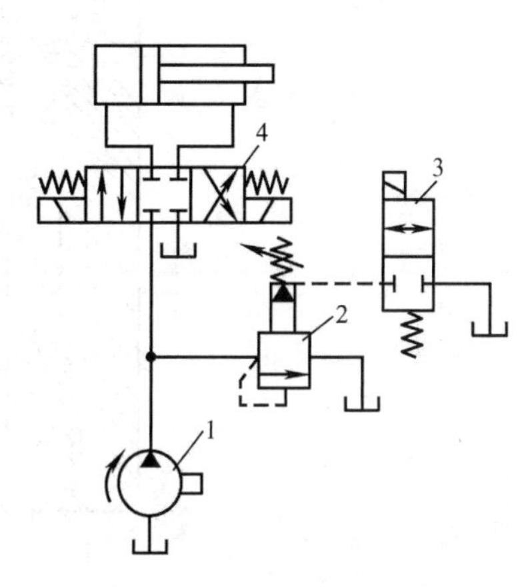

图5-24　溢流阀用于系统卸荷

1—液压泵　2—先导型溢流阀　3、4—换向阀

5.2.2　减压阀

减压阀是一种利用液流流过隙缝产生压力降的原理，使出口压力低于进口压力的压力控制阀。它的作用是用来降低液压系统中某一回路的油路压力，使同一个油源能同时提供两个或两个以上不同压力的输出。减压阀在各种液压设备的夹紧系统、润滑系统和控制系统中应用较多。此外，当油液压力不稳定时，在回路中串入一个减压阀可得到稳定的、较低的压力。

根据调节性能的不同，减压阀又可分为定值减压阀、定比减压阀和定差减压阀三种。其中定值减压阀应用最广，它可以保持出口压力为定值，使液压系统中某一支路的压力低于系统主油路的压力且保持压力稳定。本书只介绍定值减压阀。

1. 结构与工作原理

减压阀分直动型和先导型两种，直动型减压阀在系统中较少单独使用，先导型减压阀则应用较多。

图5-25a所示为先导型减压阀的结构原理图，它由先导阀和主阀两部分组成。先导阀阀芯3在调压弹簧2的作用下紧压在先导阀阀座4上，调节螺母1可改变弹簧2对先导阀作用的预紧力。主阀芯7在主阀复位弹簧8的作用下处在主阀体6的最下端。主阀复位弹簧8刚度很小，其作用是克服摩擦力、将主阀芯压向最下端。减压阀的作用有两个：①将较高的入口压力（通常称为一次压力）p_1 降低为较低的出口压力（通常称为二次压力）p_2；②保持出口压力 p_2 的稳定。简单说，就是起减压和稳压的作用。

（1）减压阀的起动和减压　如图5-25所示，来自液压泵或其他油路的油液（也称为一次压力油）从减压阀的入口进入油腔d，并经减压阀阀口产生压力降后进入油腔f。出油腔f的油液（也称为二次压力油）一部分经出口流向减压阀的负载；另一部分经主阀芯7下端

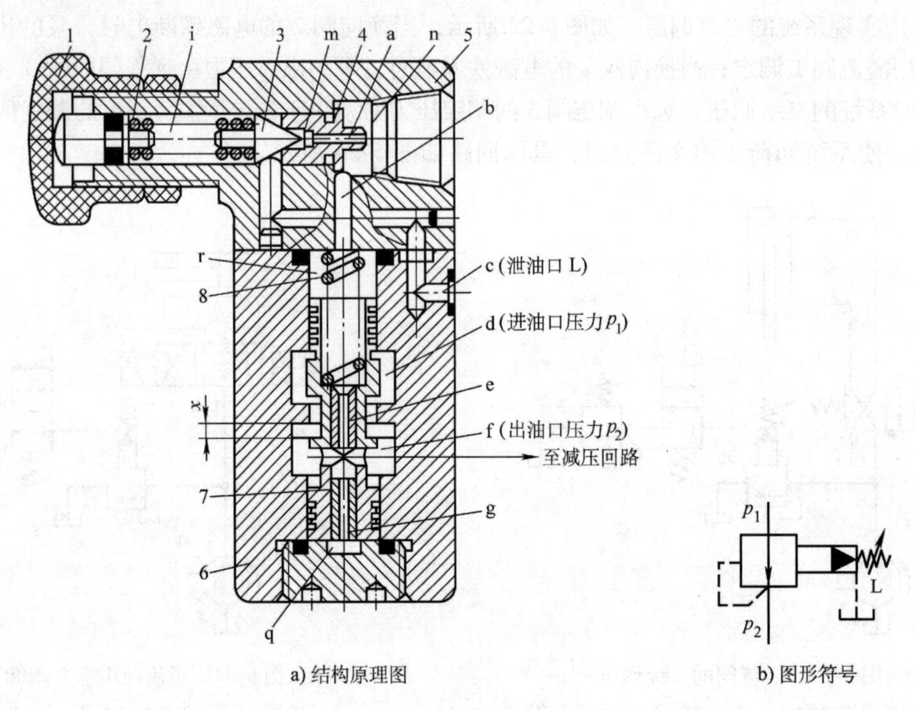

a) 结构原理图　　b) 图形符号

图5-25　先导型减压阀

1—调节螺母　2—调压弹簧　3—先导阀阀芯　4—先导阀阀座
5—先导阀阀体　6—主阀体　7—主阀芯　8—主阀复位弹簧

的阻尼孔g进入腔q，并作用于主阀芯7的下端，同时经主阀芯7中间的阻尼孔e进入阀芯的上腔r、油腔n，并经先导阀前腔阻尼孔a进入先导阀前腔m，作用于先导阀的锥面上。当减压阀的负载较小时，二次压力p_2较小，作用于先导阀阀芯3锥面上的油压力还不足以克服先导阀调压弹簧2的作用力，先导阀处于关闭状态，阻尼孔e中的油液不流动。由于油腔q、r、n、m形成一个密闭的容器，所以容器内各点的压力都相等（根据帕斯卡定律），并都等于减压阀出油口压力p_2，因而主阀芯上下端油压相等，主阀芯在主阀复位弹簧8的作用下处在最下端，减压阀阀口开度x最大，不起减压作用。因此，此时减压阀入口油压与出口油压基本相等，即$p_1 \approx p_2$。当减压阀负载增加，压力p_2也随之增加，并增加到使作用于先导阀阀芯3上的液压力大于调压弹簧2的作用力时，先导阀打开，减压阀出口的油液便经阻尼孔e、上腔r、先导阀阀体5中的孔b、油腔n、阻尼孔a、油腔m、先导阀阀口、先导阀阀体5中的孔道及泄油口c排回油箱。因液体流经阻尼孔e时产生压力降，所以此时主阀芯上腔的压力低于其下端油腔q的压力，在上下压力差还不足以克服主阀弹簧力时，主阀芯仍处在最下端位置，减压阀阀口开度仍然最大，$p_1 \approx p_2$。由于进口的流量不断输入，而先导阀阀口排出的流量又很有限，故使减压阀出口油压升高，主阀芯上下压力差加大。当该压力差大于主阀复位弹簧8的作用力（忽略摩擦力和阀芯自重）时，主阀芯抬起，并平衡在某一位置上，因而使阀口关小，对液流减压。这时出口压力p_2为与调压弹簧2的预紧力相对应的某一确定值。与此同时，减压阀入口油压p_1因减压阀阀口关小，也很快升高并达到主油路溢流阀的调定压力值p_n，即$p_1 \approx p_n$。这样，减压阀便起动完毕，进入正常工作状态，即将较高的一次压力p_1降为较低的二次压力p_2。

(2) 减压阀的稳压　减压阀在工作中的稳压作用包括两个方面：①当减压阀的出口压力 p_2 突然增加（或减小）时，主阀芯下端 q 腔的压力也等值同时增加（或减小），这样就破坏了主阀的平衡状态，使阀芯上移（或下移）至一新的平衡位置，阀口关小（或开大），减压作用增强（或削弱），一次压力 p_1 经阀口后被多减（或少减）一些，从而使得瞬时升高（或降低）的二次压力 p_2 又基本上降回（或上升）到初始值上。②当减压阀入口压力 p_1 突然增加（或减小）时，因主阀芯尚未调节，二次压力 p_2 也随之突然增加（或减小），这样就破坏了主阀芯的平衡状态，使阀芯上移（或下移）至一新的平衡位置，阀口关小（或开大），减压作用增强（或削弱），一次压力 p_1 经减压阀阀口后被多减（或少减）一些，从而使瞬时升高（或降低）的二次压力 p_2 又基本上回到初始值上。

应当指出的是，为使减压阀稳定地工作，减压阀的进、出口压力差必须大于 0.5MPa。另外，有些减压阀也有类似于先导型溢流阀的远程控制口，用来实现远程控制，其工作原理与溢流阀的远程控制相同。

图 5-25b 所示为先导型减压阀的图形符号，该符号简要表明了以下几点：

1）减压阀在常态下阀口是打开的（方框内的箭头沟通了进、出油口）。

2）控制压力取自出口压力（虚线表示）。

3）出油口接二次压力油路。

4）弹簧腔设有专门泄油口，为外泄方式。

2. 减压阀与溢流阀的比较

先导型减压阀和先导型溢流阀从结构和工作原理上有很大相似之处，但它们存在着如下几点不同之处（减压阀和溢流阀的图形符号也部分体现了这些差别，请予以注意）。

1）减压阀保持出口压力基本不变，控制主阀芯移动的油液来自出油腔；而溢流阀保持进口压力基本不变，控制主阀芯移动的油液来自进油腔。

2）不工作时，减压阀进出口互通（即处于开启状态），而溢流阀进出口不通（即处于关闭状态）。

3）减压阀由于进、出油腔都有压力，所以泄漏油不能从出油腔排出，只能从泄油口 L 单独引回油箱（这种泄漏方式称为外泄）；而溢流阀采用内泄方式。

5.2.3 顺序阀

顺序阀是以压力作为控制信号，在一定的控制压力作用下自动接通或切断某一油路，控制各执行元件的先后动作顺序的压力阀。

根据控制方式的不同，顺序阀可分为内控式和外控式。内控式顺序阀是直接利用阀进口处的油压力来控制阀芯的动作，从而控制阀口的启闭；外控式顺序阀是用外来的控制油压控制阀口的启闭，也称为液控顺序阀。根据结构形式的不同，顺序阀可分为直动型顺序阀和先导型顺序阀两种。

1. 结构与工作原理

(1) 内控式顺序阀　图 5-26a 所示为内控式直动型顺序阀的结构原理图。从图中可以看出，直动型顺序阀与直动型溢流阀相似，其主要差别是：顺序阀的出油口连接到系统中的其他压力回路，以操纵另一个执行元件的动作，而溢流阀的出油口直接连接油箱；顺序阀的泄漏油单独接油箱（外泄方式），而溢流阀的泄漏油则经阀的内部孔道与回油腔相通。

当顺序阀的进口压力低于其调压弹簧的调定压力时，阀口关闭；当进油压力超过弹簧的调定压力时，阀口开启，接通油路，使其出口所连接的执行元件动作。调节调压弹簧的预紧力可调节顺序阀的开启压力。

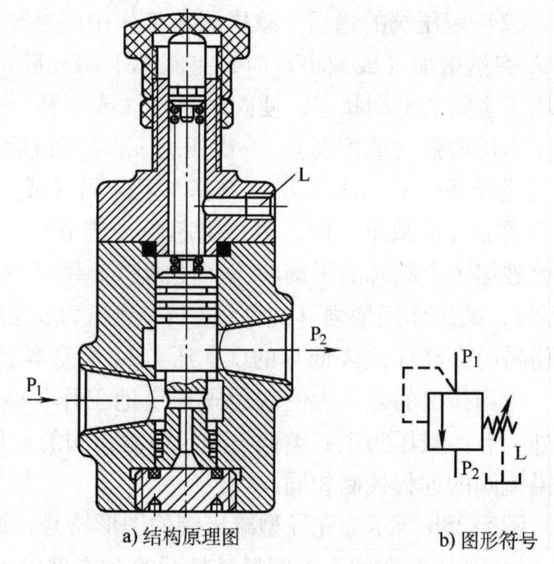

图 5-26 内控式直动型顺序阀

（2）外控式顺序阀 外控式顺序阀是在普通顺序阀的基础上增加了液控部分。外控式顺序阀阀芯的移动不再受进油腔的压力控制，而是由与控制油口 K 相通的外部控制油液压力来控制。如图 5-27 所示，来自外部的控制油液从控制油口 K 进入阀芯底部。当控制油液的压力超过调压弹簧的调定值时，阀芯向上移动，阀口打开，P_1 和 P_2 口接通。因为外控式顺序阀阀芯的移动不受进油腔的压力控制，和进油腔的压力无直接关系，弹簧刚度可以选得较小，只需克服摩擦力，使阀芯复位即可，所以外部控制压力可以较低。外控式顺序阀的泄漏方式也采用外泄方式。

（3）单向顺序阀 在实际使用中往往只希望油液在一个方向流动时受顺序阀控制，但在反方向油液流动时则自由通过，这时可采用单向顺序阀。单向顺序阀是由单向阀和顺序阀并联组合而成的组合阀。图 5-28a 所示为一种单向顺序阀的结构原理图。当油液从 P_1 口进入时，单向阀关闭，在进口油压超过调压弹簧的调定值时，顺序阀打开，油液从 P_2 口流出；当油液反向进入时，经单向阀从 P_1 口流出。

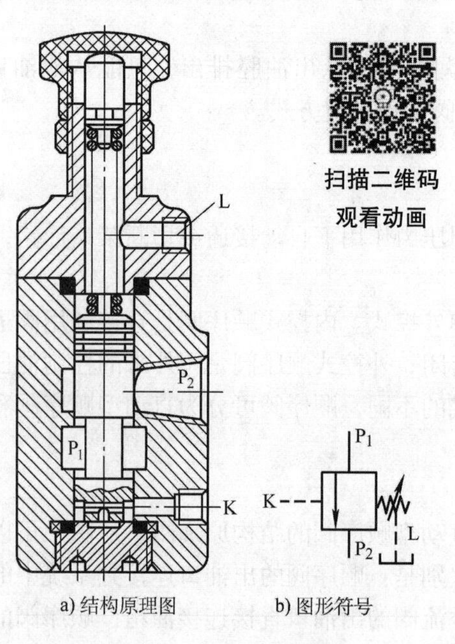

图 5-27 外控式顺序阀

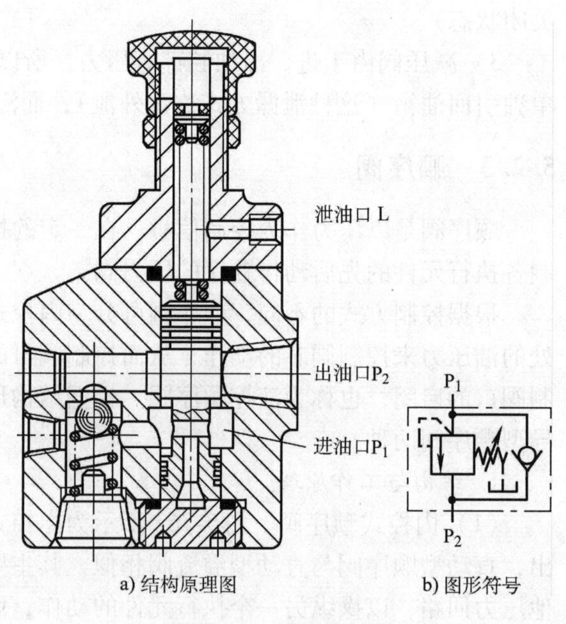

图 5-28 单向顺序阀

单向顺序阀也可分为内控式和外控式两类，还可分为内泄式和外泄式两类。

各种顺序阀的控制与泄油方式及其图形符号见表5-4。

表5-4　各种顺序阀的控制与泄油方式及其图形符号

控制与泄油方式	内控外泄	外控外泄	内控内泄	外控内泄	内控外泄加单向阀	外控外泄加单向阀	内控内泄加单向阀	外控内泄加单向阀
名称	顺序阀	外控顺序阀	背压阀	卸荷阀	内控单向顺序阀	外控单向顺序阀	内控平衡阀	外控平衡阀
图形符号								

2. 顺序阀的应用

顺序阀在液压系统中的用途很多，例如：在图7-30中控制多个执行元件的顺序动作，在图7-21所示的双泵供油快速运动回路中作卸荷阀，在图7-7所示的平衡回路中作背压阀和平衡阀等。另外，顺序阀还可作溢流阀用，如图5-29所示，换向阀换向，使液压缸向下运动。一旦液控单向阀失灵而没有开启，由此而产生的高压油可经顺序阀流回油箱。

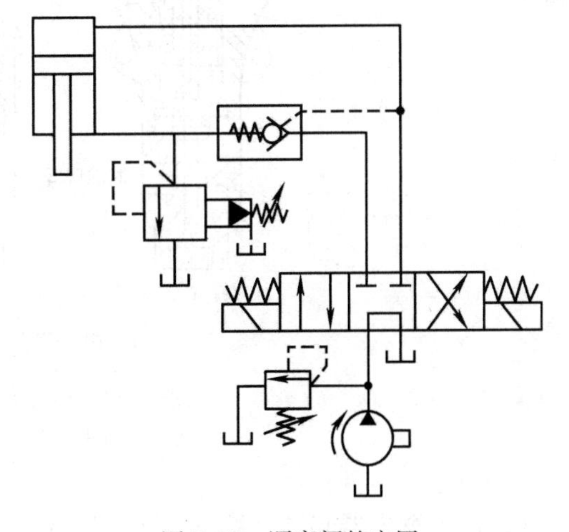

图5-29　顺序阀的应用

5.2.4　压力继电器

压力继电器是利用液体压力信号控制电气触头启闭的液压电气转换元件。当控制压力达到设定压力时，发出电信号，控制电气元件（如电磁铁、电磁离合器和继电器等）动作，实现油路转换、泵的加载或卸荷、执行元件的顺序动作、系统的安全保护和联锁等功能。

任何压力继电器都是由压力-位移转换装置和微动开关两部分组成。按前者的结构分为柱塞式、弹簧管式、膜片式和波纹管式四类，按发出电信号的功能分为单触头式和双触头式。下面介绍柱塞式压力继电器。

1. 结构与工作原理

图5-30所示为单柱塞式压力继电器的结构原理图及其图形符号。控制口P和液压系统相连，当系统压力达到调定值时，作用于柱塞1上的液压力克服弹簧力，顶杆2上推，使微动开关4的触头闭合，发出电信号；当系统压力下降，弹簧力将柱塞下推，使微动开关的触头断开，电信号消失。

压力继电器的主要性能包括：

（1）调压范围 指发出电信号的最低压力和最高压力的范围。拧动调节螺钉3，即可调整工作压力。

（2）通断调节区间 压力升高，继电器接通电信号的压力称为开启压力；压力下降，继电器复位切断电信号的压力称为闭合压力。为避免压力波动时，继电器时断时通，产生误动作，要求开启压力与闭合压力之间有一定的可调差值，称为通断调节区间。

2. 压力继电器的应用

在工程上，压力继电器的应用广泛，如当机床切削力过大时自动退刀、润滑系统因堵塞发生故障时自动停车等。但归纳起来，有以下两种：

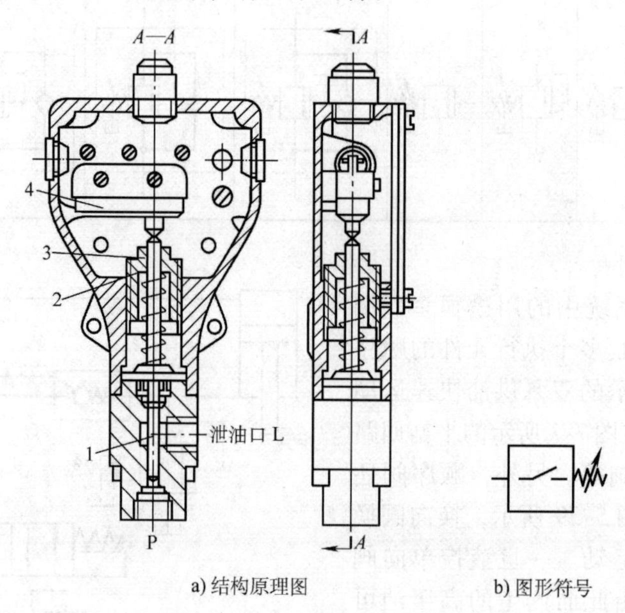

a) 结构原理图　　b) 图形符号

图5-30 单柱塞式压力继电器

1—柱塞 2—顶杆 3—调节螺钉 4—微动开关

（1）压力继电器起顺序控制作用 图5-31所示是一种利用压力继电器控制电磁换向阀以实现液压缸顺序动作的回路。首先1YA通电，换向阀1换向，压力油进入液压缸5使其活塞右移。当到达终点后，系统压力升高。压力继电器3发出电信号使3YA通电，压力油进入液压缸6的左腔使其活塞前进。前进到终点后，电路设计使4YA通电（3YA断电）。换向阀2换向，压力油进入液压缸6右腔，使其活塞返回。当活塞返回至原位时，系统压力升高，压力继电器4发出信号，使2YA通电（1YA断电），压力油进入液压缸5的右腔，使其活塞返回。为了防止压力继电器误动作，压力继电器的预调压力应比液压缸的工作压力高0.3～0.5MPa，但比溢流阀的调定压力低0.3～0.5MPa。

（2）压力继电器起安全保护作用 图5-32所示为压力继电器用于安全保护作用的一种回路，压力继电器安装在液压缸的进油路上。当液压缸前进碰上挡铁或切削力过大时，缸的进油腔（左端）压力升高，达到压力继电器的调定值时，压力继电器发出电信号使电磁阀2断电，电磁阀1通电，液压缸快速返回。

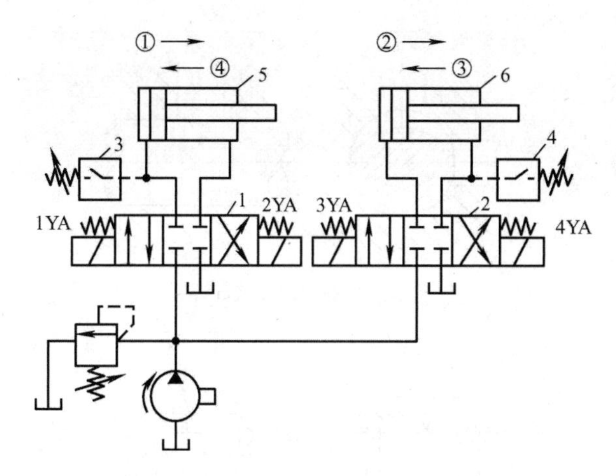

图5-31　压力继电器用于顺序控制
1、2—换向阀　3、4—压力继电器　5、6—液压缸

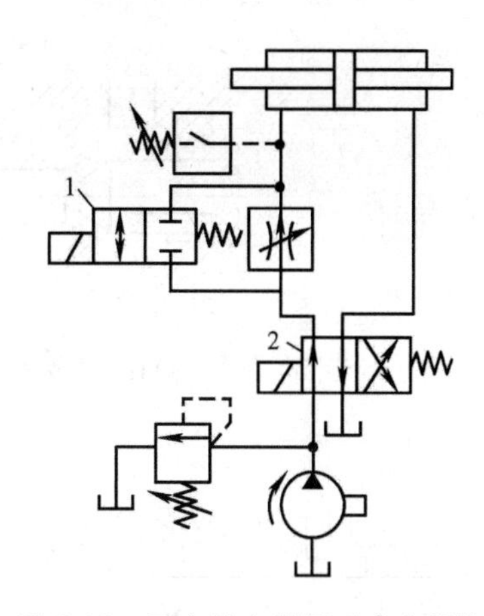

图5-32　压力继电器用于安全保护
1、2—电磁阀

5.3　流量控制阀

流量控制阀是依靠改变阀口通流面积的大小，来调节通过阀口的流量，从而改变执行元件的运行速度。流量控制阀有普通节流阀、调速阀、溢流节流阀和分流集流阀等。

液压系统中使用的流量控制阀应满足以下要求：调节范围足够大、能保证稳定的最小流量、温度和压力对流量的影响要小、调节方便和泄漏小等。

5.3.1　节流口形式

起节流作用的阀口称为节流口，其大小以通流面积来度量。

图5-33所示为流量控制阀中常用的几种节流口形式。

(1) 针阀式节流口　如图5-33a所示，阀芯做轴向移动，可调节环形通道的大小，从而调节流量。这种节流口形式结构简单，制造容易，但容易堵塞，流量受温度影响较大，一般只用于要求不高的液压系统。

(2) 偏心槽式节流口　如图5-33b所示，在阀芯上开周向偏心槽，转动阀芯时就可调节通道的大小，即调节流量。流量稳定性较好，缺点是阀芯上的径向力不平衡，转动较费力，用于压力不高的场合。

(3) 轴向三角沟槽式节流口　如图5-33c所示，在阀芯端部开有一个或两个斜三角沟，轴向移动阀芯时，可以改变三角沟通流截面的大小，使流量得到调节。结构简单，制造容易，小流量时稳定性好，不易堵塞，应用广泛。

(4) 周向缝隙式节流口　如图5-33d所示，阀芯上开有狭缝，旋转阀芯可以改变缝隙的通流面积，使流量得到调节。对于这种节流形式，油温变化对流量影响很小，不易堵塞，流量小时工作仍可靠，其应用很广泛。

(5) 轴向缝隙式(薄壁型) 节流口　如图5-33e所示，在套筒上开有轴向缝隙，轴向移动阀芯可以改变缝隙的通流截面，使流量得到调节。这种节流形式不易堵塞，性能好，可以得到较小的稳定流量，但其结构较复杂，工艺性差。

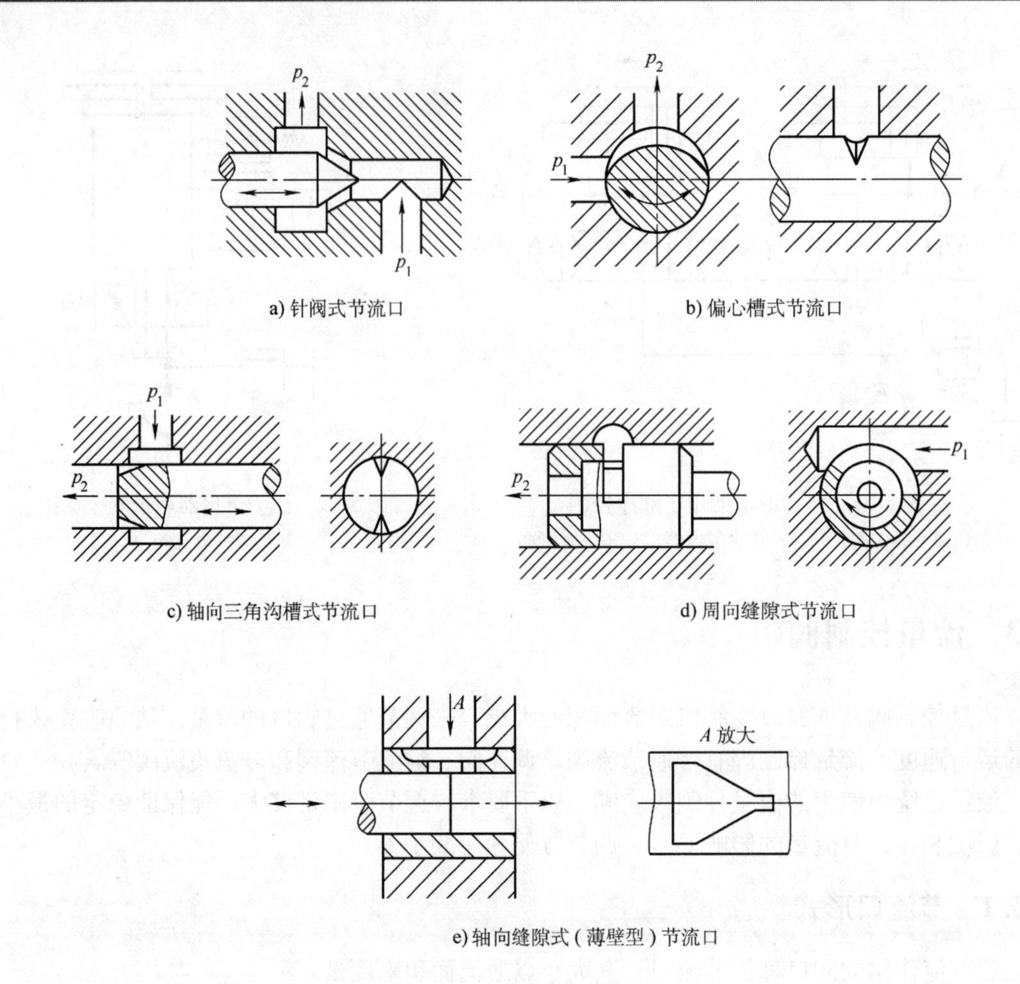

图 5-33　常用节流口的形式

5.3.2　普通节流阀

1. 结构及工作原理

图 5-34 所示为一种 L 型普通节流阀的结构。节流阀阀口采用轴向三角槽式，主要由阀体 6、阀芯 7、推杆 5、调节手柄 3 和复位弹簧 8 等组成。油液从进油口 P_1 流入，经孔道 b 流至环形槽 d，再经过三角槽节流口进入孔道 a，再从出油口 P_2 流出。出油口的压力油同时经过阀芯 7 的内腔 e 和孔 f 流入阀芯的右腔 g，由于压力油同时作用在阀芯 7 左、右两端的承压面积上，且阀芯 7 两端的承压面积相等，所受的液压作用力也相等，所以阀芯 7 便只受复位弹簧 8 的作用紧靠在推杆 5 上。调节调节手柄 3，使推杆 5 做轴向移动，改变节流口的通流面积来调节流量。

这种节流阀的特点是出油口的压力油通过阀芯中间的通孔，同时作用在阀芯左右两端，使阀芯只受复位弹簧的作用，因此，调节比较轻便。

2. 节流阀的应用

节流阀的主要应用是在定量泵液压系统中，与溢流阀配合组成节流调速回路，即进口、出口和旁路节流调速回路（见 7.2.1 节），以调节执行元件的运动速度。但由节流阀的流量

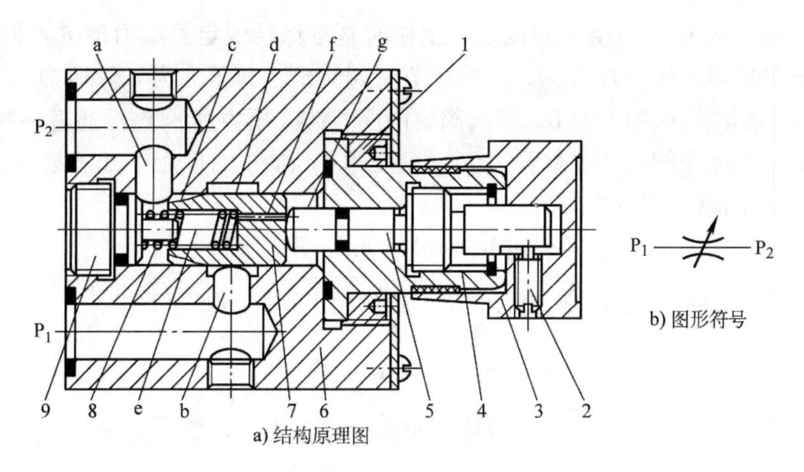

图 5-34　L 型普通节流阀

1—紧固螺钉　2—紧定螺钉　3—调节手柄　4—套

5—推杆　6—阀体　7—阀芯　8—复位弹簧　9—后盖

特性（式 2-29）可知，当负载变化时，节流阀前后压力差 Δp 随之发生变化，通过节流阀的流量 q 也就变化。这样，执行元件的运动速度将受到负载变化的影响，所以节流阀只能用在恒定负载或对速度稳定性要求不高的场合，节流阀也可做背压阀用。

5.3.3　调速阀

1. 普通调速阀的工作原理

调速阀是在节流阀的前面串接一个定差减压阀，使油液先经过减压阀产生一次压力降，并利用减压阀阀芯的自动调节，使节流阀前后的压力差保持不变。图 5-35 所示为普通调速阀的结构原理图、图形符号和特性曲线。

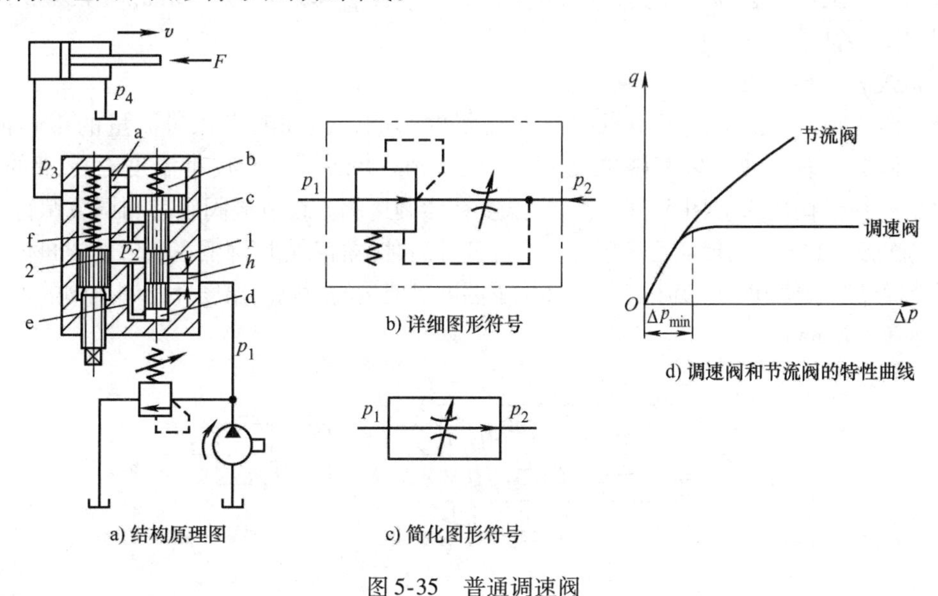

图 5-35　普通调速阀

1—定差减压阀　2—节流阀

调速阀的进口压力 p_1 由溢流阀调定，工作时基本保持恒定。压力油进入调速阀后，经过定差减压阀的阀口，压力将为 p_2，然后经节流阀流出，其压力为 p_3，压力为 p_3 的油又经反馈通道 a 作用到减压阀的上腔 b。节流阀前的压力油（压力为 p_2）经通道 e 和 f 进入减压阀的 c 和 d 腔。当减压阀阀芯在弹簧力 F_s、液压力 p_2 和 p_3 的作用下处于某一平衡位置时，（忽略摩擦力）力平衡方程为

$$p_2A_1 + p_2A_2 = p_3A + F_s \tag{5-3}$$

式中，A_1、A_2、A 分别是 d、c、b 腔内的压力油作用于阀芯的有效面积，且 $A = A_1 + A_2$，故

$$p_2 - p_3 = \Delta p = \frac{F_s}{A}$$

因弹簧刚度较低，且工作过程中减压阀阀芯位移很小，可以认为弹簧力 F_s 基本保持不变，故节流阀两端压力差 $\Delta p = p_2 - p_3$ 保持不变，其自动调节过程为：

当负载增大时，p_3 的压力也随之增大，阀芯失去平衡而向下移动，使阀口开度 h 增大，减压作用减小，使 p_2 增大，直至阀芯在新的位置达到平衡为止。这样 p_3 增加时，p_2 也增加，其压力差 $\Delta p = p_2 - p_3$ 基本保持不变。当负载减小时，情况与上述相反。

总之，无论调速阀的进口压力 p_1 和出口压力 p_3 怎样发生变化，由于定差减压阀的自动调节作用，可以使节流阀前后压力差保持不变，从而使流量稳定，使液压缸的速度稳定，不受负载变化的影响。调速阀的最小稳定流量为 0.05L/min。

调速阀和节流阀的流量-压力特性比较如图 5-35d 所示。由图中曲线可以看出，节流阀的流量随其进出口压力差的变化而变化；调速阀在其进出口压力差大于一定值后流量基本不变。但在调速阀进出口压力差很小时，较小的压力差不能使调速阀中的减压阀芯抬起，减压阀阀芯在弹簧力的作用下处在最下端，减压口全部打开，不起减压作用，整个调速阀相当于节流阀的结构，此时流量特性与节流阀相同（曲线重合部分）。所以要保证调速阀正常工作，必须保证其进出口最小压力差 $\Delta p_{min} = 0.4 \sim 0.5$MPa。图 5-35b、c 为调速阀的图形符号。

2. 温度补偿调速阀

普通调速阀基本上解决了负载变化对流量的影响，但油温变化对流量的影响依然存在。当油温变化时，油的黏度随之变化，引起流量变化。为了减小温度对流量的影响，可使用温度补偿调速阀。图 5-36 所示为温度补偿调速阀。在节流阀阀芯和调节螺钉之间安放一个热膨胀系数较大的聚氯乙烯推杆，当温度升高时，油液黏度降低，通过的流量增加，这时温度补偿杆伸长使节流口变小，从而补偿了温度对流量的影响。温度补偿调速阀的最小稳定流量可达 0.02L/min。

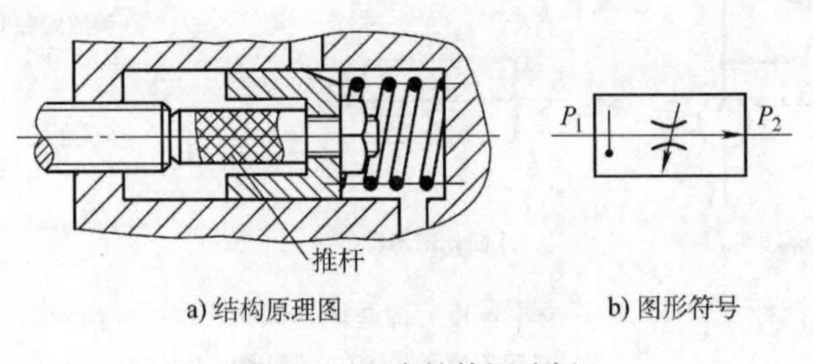

a) 结构原理图　　b) 图形符号

图 5-36　温度补偿调速阀

5.4　插装阀及电液比例控制阀

5.4.1　插装阀

插装式锥阀又称插装式二位二通阀，简称插装阀，在高压大流量的系统中应用很广，由于插装式元件已标准化，将几个插装式元件进行简单的组合便可组成复合阀，它和普通液压阀相比较，具有以下优点：

1）通流能力大，特别适用于大流量的场合，它的最大通径可达200～250mm，通过的流量可达10000L/min。

2）阀芯动作灵敏，抗堵塞能力强。

3）密封性好，泄漏小，油液流经阀口压力损失小。

4）结构简单，易于实现标准化。

1. 结构及工作原理

图5-37所示为插装阀的结构原理图及图形符号。它由控制盖板1、插装主阀（由阀套2、弹簧3、锥阀阀芯4及密封件组成）、插装阀体5和先导控制元件（置于控制盖板1上，图中未画出）组成。插装主阀采用插装式连接，阀芯为锥形。根据不同的需要，阀芯的结构不同。阀芯的锥端可开阻尼孔或节流三角槽，也可以是圆柱形。盖板将插装主阀封装在插装块体内，并通过控制油口C沟通先导阀和主阀，控制主阀，即可控制主油路的通断。使用不同的先导阀可构成压力控制、方向控制或流量控制，还可以组成复合控制。由若干个不同控制功能的插装阀插装在同一阀体内，并配上相应的控制盖板和先导控制元件，就可组成所需的液压回路和系统。

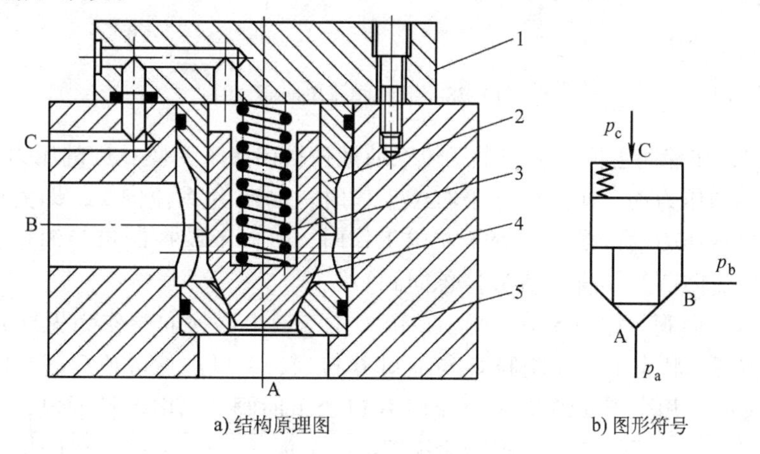

a) 结构原理图　　b) 图形符号

图5-37　插装阀的结构原理图及图形符号

1—控制盖板　2—阀套　3—弹簧　4—锥阀阀芯　5—插装阀体

在图5-37中，A、B为主油路的工作油口，C为控制油口。设油口A、B、C的油液压力分别为p_a、p_b和p_c；阀芯4上的有效作用面积分别为A_a、A_b和A_c，且$A_c=A_a+A_b$；弹簧3的作用力为F_s。

当 $p_aA_a + p_bA_b < p_cA_c + F_s$ 时，阀口关闭，A、B 油口不通；但当 $p_aA_a + p_bA_b \geqslant p_cA_c + F_s$ 时，阀口开启，A、B 油口相通。

实际工作时，通过改变控制油口 C 的油液压力 p_c，可以控制 A、B 油口的通断。当油口 C 接油箱，则 $p_c = 0$，阀芯下部的液压力大于上部弹簧力时，阀芯被顶开。至于液流的方向，视 A、B 口的压力大小而定，当 $p_a > p_b$ 时，液流由 A 口流向 B 口；当 $p_a < p_b$ 时，液流由 B 口流向 A 口。当控制油口 C 接通压力油，且 $p_c \geqslant p_a$、$p_c \geqslant p_b$ 时，阀芯在上下两端压力差的作用下关闭油口 A、B。这时，锥阀就起到逻辑元件"非"门的作用，所以插装阀又称为逻辑阀。

2. *插装阀用作方向控制阀*

（1）作单向阀　如图 5-38a 所示，将控制油口 C 与 A 或 B 连接，可组成插装式单向阀。图 5-38a 中，控制油口 C 与 B 口连通，当 $p_a < p_b$ 时，锥阀关闭，A 口与 B 口不通；当 $p_a > p_b$ 时，锥阀开启，即成为从 A 口流向 B 口的单向阀。图 5-38b 中，控制油口 C 与 A 口连通，当 $p_a > p_b$ 时，锥阀关闭，A 口与 B 口不通；当 $p_a < p_b$ 时，锥阀开启，即成为从 B 口流向 A 口的单向阀。

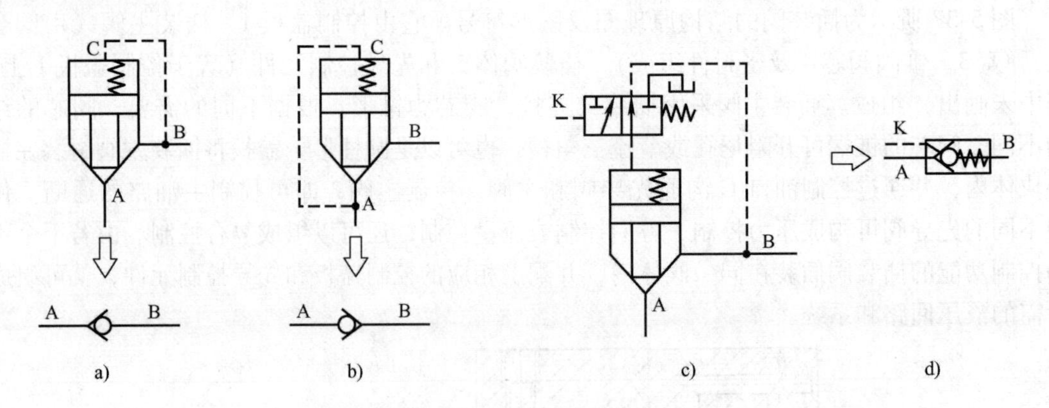

图 5-38　插装阀作单向阀

图 5-38c 中，在控制盖板上接一个二位三通液控换向阀来变换 C 腔的压力，当液控换向阀的控制口 K 不通压力油，换向阀处于右位工作时，油液由 A 流向 B，即为单向阀；当换向阀的控制口 K 通压力油，换向阀处于左位工作时，锥阀上腔控制口与油箱连通，从而使油液可以由 B 口流向 A 口，即成为液控单向阀。

（2）作二位二通阀　如图 5-39a 所示，由二位三通电磁换向阀作为先导元件控制 C 口的通油方式。在图示状态下，控制腔 C 与油口 B 接通，A 口进油可顶开阀芯通油，而 B 口进油则使阀口关闭，相当于油液从 A 口流向 B 口的单向阀。当电磁铁通电，二位三通阀右位工作时，控制腔 C 通过二位三通阀和油箱接通，此时，无论 A 口进油还是 B 口进油均可将阀口开启通油，即 A、B 口互通。

如图 5-39b 所示，在控制油路中加了一个梭阀，梭阀的作用相当于两个单向阀。当二位三通电磁阀不通电处于左位工作时，控制腔 C 的压力始终为 A、B 两油口中压力较高者。因此，无论是 A 口进油，还是 B 口进油，阀口均处于关闭状态，油口 A、B 不通。当电磁铁通电，二位三通阀右位工作时，A、B 口互通（道理同图 5-39a）。

（3）作二位四通阀　用四个插装阀及相应的先导阀可组成一个四通阀。在图 5-40 中，用一个二位四通电磁先导阀对四个锥阀进行控制，就构成了二位四通插装阀。在图示状态下，锥阀1和3因其控制腔通油箱而开启，锥阀2和4因其控制腔通压力油而关闭，此时，主油路压力油口P与B相通，A与T相通；当电磁阀通电换为左位工作时，锥阀1和3因其控制腔通压力油而关闭，锥阀2和4因其控制腔通油箱而开启，此时，主油路压力油口P与A相通，B与T相通。

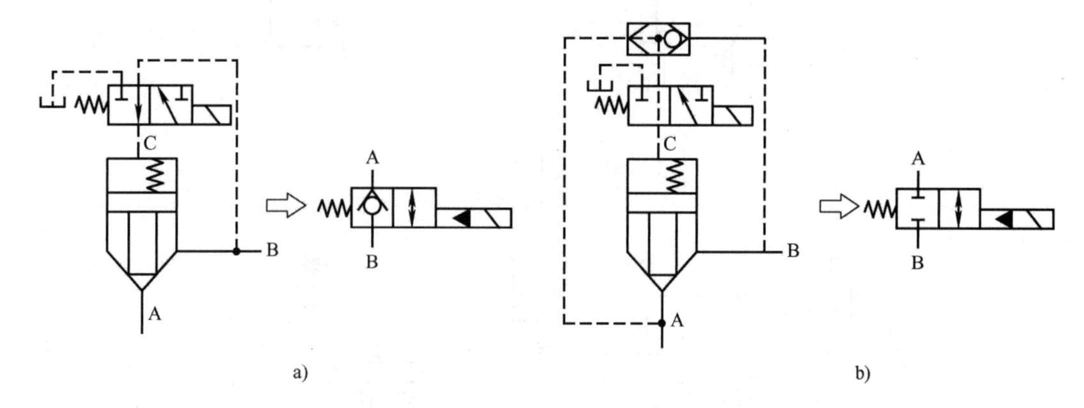

图5-39　插装阀作二位二通阀

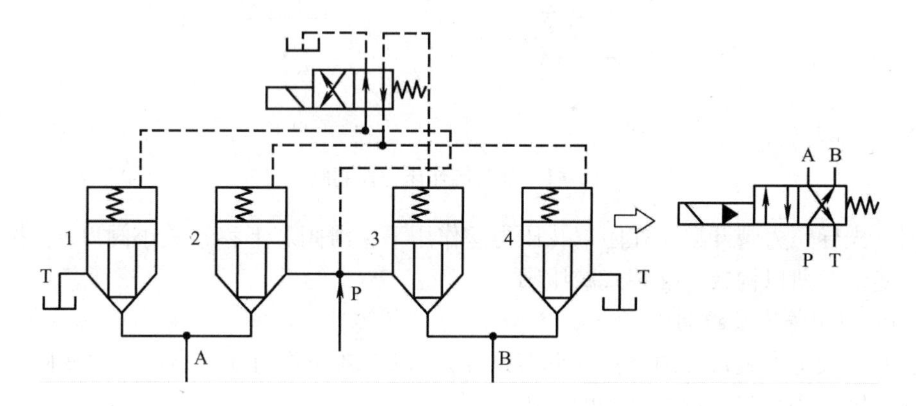

图5-40　插装阀作二位四通阀

3. 插装阀用作压力控制阀

采用带有阻尼孔的插装阀芯，并对插装元件的C腔进行压力控制，即可构成各种压力控制阀，其结构原理图如图5-41a所示。用直动型溢流阀作为先导阀来控制C腔，在不同的油路连接下便构成不同的压力阀。

如图5-41b所示，B腔通油箱，当A腔油压升高到先导阀的调定压力时，先导阀打开，油液流过主阀芯阻尼孔时，造成两端压力差，使主阀芯克服弹簧阻力开启，A腔压力油便通过打开的阀口经B腔流回油箱，实现溢流稳压，即成为插装溢流阀。当二位二通电磁铁通电时，即可作为卸荷阀使用。

在图5-41b中，若B腔不接油箱，而与负载油路连接，就构成了插装式顺序阀。

如图5-41c所示，主阀采用油口常开的阀芯，B腔为进油口，A腔为出油口，A腔的压力油经内设阻尼孔与C腔和先导压力阀相通。当A口压力上升达到或超过先导压力阀的调

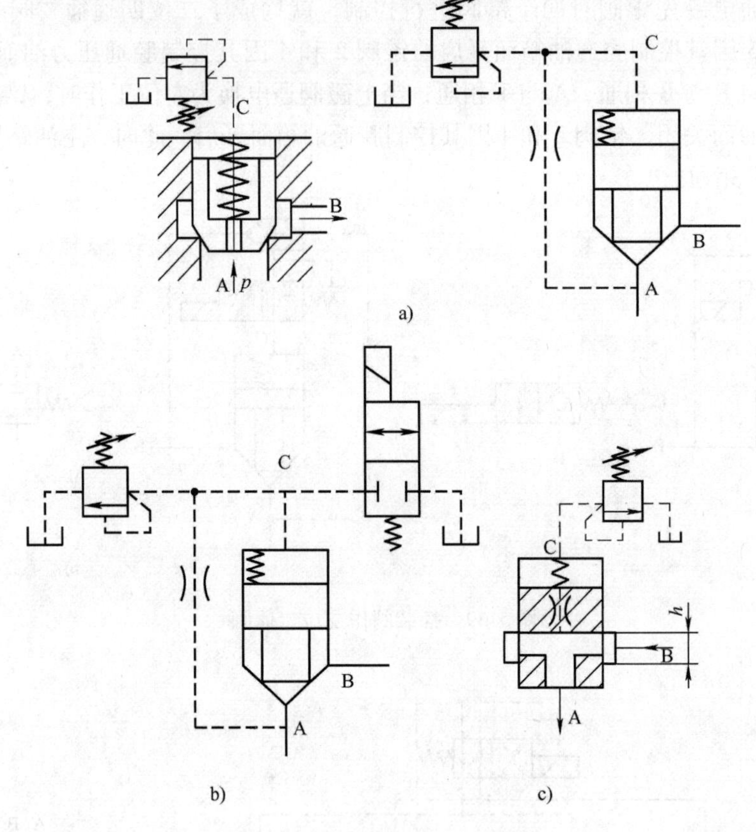

图 5-41 插装阀作压力控制阀

定压力时，先导压力阀开启，在阻尼孔压力差作用下，滑阀芯上移，关小阀口 h，控制出口压力为一定值，所以构成了插装式减压阀。

4. 插装阀用作流量控制阀

在控制盖板上安装行程调节器（调节螺杆），以控制阀芯的开启高度，改变阀口的通流面积大小，则锥阀可起流量控制阀的作用。

图 5-42a 所示为手调插装式节流阀，其阀芯端部开有三角沟槽，用来调节流量。如图 5-42b 所示，如果在插装式节流阀前串接一插装式定差减压阀，减压阀阀芯两端分别与

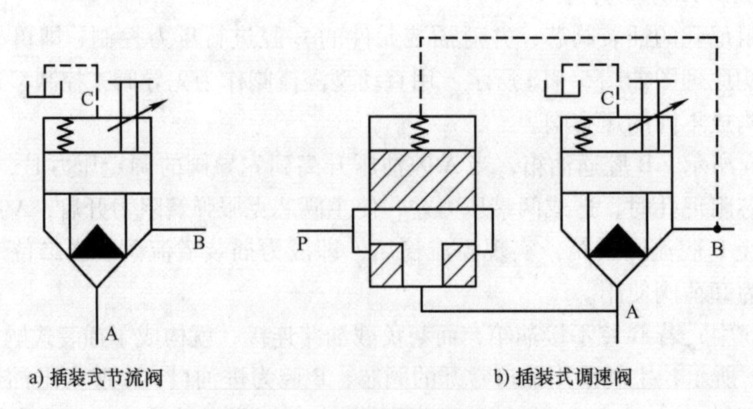

图 5-42 插装阀作流量控制阀

节流阀进出口相通，和普通调速阀的原理一样，利用减压阀的压力补偿功能来保证节流阀进出口压力差基本为定值，使通过节流阀的流量不受负载压力变化的影响，这就构成了插装式调速阀。

5.4.2　电液比例控制阀

电液比例控制阀是介于普通液压阀开关式控制和电液伺服控制之间的控制方式。它能实现对液流压力和流量连续地、按比例地跟随控制信号变化而变化，其控制性能优于开关式控制，与电液伺服控制相比，其控制精度和相应速度较低，但成本低，抗污染能力强，近年来在国内外得到重视，发展较快。

电液比例控制阀由普通液压阀加上电-机械比例转换装置构成。电液比例控制阀一般都有压力补偿功能，所以它的输出压力和流量不受负载变化的影响。它广泛应用于对液压参数进行连续、远距离控制或程序控制。

1. 电液比例压力阀

图5-43所示为电液比例压力阀的结构原理图和图形符号。由压力阀1和移动式力马达2两部分组成。当力马达的线圈通入电流时，推杆3通过钢球4和弹簧5把电磁推力传给锥阀6。推力大小与电流成比例，当进口P处的压力油作用在锥阀上的力超过弹簧力时，锥阀打开，油液通过T口排出。只要连续地按比例调节输入电流，就能连续地按比例控制锥阀的开启压力。这种阀可作为直动型压力阀使用，也可作为压力阀的先导阀，与普通溢流阀、减压阀和顺序阀的主阀组合，从而构成电液比例溢流阀、电流比例减压阀和电流比例顺序阀。

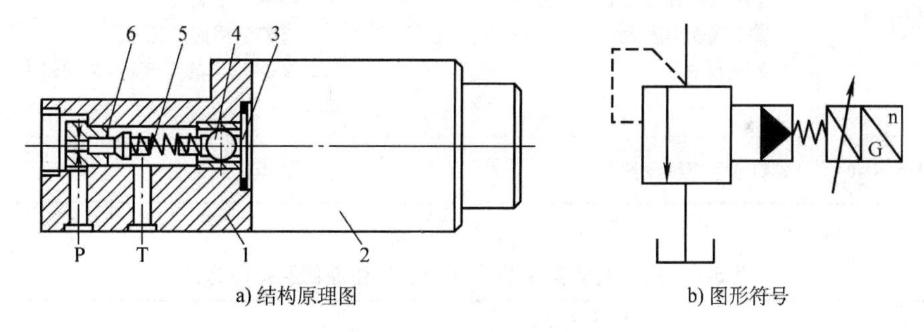

a) 结构原理图　　b) 图形符号

图5-43　电液比例压力阀的结构原理图和图形符号

1—压力阀　2—移动式力马达　3—推杆　4—钢球　5—弹簧　6—锥阀

2. 电液比例流量阀

用比例电磁铁改变节流阀的开度，就成为比例节流阀。将此阀和定差减压阀组合在一起就成为比例调速阀。图5-44为电液比例调速阀的结构。当无信号输入时，节流阀在弹簧作用下关闭阀口，无流量输出。当有信号输入时，电磁铁产生与电流大小成比例的电磁力，通过推杆4推动节流阀阀芯左移，使其开口K随电流大小变化而变化，得到与信号电

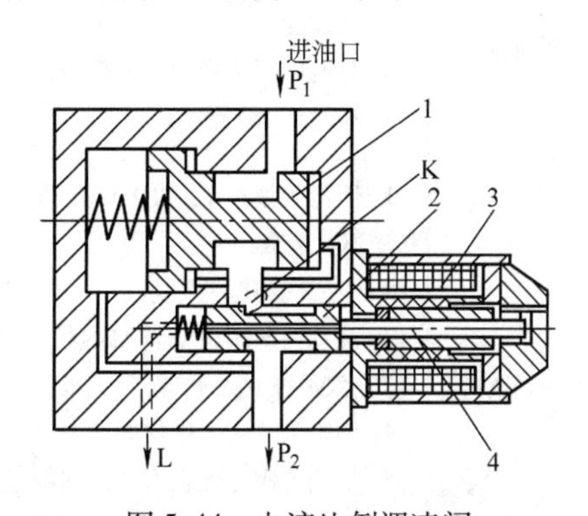

图5-44　电液比例调速阀

1—减压阀　2—节流阀　3—比例电磁铁　4—推杆

流成比例的流量。若输入电流是连续地按比例变化，则比例调速阀的流量也连续地按同样比例变化。

5.5 液压阀的常见故障现象、产生原因及排除方法

液压阀在液压系统中的作用非常重要，故障种类很多。只要掌握各类阀的工作原理，熟悉它们结构特点，分析故障原因、查找故障就不会有太大困难。表5-5～表5-10分别列举了方向控制阀、压力控制阀和流量控制阀的常见故障现象、产生原因及排除方法。

表5-5 单向阀的常见故障现象、产生原因及排除方法

故障现象	产生原因	排除方法
产生异常的声音	1. 油的流量超过允许值 2. 与其他阀共振	1. 更换流量大的阀 2. 可略微改变阀的额定压力，也可试调弹簧的压缩量
阀与阀座有严重泄漏	1. 阀座锥面密封不好，滑阀或阀座拉毛 2. 阀座碎裂	更换或重新研配
不起单向作用	1. 滑阀在阀体内咬住： ①阀座孔变形 ②滑阀配合时有毛刺 ③滑阀变形胀大 2. 漏装弹簧	1. 相应采取如下措施： ①修研阀座孔 ②修除毛刺 ③修研滑阀外径 2. 补装适当的弹簧(弹簧的最大压力不大于30N)
结合处渗漏	螺钉或管螺纹没拧紧	拧紧螺钉或管螺纹

表5-6 换向阀的常见故障现象、产生原因及排除方法

故障现象	产生原因	排除方法
滑阀不能动作	1. 滑阀被堵塞 2. 阀体变形 3. 具有中间位置的对中弹簧折断 4. 操纵压力不够	1. 拆开清洗 2. 重新安装阀体螺钉使压紧力均匀 3. 更换弹簧 4. 操纵压力必须大于0.35MPa
工作程序错乱	1. 因滑阀被拉毛，油中有杂质或热膨胀使滑阀移动不灵活或卡住 2. 电磁阀的电磁铁坏了，力量不足或漏磁 3. 液动换向阀滑阀两端的控制阀(节流阀和单向阀)失灵或调整不当 4. 弹簧太软或太硬使阀通油不畅 5. 滑阀与阀孔配合太紧或间隙过大 6. 因压力油的作用使滑阀局部变形	1. 拆卸清洗、配研滑阀 2. 更换或修复电磁铁 3. 调整节流阀、检查单向阀是否封油良好 4. 更换弹簧 5. 检查配合间隙使滑阀移动灵活 6. 在滑阀外圆上开1mm×0.5mm的环形平衡槽

（续）

故障现象	产生原因	排除方法
电磁线圈发热或烧坏	1. 线圈绝缘不良 2. 电磁铁铁心与滑阀轴线不同心 3. 电压不对 4. 电极焊接不对	1. 更换电磁铁 2. 重新装配使其同心 3. 按规定纠正 4. 重新焊接
电磁铁控制的方向阀动作时有响声	1. 滑阀卡住或摩擦过大 2. 电磁铁不能压到底 3. 电磁铁铁心接触面不平或接触不良	1. 修研或调配滑阀 2. 校正电磁铁高度 3. 清除污物,修正电磁铁铁心

表5-7　溢流阀的常见故障现象、产生原因及排除方法

故障现象	产生原因	排除方法
压力波动不稳定	1. 弹簧弯曲或太软 2. 钢球不圆,钢球与阀座接合不良 3. 滑阀变形或拉毛 4. 油不清洁,阻尼孔堵塞	1. 更换弹簧 2. 更换钢球,研磨阀座 3. 更换或修研滑阀 4. 更换清洁油液,疏通阻尼孔
调整无效	1. 弹簧断裂或漏装 2. 阻尼孔有时堵塞 3. 滑阀卡住 4. 进出油口装反 5. 锥阀漏装	1. 检查、更换或补装弹簧 2. 疏通阻尼孔 3. 拆出、检查、修整 4. 检查油源方向并纠正 5. 检查、补装
显著泄漏	1. 锥阀与阀座的接触不良 2. 滑阀与阀体配合间隙过大 3. 管接头没拧紧 4. 接合面纸垫冲破或铜垫失效	1. 锥阀磨损或者有毛刺时进行更换 2. 更换滑阀,重配间隙 3. 拧紧联接螺钉 4. 更换纸垫或铜垫
显著噪声及振动	1. 螺母松动 2. 弹簧变形不复原 3. 滑阀配合过紧 4. 主滑阀动作不良 5. 锥阀磨损 6. 出口油路中有空气 7. 流量超过允许值 8. 和其他阀产生共振	1. 紧固螺母 2. 检查并更换弹簧 3. 修研滑阀,使其灵活 4. 检查滑阀与壳体是否同轴 5. 更换锥阀 6. 放出空气 7. 调换流量大的阀 8. 略改变阀的额定压力值(如额定压力值的差在0.5MPa以内,容易发生共振)

表 5-8 减压阀的常见故障现象、产生原因及排除方法

故障现象	产生原因	排除方法
压力不稳定,有波动	1. 油液中混入空气 2. 阻尼孔有时堵塞 3. 阀芯与阀体内孔同轴度误差大使阀卡住 4. 弹簧变形或在滑阀中卡住,使滑阀移动困难,或弹簧太软 5. 钢球不圆,钢球与阀座配合不好或锥阀安装不正确	1. 排除油中空气 2. 疏通阻尼孔及换油 3. 修研阀孔,修配滑阀 4. 更换弹簧 5. 更换钢球或拆开锥阀进行调整
输出压力低,升不高	1. 顶盖处泄漏 2. 钢球或锥阀与阀座密合不良	1. 拧紧螺钉或更换纸垫 2. 更换钢球或锥阀
不起减压作用	1. 回油孔的油塞未拧出,使油闷住 2. 阻尼孔被堵住 3. 滑阀被卡死	1. 将油塞拧出,并接上回油管 2. 用直径为1mm的针清理小孔并换油 3. 清理和研配滑阀

表 5-9 顺序阀的常见故障现象、产生原因及排除方法

故障现象	产生原因	排除方法
始终出油,因而不起顺序作用	1. 阀芯在打开位置上卡死(如几何精度差,间隙太小,弹簧弯曲、断裂,油液太脏) 2. 调压弹簧断裂或漏装 3. 未装阀芯或阀芯碎裂	1. 修理,使配合间隙达到要求,并使阀芯移动灵活,检查油质,过滤或更换油液,更换弹簧 2 更换或补装弹簧 3. 补装或更换阀芯
不出油,因而不起顺序作用	1. 阀芯在关闭位置上卡死(如几何精度低,弹簧弯曲,油液脏) 2. 锥阀阀芯在关闭位置卡死 3. 泄油口管道中背压太高,使滑阀不能移动 4. 调节弹簧太硬,或压力调得太高	1. 修理,使滑阀移动灵活,更换弹簧,过滤或更换油液 2. 修理,使滑阀移动灵活 3. 泄油口管道不能接在排油管道上一起回油,应单独接油箱 4. 更换弹簧,适当调整压力
调定压力值不符合要求	1. 调压弹簧调整不当 2. 调压弹簧变形,最高压力调不上去 3. 滑阀卡死,移动困难	1. 重新调整所需要的压力 2. 更换弹簧 3. 检查滑阀的配合间隙并修配

表5-10 流量控制阀的常见故障现象、产生原因及排除方法

故障现象		产生原因	排除方法
节流阀	不出油	油液污染堵塞节流口，阀芯和阀套配合不良造成阀芯卡死，弹簧弯曲变形或刚度不合适等	检查油液，清洗阀，检修，更换弹簧
		系统不供油	检查油路
	执行元件速度不稳定	节流阀节流口、阻尼孔有堵塞现象，阀芯动作不灵敏等	清洗阀，过滤或更换油液
		系统中有空气	排除空气
		泄漏过大	更换阀芯
调速阀	不出油	油液污染堵塞节流口，阀芯和阀套配合不良造成阀芯卡死，弹簧弯曲变形或刚度不合适等	检查油液，清洗阀，检修，更换弹簧
	执行元件速度不稳定	系统中有空气	排除空气
		定差式减压阀阀芯卡死，阻尼孔堵塞、阀芯和阀体装配不当等	清洗调速阀，重新修理
		油液污染堵塞阻尼孔，阀芯卡死	清洗阀，过滤油液

知识拓展

数字阀

用计算机对电液系统进行控制是今后技术发展的必然趋势。但电液比例阀或伺服阀能接收的信号是连续变化的电压或电流，而计算机的指令是“开”或“关”的数字信息，要用计算机控制必须进行“数-模”转换，使设备复杂、成本高，可靠性降低。数字阀的出现为计算机在液压领域的应用开拓了一个新的途径。

数字阀是用数字信息直接控制阀口的启闭、从而控制液流压力、流量、方向的液压控制阀。

计算机发出信号后，步进电动机1转动，通过滚珠丝杠2转化为轴向位移带动节流阀阀芯3移动，开启阀口。步进电动机转过的步数可控制阀口的开度、从而实现流量控制。如图5-45所示，数字式流利控制阀有两个节流口，其中，右节流口为非圆周通流，阀口较小；左节流口为全周节流口，阀口较大。这种节流口开口大小分两段调节的形式，可改善小流量时的调节性能。数字式流量控制阀无反馈功能，但装有零位传感器6，在每个控制周期终了，阀芯可在它的控制下回到零位，以保证每个周期都在相同的位置开始，使阀的重复精度比较高。

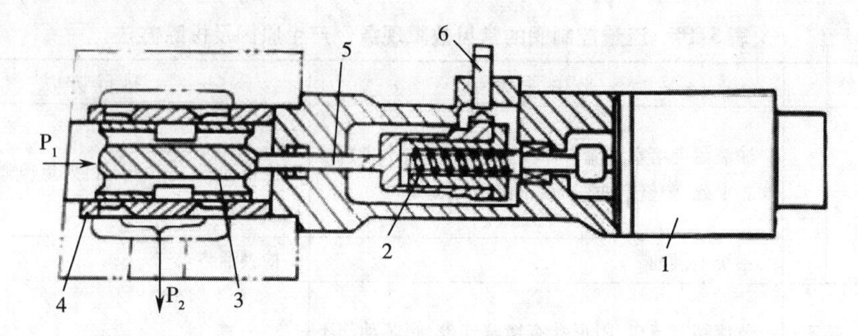

图5-45 数字式流量控制阀

1—步进电动机 2—滚珠丝杠 3—节流阀阀芯 4—阀套 5—连杆 6—零位传感器

小 结

液压阀可分为三大类：方向阀、压力阀和流量阀。液压阀的基本工作参数是额定压力和额定流量。各种类型的液压阀按照不同的额定压力和额定流量具有多种规格。

1. 方向阀：利用阀芯和阀体相对位置的变化，接通、断开油路或改变油流方向。

重点掌握：换向阀的工作原理、操纵方式、复位方式及定位方式；换向阀的“位”和“通”；三位换向阀的中位机能及特点。

2. 压力阀：通过调节弹簧力的大小，使之与油压力直接或间接平衡来调节阀的控制压力。

重点掌握：溢流阀、减压阀和顺序阀的工作原理及比较，压力继电器的应用。

3. 流量阀：通过改变阀芯位置，以改变阀口的通流面积，来控制液流流量。

重点掌握：节流口通常采用的结构形式，节流阀和调速阀的工作原理及比较。

4. 其他液压阀。

电液比例控制阀能按输入的电信号连续地、按比例地控制系统的压力和流量。它可分为电液比例压力阀和电液比例流量阀。

插装阀（或称逻辑阀）配以不同的先导阀可满足各种动作要求，适用于高压、大流量系统中。

5. 掌握液压阀的常见故障、产生原因及排除方法。

习 题

5-1 填空题

1. 液压控制阀按连接方式不同，有（ ）、（ ）和（ ）三种连接。

2. 单向阀的作用是（ ），正向通油时应（ ），反向时（ ）。

3. 按阀芯运动的控制方式不同，换向阀可分为（ ）、（ ）、（ ）、（ ）和（ ）换向阀。

4. 电磁换向阀的电磁铁按所接电源的不同，可分为（ ）和（ ）两种。

5. 液压系统中常见的溢流阀按结构分为（ ）和（ ）两种。前者一般用于（ ），后者一般用于（ ）。

6. 压力继电器是一种能将（　　）转换为（　　）的液压电器转换装置。

7. 可以作背压阀的液压元件有（　　）、（　　）、（　　）和（　　）。

8. 液压控制阀按照用途的不同，可分为（　　）控制阀、（　　）控制阀和（　　）控制阀三种。

9. 电液换向阀由（　　）和（　　）组成。前者的作用是（　　）；后者的作用是（　　）。

10. 在三位换向阀中，利用其中位使液压泵卸荷，应该选择（　　）、（　　）和（　　）型的中位机能。

11. 在三位换向阀中位时要求执行元件两端闭锁，应该选择（　　）和（　　）型的中位机能。

12. 所有压力阀在启动之前和关闭电源时，应将其调压弹簧（　　），此时压力阀的调定压力应为（　　）。

5-2　判断题

1. 一般情况下，换向阀只能用于换向，不能用于其他目的。（　）

2. 节流阀和调速阀分别用于节流和调速，属于不同类型的阀。（　）

3. 当外控顺序阀的出油口与油箱接通时，即成为卸荷阀。（　）

4. 顺序阀和溢流阀在某些场合可以互换。（　）

5. 背压阀是一种特殊的阀，不可用其他阀代替。（　）

6. 通过节流阀的流量与节流阀的通流面积成正比，与阀两端的压力差大小无关。（　）

7. 液控单向阀正向导通，反向截止。（　）

8. 插装阀通常使用在高压大流量的场合。（　）

5-3　问答题

1. 什么是三位换向阀的中位机能？有哪些常用的中位机能？中位机能的作用如何？

2. 画出溢流阀、减压阀和顺序阀的图形符号，并从结构原理和图形符号上，说明这三个阀的异同点及各自的特点。

3. 先导型溢流阀中的阻尼小孔起什么作用？是否可以将阻尼小孔加大或堵塞？

4. 为什么说调速阀比节流阀的调速性能好？两种阀各用在什么场合较为合理？

5. 试分析比较电液比例控制阀、插装阀和普通液压阀的优缺点。

6. 什么是换向阀的常态位？如何判断不同“位”换向阀的常态位？

7. 画出下列各种方向阀的图形符号，并写出板式中低压阀的型号。

（1）二位二通交流电磁换向阀

（2）二位二通行程阀（常开）

（3）二位四通直流电磁换向阀

（4）三位四通O型手动换向阀

（5）三位四通M型液动换向阀

（6）三位四通H型直流电磁换向阀

（7）三位五通Y型直流电磁换向阀

（8）液控单向阀

5-4　计算题

1. 图5-46所示液压缸中，$A_1=30\times10^{-4}\text{m}^2$，$A_2=12\times10^{-4}\text{m}^2$，$F=30\times10^3\text{N}$，液控单向阀用作闭锁以防止液压缸下滑，阀内控制活塞面积A_k是阀芯承压面积A的3倍，若摩擦力、弹簧力均忽略不计。试计算需要多大的控制压力才能开启液控单向阀？开启前液压缸中最高压力为多少？

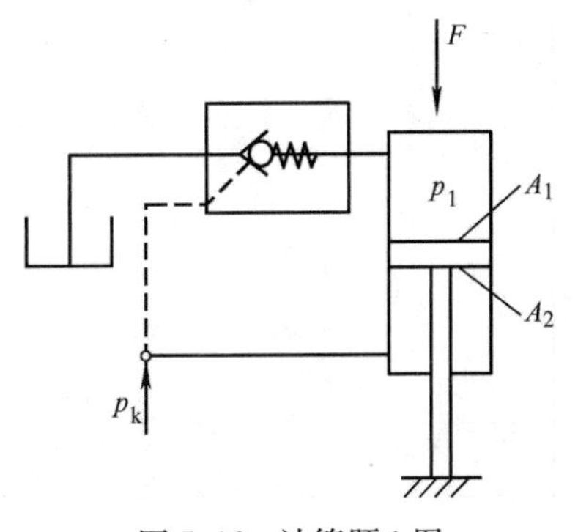

图5-46　计算题1图

2. 图5-47所示为一夹紧回路。若溢流阀的调定压力p_y=

5MPa，减压阀的调定压力 $p_j=2.5\text{MPa}$。试分析活塞空载运动时，A、B 两点的压力各为多少？工件夹紧后活塞停止运动时，A、B 两点的压力各为多少？

3. 如图 5-48 所示，已知无杆腔活塞面积 $A=100\text{cm}^2$，液压泵的供油量为 63L/min，溢流阀的调整压力 $p_y=5\text{MPa}$。当作用在液压缸上的负载 F 分别为 0kN、54kN 时，不计损失，试分别确定液压缸的工作压力为多少？液压缸的运动速度和溢流阀流量为多少？

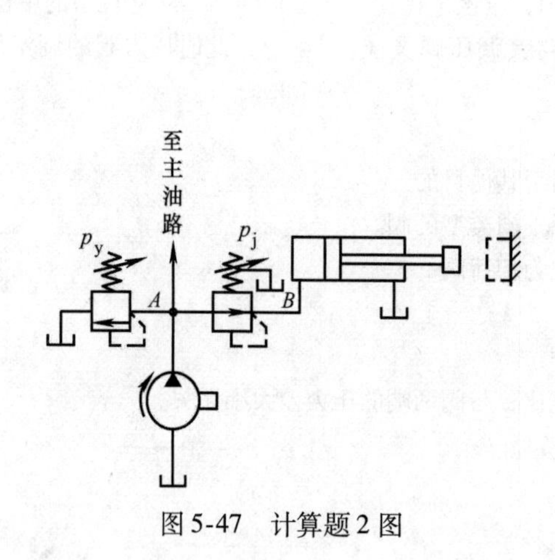

图 5-47 计算题 2 图

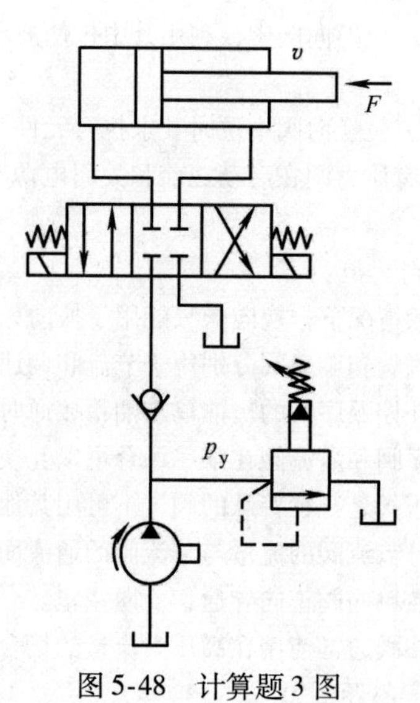

图 5-48 计算题 3 图

第6章 液压辅助元件

本章主要介绍液压辅助元件的分类、特点、功用、选用和安装方法等。液压辅助元件连接了液压系统中的各个元件，并提高了系统的工作性能，是液压系统中不可缺少的部分。学习中，要重点掌握各辅助元件的工作原理、功用及图形符号。

液压辅助元件包括油管和管接头、过滤器（又称滤油器）、蓄能器、油箱和压力计等，虽然从其作用看，仅起辅助作用，但从保证完成系统的工作任务看，却是非常重要的。且它们对系统的动态性能、工作稳定性、工作寿命、噪声和温升等都有直接影响，必须予以重视。其中，油箱需根据系统要求自行设计，其他辅助装置则做成标准件，供设计时选用。

6.1 油管和管接头

液压系统的元件利用油管和管接头进行连接，以传送工作介质。油管和管接头应具有足够的强度，良好的密封性，并且压力损失小，装卸方便。

6.1.1 油管

液压传动中常用的油管有钢管、铜管、橡胶软管、尼龙管和塑料管等。

钢管分为焊接钢管和无缝钢管。压力小于2.5MPa时，可用焊接钢管；压力大于2.5MPa时，常用无缝钢管。钢管能承受高压，价格低廉，耐油，抗腐蚀，刚性好，但装配时不能任意弯曲，常在装卸方便处用作压力油管。

紫铜管易弯曲成各种形状，但承压能力一般不超过10MPa，抗振能力较弱，又易使油液氧化，通常用在液压装置内部不便配接之处和小型设备上。

橡胶软管用于两个相对运动部件之间的连接，分高压和低压两种。高压软管由耐油橡胶夹几层钢丝编织网制成，钢丝网层数越多，承受的压力越高，其最高承压可达42MPa，常用作中、高压系统中的压力油管。低压软管由耐油橡胶夹帆布制成，承受压力一般在10MPa以下，可用作回油管。橡胶软管安装方便，不怕振动，可吸收部分液压冲击。

尼龙管为乳白色半透明的新型油管，加热后可以随意弯曲成形或扩口，冷却后又能定形不变，承压能力因材质而异，自2.5MPa至8MPa不等。目前多用于低压系统或作为回油管。

塑料管一般只用作压力低于0.5MPa的回油管和泄漏油管。

油管的内径尺寸应与要求的通流能力相适应，壁厚应满足工作压力和管材的强度要求。具体计算方法从略，如需要请参考设计手册。

6.1.2 管接头

管接头是油管与油管、油管与液压元件之间可拆卸的连接件，应满足连接牢固、密封可靠、液阻小、结构紧凑和装卸方便等要求。

管接头的种类很多，按接头的通路方向可分为直通、直角、三通、四通和铰接等形式；按其与油管的连接方式分为管端扩口式、卡套式、焊接式和扣压式等。管接头与机体的连接常用圆锥螺纹和普通细牙螺纹。用圆锥螺纹联接时，应外加防漏填料；用普通细牙螺纹联接时，应采用组合密封垫（熟铝合金与耐油橡胶组合）。常见的管接头类型和特点见表6-1。

表6-1 常见的管接头类型和特点

类型	机构图	特点
扩口式管接头	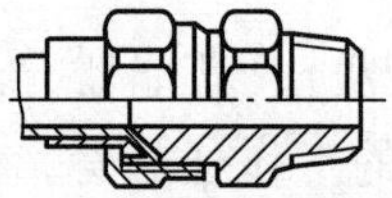	利用管子端部扩口进行密封，不需要其他密封件。适用于薄壁铜管、尼龙管和塑料管的连接。一般用于中、低压系统
焊接式管接头	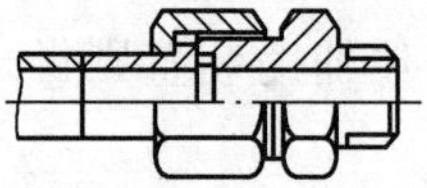	接头与钢管焊接在一起，端部用O形密封圈密封。对管子尺寸精度要求不高，工作压力可达32MPa。广泛用于高压系统
卡套式管接头	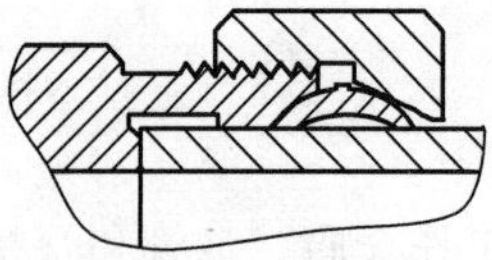	利用卡套的变形卡住管子进行密封。轴向尺寸控制不严格，易于安装。工作压力可达32MPa，但对管子外径及卡套制作精度要求较高
球形管接头	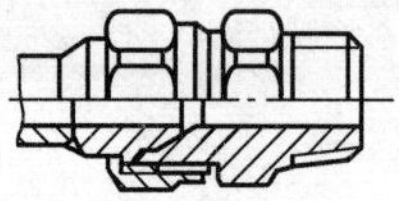	利用球面进行密封，不需要其他密封件，但对球面和锥面加工精度有一定要求
扣压式管接头（软管）	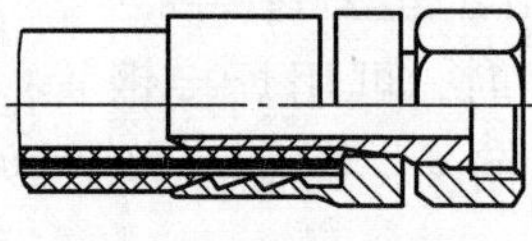	管接头由接头外套和接头芯组成，软管装好后再用模具扣压，使软管得到一定的压缩量。此接头具有较好的抗拔脱和密封性能
可拆管接头（软管）	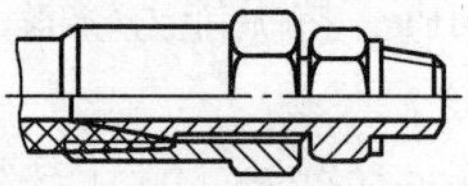	在外套和接头芯上做成六角形，便于经常装卸软管，适于维修和小批量生产。此结构装配比较费力，适用于小管径连接
伸缩管接头	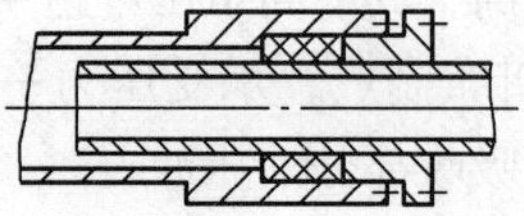	接头由内管和外管组成，内管可在外管内自由滑动并用密封圈密封。内管外径必须进行精加工。适用于连接两元件有相对直线运动的管子
快换管接头	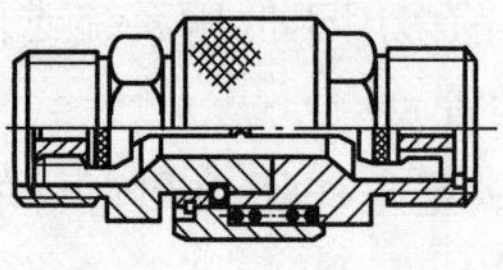	管子拆开后可自行密封，管道内的油液不会流失。其结构比较复杂，局部压力损失较大。用于经常拆卸的场合

6.2　油箱

油箱的主要功用是储存油液，散热、沉淀油液中的污物，分离油液中的气体以及作为安装平台等。液压系统中的油箱有整体式和分离式两种。整体式油箱利用主机的内腔作为油箱（如车床、注塑机和压铸机等），这种油箱结构紧凑，各处漏油易于回收，但增加了设计和制造的复杂性，不便于维修和散热，且会使主机产生热变形。分离式油箱单独设置，与主机分开，减少了油箱发热和液压源振动对主机工作精度的影响，因此得到了普遍应用，特别是在组合机床、自动线和精密机械上。

油箱常用钢板焊接而成，可采用不锈钢板、镀锌钢板或普通钢板内涂防锈的耐油涂料。油箱的典型结构如图6-1所示。吸油管1与回油管4相距较远，其中间有两个隔板7、9，隔板7可阻挡沉淀杂质进入吸油管，隔板9可阻挡气泡进入吸油管，杂质可以从放油阀8放出，空气过滤器3设在回油管一侧的上部，兼有加油和通气的作用，6是油位计。油箱顶部的上盖5用于安装电动机、液压泵和集成块等部件，当彻底清洗油箱时可将上盖5卸下。

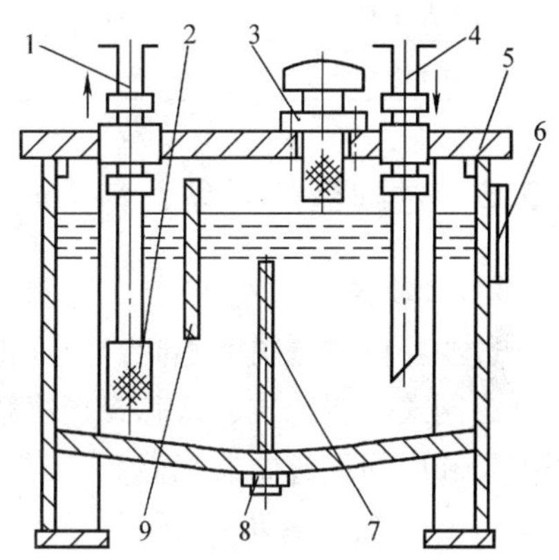

图6-1　油箱

1—吸油管　2—过滤器　3—空气过滤器　4—回油管　5—上盖　6—油位计　7、9—隔板　8—放油阀

如果将压力为0.05MPa左右的压缩空气引入油箱中，使油箱内部压力大于外部压力，这时外部空气和灰尘就不可能被吸入，提高了液压系统的抗污染能力，改善了吸入条件，这就是所谓的压力油箱。

油箱属于非标准件，在实际情况下常根据需要自行设计，油箱设计时主要考虑的因素有油箱容积、结构和散热等问题，具体参见液压传动设计手册。

6.3　过滤器

在液压系统中，约有75%以上的故障是由于油液污染造成的。为了使液压元件和系统正常工作，除了要尽量减少污染源外，还应采取适当的过滤措施，对液压油中的杂质和污染物的颗粒进行清理，保持油液清洁。过滤器的作用就是对液压油进行不断净化，使油液经过过滤器的无数微小间隙或小孔时，其中各种尺寸大于间隙或小孔的固体颗粒被阻隔，从而控制油的洁净程度。

6.3.1　过滤精度

过滤器的过滤精度是指其对各种不同尺寸的污染颗粒的滤除能力。目前，对过滤器过滤精度的评定方法常用绝对过滤精度和过滤比两种。绝对过滤精度是指能通过滤芯的最大坚硬球形粒子的尺寸。过滤比是指过滤器上游油液单位容积中大于某一给定尺寸的颗粒数与下游油液单位容积中大于同一给定尺寸的颗粒数之比。目前过滤比已被国际标准化组织作为评定过滤器过滤精度的性能指标。但我国仍按绝对过滤精度将过滤器分为粗（$d \geqslant 100\mu m$）、普通（$d=10 \sim 100\mu m$）、精（$d=5 \sim 10\mu m$）和特精（$d=1 \sim 5\mu m$）四个等级。

系统压力越高，相对运动表面的配合间隙越小，要求的过滤精度就越高。因此，液压系统的过滤精度主要取决于系统的工作压力。实践证明，采用高精度过滤器，液压泵和液压马达的寿命可延长4～10倍，可基本消除油液污染、阀卡紧和堵塞等故障，并可延长液压油和过滤器的寿命。不同的液压系统有不同的过滤精度要求，可参照表6-2选择。

表6-2 各种液压系统有不同的过滤精度

系统类型	润滑系统	传动系统			伺服系统
工作压力 p/MPa	0～2.5	<14	14～32	>32	≤21
精度 d/μm	≤100	25～30	≤25	≤10	≤5

6.3.2 过滤器的类型、特点与安装

1. 过滤器的类型

过滤器按过滤精度不同，分为粗过滤器和精过滤器两类；按滤芯材料和结构形式不同，可分为网式、线隙式、纸芯式、烧结式和磁性过滤器等；按过滤方式不同，可分为表面型、深度型和中间型过滤器三类。

2. 过滤器的结构特点

（1）网式过滤器 这是一种以铜丝网作为过滤材料构成的过滤器，铜丝网3包在四周开有很多窗口的塑料或金属圆筒上。过滤精度由网孔大小和层数决定。它结构简单，通油能力大，压力损失小，但过滤精度低（一般为80～180μm），一般装在液压系统的吸油管路入口处，以保护液压泵。也可以用较密的铜丝网或多层铜网做成过滤精度较高的过滤器，装在压油管路中使用，如用于调速阀的入口处。图6-2a所示为过滤器的结构原理图，图6-2b所示为过滤器的图形符号。

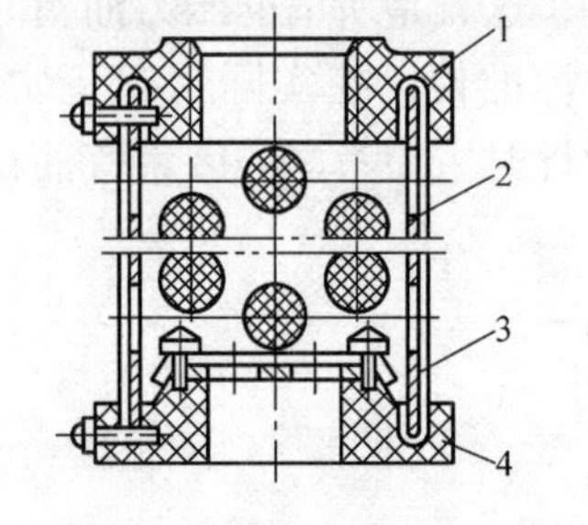

a) 结构原理图

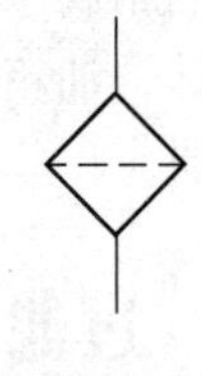

b) 图形符号

图6-2 网式过滤器
1—上盖 2—筒形骨架
3—铜丝网 4—下盖

（2）线隙式过滤器 图6-3所示为线隙式过滤器的结构原理图，它是用铜线或铝线绕在筒形骨架4组成滤芯，利用线间缝隙过滤油液。过滤精度取决于铜丝间的间隙。常用线隙式过滤器的过滤精度为30～80μm，其特点是结构简单、通油能力大，压力损失较小，过滤效果较好，但不易清洗。滤芯强度低，常用于低压系统和泵的吸油口。当滤芯堵塞时，发讯装置将发亮或发声，提醒操作人员清洗或更换滤芯。

（3）纸芯式过滤器 图6-4所示为纸芯式过滤器的结构原理图，可见与线隙式过滤器相似，只是滤芯为纸质。一般滤芯由三层组成：外层2为粗眼钢板网，中层3为折叠成W形的滤纸，里层4由金属丝网与滤纸一并折叠而成。滤芯中央还装有支承弹簧5。纸芯式过滤器的过滤精度为5～30μm，结构紧凑，通油能力大，其缺点是易堵塞，无法清洗，需经常

更换滤芯。多数纸芯式过滤器上方装有堵塞状态发讯装置1，当滤芯堵塞时，发讯装置1发亮或发声，提醒操作人员更换滤芯。纸芯式过滤器用于过滤精度要求高的系统中。

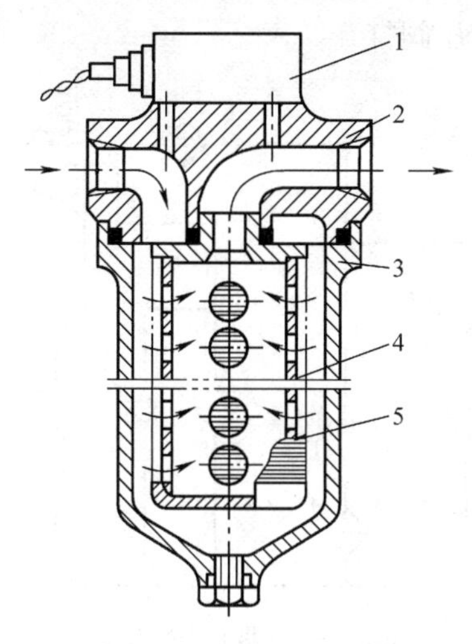

图6-3 线隙式过滤器

1—发讯装置 2—端盖 3—壳体

4—骨架 5—铜丝

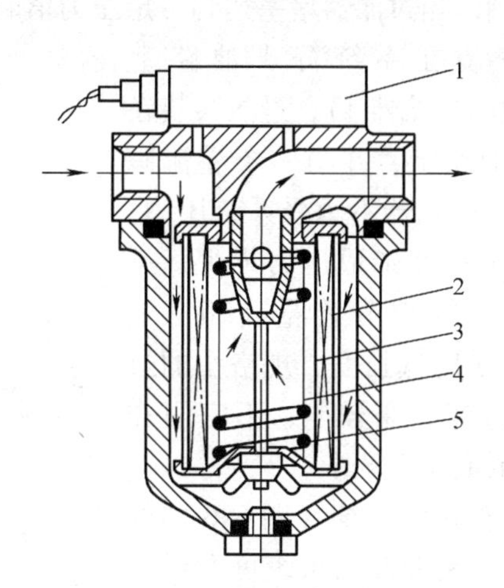

图6-4 纸芯式过滤器

1—发讯装置 2—滤芯外层

3—滤芯中层 4—滤芯里层

5—支承弹簧

(4) 金属烧结式过滤器 它的滤芯是用金属粉末压制后烧结而成，具有杯状、管状、碟状和板状等形状，靠其粉末颗粒间的间隙微孔滤油。其结构原理图如图6-5所示。选择不同粒度的粉末能得到不同的过滤精度，目前常用的过滤精度为10 ~ 100μm，这种过滤器的滤芯强度大，抗腐蚀性好，制造简单；缺点是压力损失大（0.03 ~ 0.2MPa），清洗困难，如有颗粒脱落会影响过滤精度。这种过滤器多安装在回油路上。

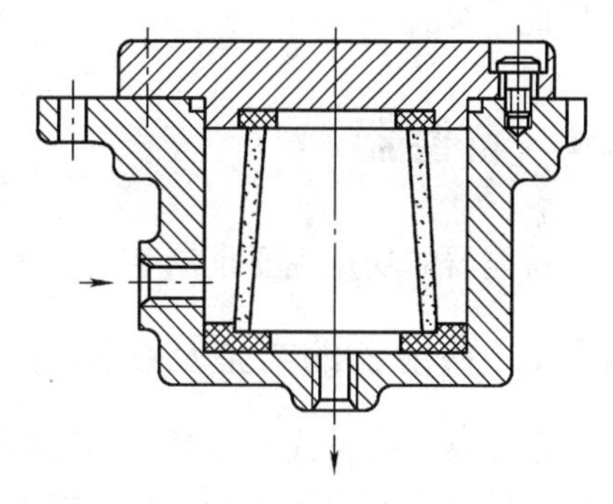

图6-5 烧结式过滤器

(5) 磁性过滤器 磁性过滤器靠磁性材料把混在油中的铁屑、铸铁粉之类的杂质吸住，过滤效果好。此种过滤器常与其他种类的过滤器配合使用。

3. 过滤器的选用和安装

过滤器的类型、型号和规格的选择主要根据过滤精度、工作压力、压力损失、通过流量及经济性等综合考虑。过滤器的安装位置有以下几种，如图6-6所示。

1）安装在泵的吸油口处（图6-6中的过滤器1），用来保护液压泵和整个系统。要求有较大的通油能力（不小于泵额定流量的两倍）和较小的压力损失（不大于0.02MPa），以免影响液压泵的吸油性能。因此，一般采用过滤精度较低的网式过滤器。

2）安装在泵的出油口上（图6-6中的过滤器2），用来保护除泵和溢流阀以外的其他液压元件。要求过滤器具有足够的耐压性能，同时压力损失不大于0.35MPa。为防止过滤器堵塞引起泵过载或滤芯损坏，应将过滤器安装在与溢流阀并联的分支油路上，或与过滤器并联一个开启压力稍低于过滤器最大允许压力的溢流阀。

3）安装在系统的回油路上（图6-6中的过滤器3），这种安装起间接过滤作用，不能直接防止杂质进入液压系统，但能循环地滤除油液中的部分杂质。这种过滤器一般要并联安装一个背压阀，当过滤器堵塞达到一定压力值时，背压阀打开。

4）安装在系统分支油路上（图6-6中的过滤器4），过滤器装在系统的回油路上，并与一个溢流阀并联。这种过滤器不承受系统压力，也不会给主油路造成压力损失，一般只通过泵的部分流量（20%～30%），可采用低强度、规格小的过滤器。但过滤效果较差，不宜用在要求较高的液压系统中。

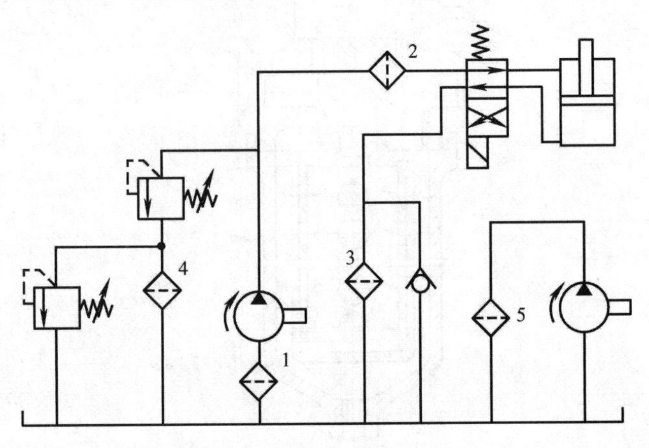

图6-6　过滤器的安装位置

5）单独过滤系统（图6-6中的过滤器5），大型液压系统可专设一个液压泵和过滤器组成独立于主液压系统之外的过滤回路。这种方式可以经常清除系统中的杂质，但需要增加设备。

液压系统中除了整个系统所需的过滤器外，还常常在一些重要元件（如伺服阀、精密节流阀等）的前面单独安装一个专用的精过滤器来确保它们的正常工作。过滤器应安装在易于检修的地方，便于清洗和更换。为保证安全，最好安装过滤器堵塞状态的指示装置或发讯装置。

6.4 蓄能器

蓄能器的功用主要是储存油液多余的压力能，并在需要时释放出来。

6.4.1 蓄能器的类型及结构特点

蓄能器有弹簧式、重锤式和气体隔离式三类。常用的是气体隔离式，它利用气体的压缩和膨胀储存、释放压力能，在蓄能器中气体和油液被隔开，而根据隔离方式的不同，气体隔离式又分为活塞式、气囊式和气瓶式等三种，下面主要介绍常用的活塞式和气囊式蓄能器。

1. 活塞式蓄能器

图6-7a所示为活塞式蓄能器，用缸筒2内浮动的活塞1将气体与油液隔开，气体（一般为惰性气体氮气）经充气阀3进入上腔，活塞1的凹部面向充气，以增加气室的容积，蓄能器的下腔油口a通液压油。活塞式结构简单，安装和维修方便，寿命长，但由于活塞惯性和密封件的摩擦力影响，使活塞动作不够灵敏。最高工作压力为17MPa，容量范围为1～39L，温度适用范围为-4～+80℃。适用于压力低于20MPa的系统储能或吸收压力脉动。

2. 气囊式蓄能器

图6-7b所示为气囊式蓄能器，采用耐油橡胶制成的气囊5内腔充入一定压力的惰性气体，气囊外部液压油经壳体6底部的限位阀4通入，限位阀还保护气囊不被挤出容器之外。

此蓄能器的气液完全隔开，气囊受压缩储存压力能，其惯性小、动作灵敏，一次充气后能长时间地保存气体，充气也较方便，在液压系统中得到广泛的应用。它的工作压力为3.5～32MPa，容量范围为0.6～200L，温度适用范围为－10～＋65℃。图6-7c所示为气体隔离式蓄能器的图形符号。

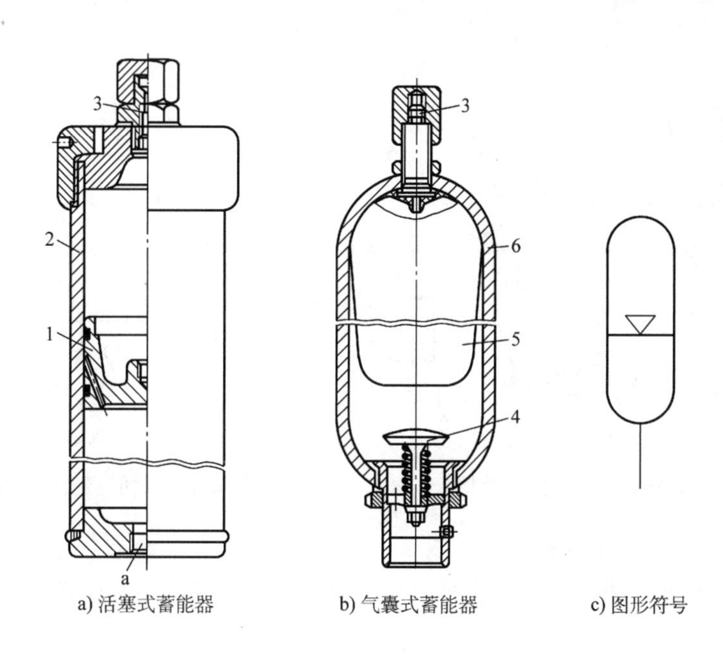

a) 活塞式蓄能器　　b) 气囊式蓄能器　　c) 图形符号

图6-7　气体隔离式蓄能器

1—活塞　2—缸筒　3—充气阀　4—限位阀　5—气囊　6—壳体

6.4.2　蓄能器的用途及安装

蓄能器的用途有以下几点：

（1）作辅助动力源（见图6-8）　当液压系统工作循环中所需要的流量变化较大时，常采用蓄能器和一个流量较小（为整个工作循环的平均流量）的泵联合使用，当系统需要很小流量时，蓄能器将液压泵多余的流量储存起来；当系统短时期需要较大流量时，蓄能器将储存的液压油释放出来与泵一起向系统供油。在某些特殊的场合如驱动泵的原动机发生故障，蓄能器可作应急能源紧急使用；如现场要求防火防爆，也可用蓄能器作为独立油源。

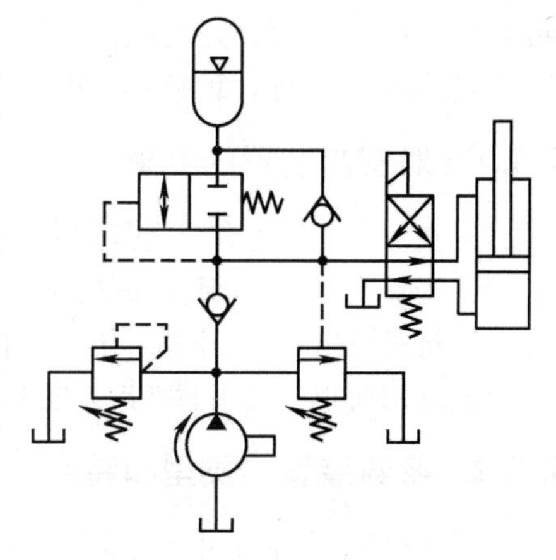

图6-8　蓄能器作辅助动力源

（2）保压和补充泄漏（见图6-9）　有的液压系统需要液压缸较长时间保压而液压泵卸荷，此时可利用蓄能器释放所储存的液压油，补偿系统的泄漏，保持系统的压力。

（3）吸收压力冲击和消除压力脉动（见图6-10）

由于液压阀的突然关闭或换向，系统可能产生压力冲击，此时可在压力冲击处安装蓄能器起吸收作用，使压力冲击峰值降低。如在泵的出口处安装蓄能器，还可以吸收泵的压力脉动，提高系统工作的平稳性。

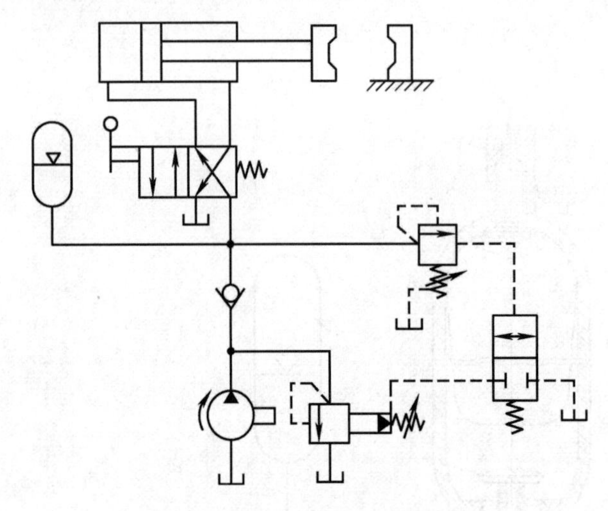

图6-9 蓄能器保压和补充泄漏

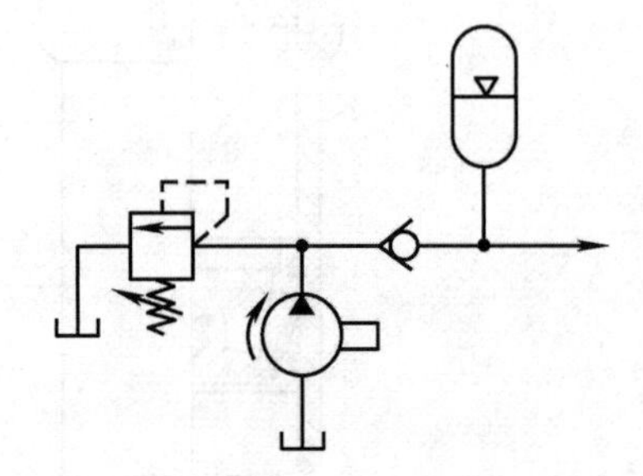

图6-10 蓄能器吸收系统的冲击压力

使用蓄能器须注意如下几点：

1）气囊式蓄能器原则上应垂直安装（油口向下），只有在空间位置受限制时才允许倾斜或水平安装。

2）用于吸收液压冲击和压力脉动的蓄能器应尽可能安装在震源附近。

3）装在管路上的蓄能器须用支板或支架固定。

4）蓄能器与管路系统之间应安装截止阀，供充气、检修时使用。蓄能器与液压泵之间应安装单向阀，防止液压泵停车时蓄能器内储存的压力油液倒流。

6.5 密封装置

密封是解决液压系统泄漏问题最重要、最有效的手段，其功用在于防止液压系统中液压油的内泄和外漏，保证建立起必要的工作压力。防止外漏还可以减少油液对工作环境的污染，节省油料。因此，正确使用液压系统中的密封装置是非常重要的。

6.5.1 对密封装置的要求

1）在一定的压力和温度范围内，应具有良好的密封性能。

2）密封装置和运动件之间的摩擦力要小，摩擦系数要稳定。

3）抗腐蚀能力强，不易老化，工作寿命长，耐磨性好，磨损后在一定程度上能自动补偿。

4）结构简单，使用、维护方便，价格低廉。

6.5.2 密封装置的类型和特点

密封按其工作原理可分为非接触式密封和接触式密封。前者主要指间隙密封，后者指密封件密封。各种密封装置的类型、结构、原理、使用场合及特点见表6-3。

表6-3　密封装置的类型、结构、原理、使用场合及特点

类型	结　构	原　理	使用场合	特　点
间隙密封	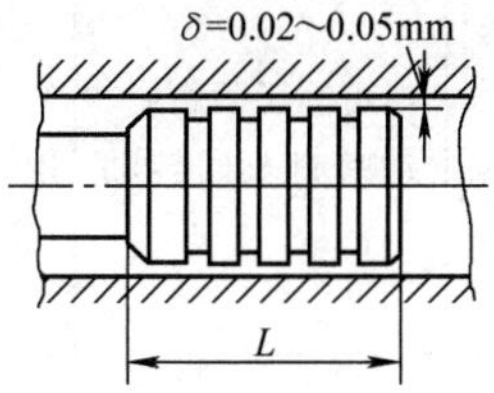 δ=0.02~0.05mm L	靠相对运动件配合面之间的微小间隙来进行密封	常用于柱塞、活塞或阀的圆柱配合间的密封	摩擦力小，但磨损后不能自动补偿
O形密封圈	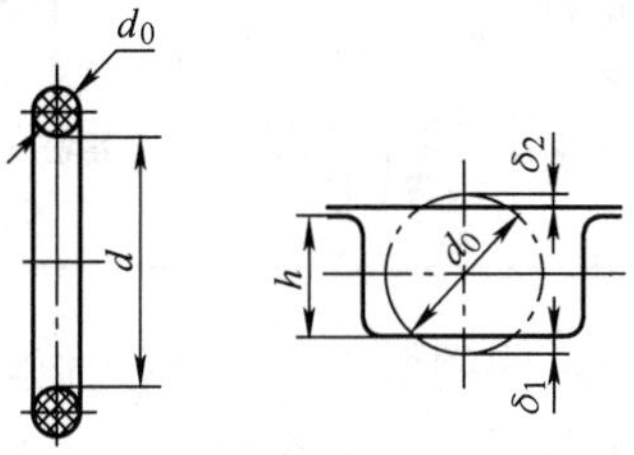 d_0　d　δ_2　h　d_0　δ_1 a)　b)	横截面呈圆形，内外侧和端面都能起密封作用	高低压场合均可使用	结构紧凑，运动件的摩擦阻力小，制造容易，装卸方便，成本低
Y形密封圈	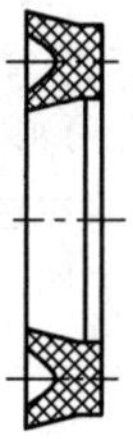	横截面为Y形，工作时，液压力将密封圈的两唇边压向形成间隙的两个零件的表面而实现密封	可用于轴、孔密封。适用于$p\leqslant$20MPa，$t=-30\sim80$℃，使用速度$v\leqslant0.5$m/s的场合	随着工作压力的变化自动调整密封性能，压力越高则唇边被压得越紧，密封性能越好
V形密封圈	a)　b)　c)	由多层涂胶织物压制而成，由支承环、密封环和压环三个圈叠在一起使用	用于大直径、高压、高速柱塞或活塞以及低速运动活塞杆的密封。用于p=50MPa左右，$t=-40\sim80$℃的场合	安装时，V形环的唇口应面向压力高的一侧。当$p>$10MPa时，可以增加中间密封环的数量，以提高密封效果
组合密封1	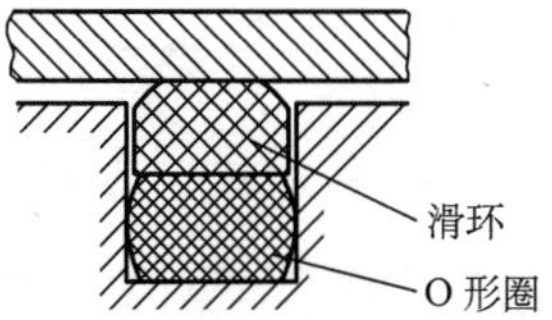 滑环 O形圈	滑环紧贴密封面，O形圈为滑环提供弹性预压力	可用于静密封、动密封及回转轴的密封	具有很好的耐磨性和保形性，不存在橡胶密封件低速时易产生的“爬行”现象。工作压力可达80MPa

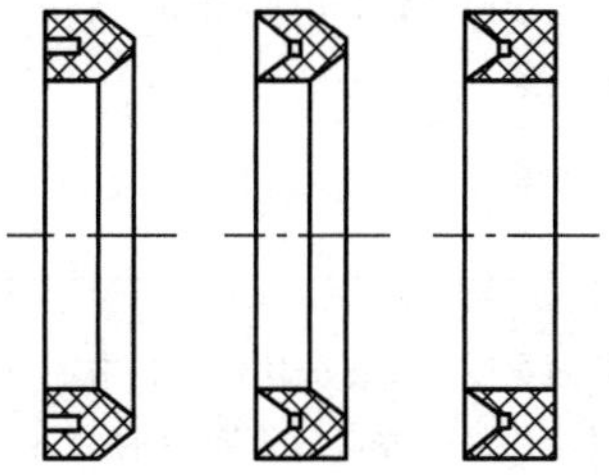

（续）

类型	结 构	原 理	使用场合	特 点
组合密封2	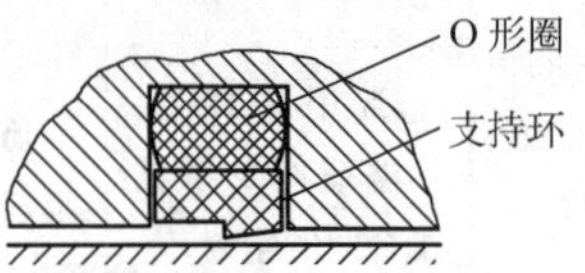 O形圈 支持环	由于支持环与被密封件之间为线密封，所以其工作原理类似唇边密封	可用于静密封、动密封及回转轴的密封	支持环和O形圈组成的轴用组合密封
回转轴用密封圈	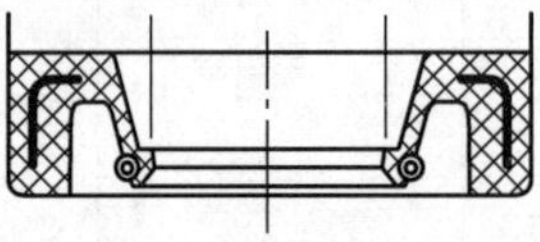	密封圈的内边围着一条螺旋弹簧，通过把内边收紧在轴上来进行密封	用作液压泵、液压马达和回转式液压缸的伸出轴的密封	其内部有直角形圆环铁骨架支撑，提高了强度

各种密封装置由于材料和结构的不同，在使用中有不同的要求，必须按照这些要求正确使用，才能很好地发挥其密封作用。密封装置的具体使用要求见表6-4。

表6-4 密封装置的具体使用要求

类 型	结构原理图	说 明
O形密封圈	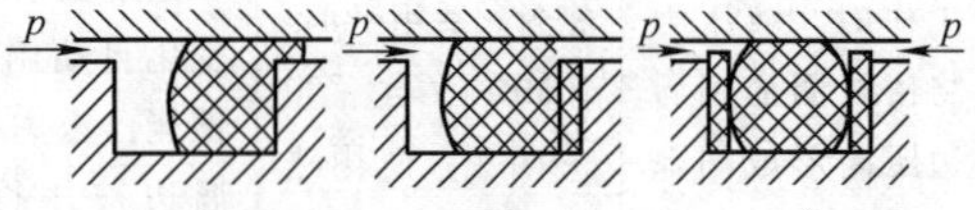 p p p p a) b) c)	当$p>10$MPa时，O形圈在往复运动中容易被挤入间隙而损坏，为此要在它的侧面加聚四氟乙烯挡圈，单向受力时加一个挡圈，双向受力时加两个挡圈
Y形密封圈	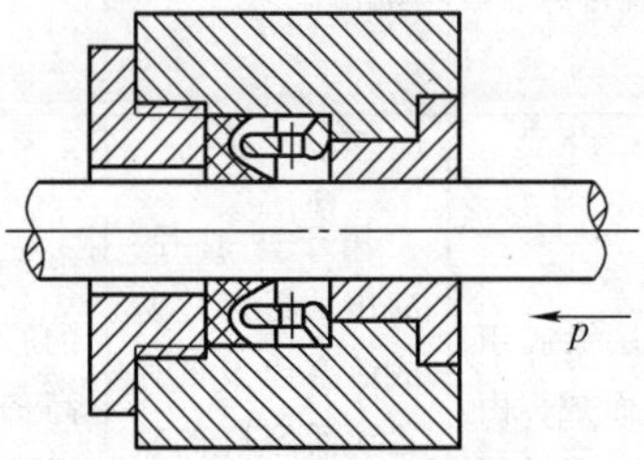 p	安装时唇边应对着有压力的油腔。当压力变化较大、运动速度较高时要采用支承环定位，以防发生翻转现象
小Y形密封圈	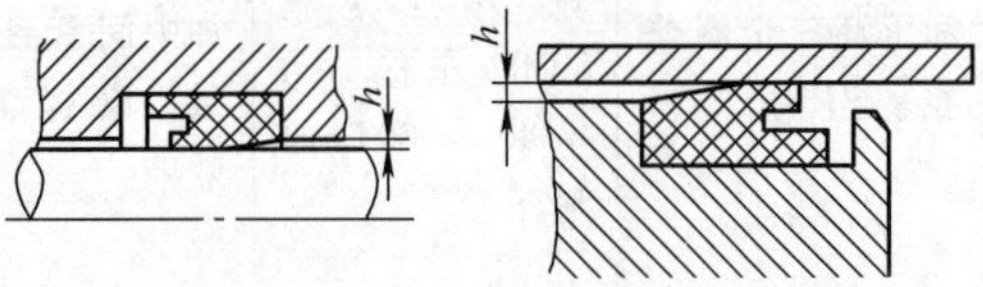 h h 轴用 孔用	断面宽度和高度的比值大，增加了底部支撑宽度，可以避免摩擦力造成密封圈的翻转和扭曲。它由聚氨酯橡胶制成，强度高，耐磨性好，寿命长，适用于$p\leqslant32$MPa，$t=-30\sim+100$℃的场合

6.6 其他附件

6.6.1 热交换器

油箱中油液的温度一般推荐为30～50℃，最高不大于65℃，最低不小于15℃，对于高压系统，为了避免漏油，油温不应超过50℃。温度过高会使油液易变质，同时会使液压泵的容积效率下降；温度过低会使油液黏度增大，系统不能正常起动。为了有效地控制油温，在油箱中常配有冷却器和加热器。冷却器和加热器统称为热交换器。

1. 冷却器

常用的冷却器有风冷式和水冷式两种。风冷式冷却器由风扇和许多带散热片的管子组成。油液从管内流过，风扇迫使空气穿过管子和散热片表面，使油液冷却。最简单的冷却器是蛇形管式冷却器，它直接装在油箱中，冷却水从蛇形管内流过，从而带走热量。这种冷却器耗水量大，费用高，冷却效率低。液压系统中使用较多的是多管式水冷却器，油液在水管外部流过，其中有隔板用来增加水流循环路线的长度，以改善热交换的效果，散热效率较高。目前广泛使用的一种翅片式冷却器，每根管子有内外两层，内管中通水，外管中通油，外管上还有许多径向翅片，以增加散热面积。若采用椭圆管，则其散热效果更好。冷却器的图形符号见图6-11a，具体结构参见有关手册。

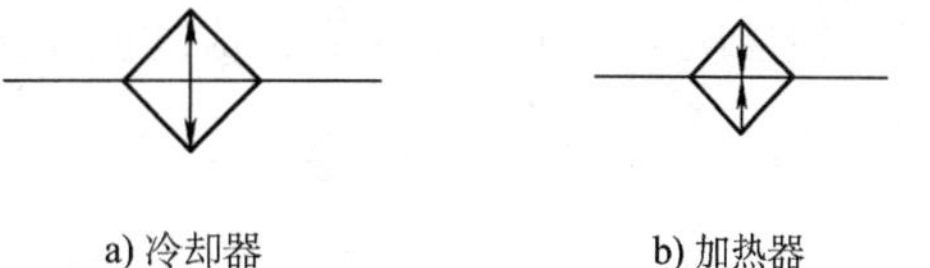

图6-11　冷却器和加热器的图形符号

2. 加热器

液压系统的加热常采用结构简单、能按需要自动调节最高和最低温度的电加热器。这种加热器的安装方式是用法兰盘横装在箱壁上，发热部分全部浸在油液内。由于直接和加热器接触的油液温度可能很高，会加速油液老化，所以这种电加热器慎用。加热器一旦使用应安装在箱内油液流动处，以利于热量的交换。如有必要，可在油箱内多装几个加热器，使加热均匀。加热器的图形符号见图6-11b，具体结构参见有关手册。

6.6.2　压力计

液压系统中各工作点的压力一般用压力计来观测，以达到调整和控制的目的。压力计的种类较多，最常见的是弹簧弯管式压力计，其工作原理如图6-12所示。压力油进入金属弯管1时，弯管变形而曲率半径加大，通过杠杆4使扇形齿轮5摆动，扇形齿轮5与小齿轮6啮合，在刻度盘3上就可读出压力值。

压力计精度等级的数值是压力计最大误差占量程（压力计的测量范围）的百分数，一般机床用压力计的精度为2.5~4级。压力计的精度等级越高，测量误差就越小。考虑到测量仪表的线性度，在选用压力计时，一般选压力计的量程为系统最高压力的1.5倍。压力计必须直立安装，为了防止压力冲击而损坏压力计，常在压力计的管道上设置阻尼小孔。

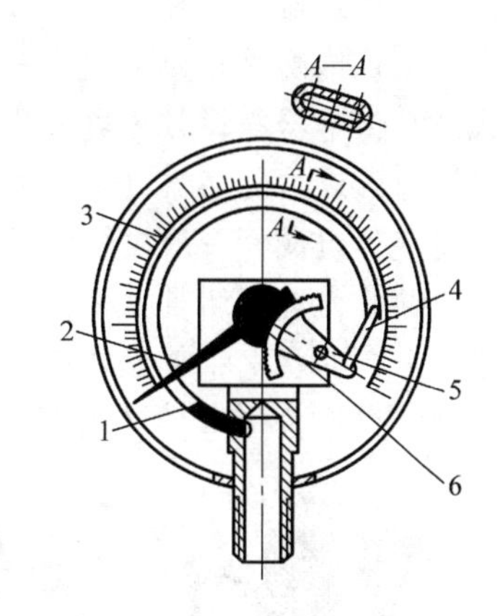

图6-12　弹簧弯管式压力计

1—金属弯管　2—指针　3—刻度盘　4—杠杆　5—扇形齿轮　6—小齿轮

6.6.3　压力计开关

压力计开关用于接通或切断压力计的通路，可以防止系统压力突变而损坏压力计。压力计开关按它所测量点的数目不同可分为一点、三点、六点等几种；按连接方式不同，可分为管式和板式两种。

图6-13所示为板式连接的K-6B型压力计开关的结构原理图。图示位置为非测量位置，此时压力计经油槽a、小孔b与油箱相通。如将手柄推进去，则阀芯上的油槽a一方面使压力计与测量点连通，另一方面又隔断了压力计与油箱的通道，这样就可测出一个点的压力。若将手柄转到另一位置，便可测出另一点的压力。压力计的过油通道很小，可防止指针剧烈摆动。

在液压系统正常工作后，应切断压力计与系统油路的通道。

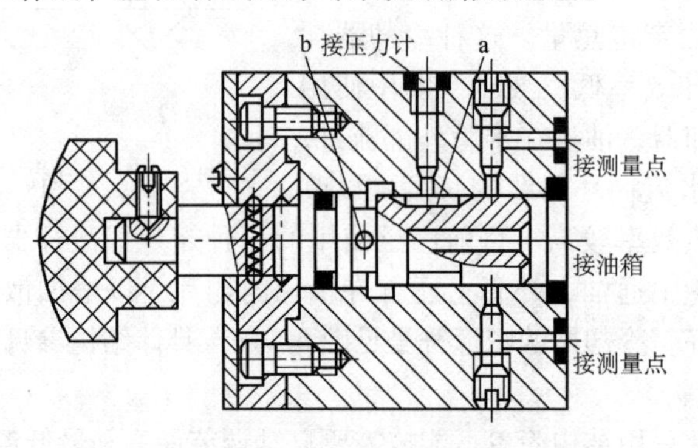

图6-13 K-6B型压力计开关

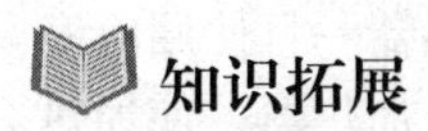
知识拓展

液位传感器

液位传感器是一种测量液位的压力传感器，它可将液位的高度转化为电信号的形式进行输出。液位传感器分为两类：一类为接触式，包括浮球式液位变送器、磁性液位变送器和静压式液位传感器等；另一类为非接触式，包括超声波液位变送器、雷达液位变送器等。

浮球式液位传感器（见图6-14a）由磁性浮球、测量导管、信号单元、电子单元、接线盒及安装件组成，一般磁性浮球的密度小于0.5kg/m^3，可漂于液面之上并沿测量导管上下移动，导管内装有测量元件，它可以在外磁作用下将被测液位信号转换成正比于液位变化的电阻信号，并将电子单元转换成4～20mA或其他标准信号输出。

浮筒式液位传感器（见图6-14b）将磁性浮球改为浮筒，它是根据阿基米德浮力原理设

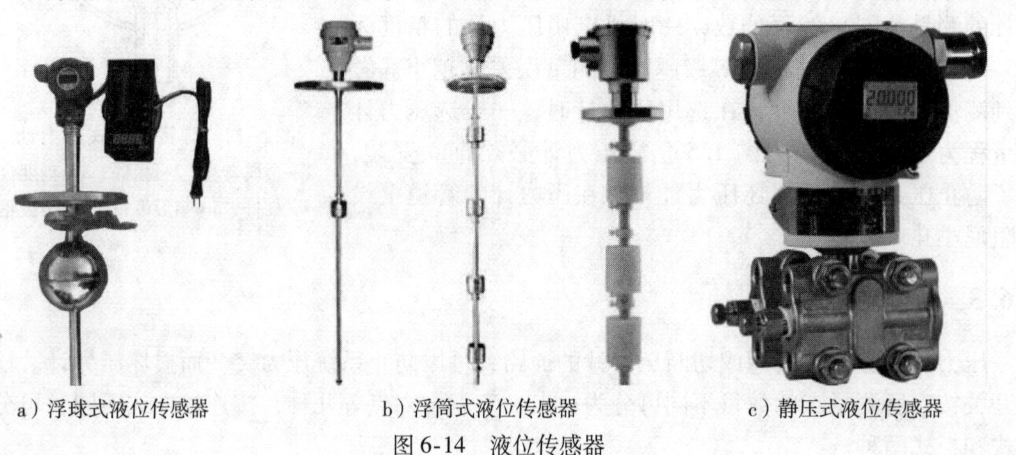

a）浮球式液位传感器　b）浮筒式液位传感器　c）静压式液位传感器

图6-14 液位传感器

计的。浮筒式液位传感器是利用微小的金属膜应变传感技术来测量液体的液位、界位或密度的，它在工作时可以通过现场按键来进行常规的设定操作。

静压式液位传感器（见图6-14c）是利用液体静压力的测量原理工作的，一般选用硅压力测压传感器将测量到的压力信号转换成电信号，再经放大电路放大和补偿电路补偿，最后以4~20mA或0~10mA电流方式输出。

液位检测在智能家居、工业控制、食品灌装、汽车、医疗等行业领域得到广泛的应用。

小　　结

1. 液压辅助元件是液压系统的重要组成部分，它的合理选用和设计将在很大程度上影响液压系统的效率及可靠性。

2. 油管用来连接液压元件、输送液压油液，要求有足够的强度，良好的密封性能，较小的压力损失，且装卸方便。常用的油管有钢管、铜管、橡胶软管、尼龙管和塑料管等。应根据液压系统的工作压力来选择油管的种类和壁厚，根据系统的通流量来确定油管的内径。对应不同的油管，应选用相应的管接头：焊接式、卡套式、扩口式、软管接头和快换管接头等。

3. 油箱主要用于储存系统所需的足够油液、散发油液热量、分离溶入油液中的空气以及沉淀油液中的杂质。它一般由钢板焊接而成，其容量大小和具体结构需要根据液压系统的实际要求专门设计制造。

4. 过滤器的作用是滤除油液杂质，维护油液清洁，保证系统正常工作。根据滤除杂质颗粒度的大小不同，过滤器的过滤精度分为粗、普通、精和特精四级。不同的液压系统，应根据其工作压力和对过滤精度的要求选用相应的过滤器。

5. 蓄能器是一种储存油液压力能的装置，它在液压系统中的功用主要有：作辅助动力源或紧急动力源、保压和补充泄漏、吸收压力冲击和消除压力脉动。根据液体加载方式的不同，蓄能器有弹簧式、重锤式和气体隔离式三类。实际应用时应按不同用途选用不同类型的蓄能器，蓄能器的安装使用要按要求进行。

6. 液压系统各工作点的压力通常用压力计来测量。考虑到测量仪表的线性度，选用压力计量程约为系统最高工作压力的1.5倍。压力计开关用于接通或切断压力计的油路，可防止系统压力突变损坏压力计。

习　　题

6-1　填空题

1. 过滤器的主要作用是（　　）。

2. 常用的密封方法有（　　）密封和（　　）密封。间隙密封属于（　　）密封。

3. 油箱的作用是（　　）、（　　）和（　　）。

4. 按滤芯材料和结构形式不同，过滤器有（　　）、（　　）、（　　）和（　　）等几种形式。

5. 充气式蓄能器按照结构不同，主要可分为（　　）和（　　）蓄能器。

6-2　判断题

1. 过滤器的滤孔尺寸越大，精度越高。 ( )
2. 一个压力计可以通过压力计开关测量多处的压力。 ( )
3. 装在液压泵吸油口处的过滤器通常比装在压油口处的过滤器精度高。 ( )
4. 软管接头用于需要经常拆装的管路中。 ( )
5. 油箱只要与大气相通，无论温度高低，均不需要设置加热装置。 ( )
6. 液压系统的吸油管和回油管都应安装在油箱液面以下足够的深度。 ( )

6-3 问答题

1. 液压系统中常见的辅助装置有哪些？各起什么作用？
2. 常用的油管有哪几种？各有何特点？它们的适用范围有何不同？
3. 常用的管接头有哪几种？它们各适用于哪些场合？
4. 安装Y形密封圈时应注意什么问题？
5. 安装O形密封圈时，为什么要在其侧面安放1个或两个挡圈？
6. 过滤器按精度分为哪些种类？绘图说明过滤器一般安装在液压系统中的什么位置？

6-4 选择题

1. ( ) 管接头适用于中、低压场合。

A. 扩口式　　B. 焊接式　　C. 卡套式

2. 当环境温度降低时，应对油箱中的油液进行 ( )。

A. 加热　　B. 冷却　　C. 稀释

3. 为使液压系统油液保持清洁，应采用 ( )。

A. 蓄能器　　B. 加热器　　C. 过滤器

4. 有相对运动的元件一般采用 ( ) 连接。

A. 钢管　　B. 铜管　　C. 软管

第7章　液压基本回路

液压基本回路在内容上有着承上启下的作用，既包括了液压元件的原理与图形符号，又是正确分析和使用液压系统的关键。掌握液压元件的工作原理、结构与图形符号是学好本章内容的基础，而本章内容又是正确分析液压系统的基础。

液压传动的设备，无论多么复杂，总是由一些液压基本回路组成的。所谓基本回路，就是由若干液压元件组成的能实现某种特定功能的典型回路。熟悉和掌握基本回路的组成、工作原理、性能特点及其应用，对于正确分析和合理设计液压系统是非常重要的。基本回路种类很多，按其在系统中的功能可分为压力控制回路、速度控制回路、方向控制回路和多缸动作回路。

7.1　压力控制回路

压力控制回路是利用压力控制阀来控制系统整体或某一部分的压力，以满足液压执行元件对力或力矩的要求。这类回路包括调压、减压、增压、卸荷和平衡等多种回路。

7.1.1　调压回路

调压回路的功能是使液压系统整体或部分的压力保持恒定或不超过某个数值。在定量泵系统中，液压泵的供油压力由溢流阀来调节。在变量泵系统中，用溢流阀来限定系统的最高压力，防止系统过载。若系统中需要两种以上的压力，则可采用多级调压回路。

（1）单级调压回路　如图5-19所示，在液压泵的出口处设置并联的溢流阀，即可组成单级调压回路，从而控制了系统的最高压力值。

（2）二级调压回路　图7-1a所示为二级调压回路，可实现两种不同的系统压力控制。由先导型溢流阀1和直动型溢流阀2各调一级，当二位二通电磁阀处于图示位置时，系统压力由阀1调定；当电磁阀通电后处于右位时，系统压力由阀2调定。**但要注意：**阀2的调定压力一定要小于阀1的调定压力，否则不能实现；当系统压力由阀2调定时，先导型溢流阀1的先导阀口关闭，但主阀开启，液压泵的溢流流量经阀1回油箱。

（3）多级调压回路　如图7-1b所示，由溢流阀1、2、3分别控制系统的压力，从而组成了三级调压回路。当两电磁铁均不通电时，系统压力由阀1调定；当1YA通电时，系统压力由阀2调定；当2YA通电时，系统压力由阀3调定。在这种调压回路中，阀2和阀3的调定压力要小于阀1的调定压力，而阀2和阀3的调定压力之间没有什么关系。

（4）比例调压回路　如图7-1c所示，调节先导型比例电磁式溢流阀4的输入电流，即可实现系统压力的无级调节。这样不但回路结构简单，压力切换平稳，而且更容易实现远距离控制或程序控制。

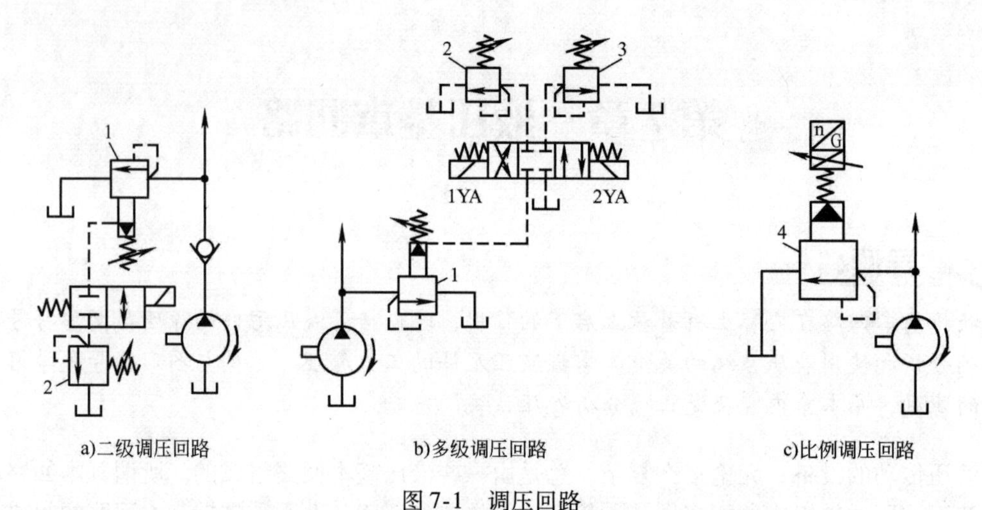

图7-1 调压回路

1—先导型溢流阀 2、3—直动型溢流阀 4—电液比例溢流阀

7.1.2 减压回路

减压回路的功用是使某一支路得到比溢流阀调定的压力低且稳定的工作压力。减压回路常用于机床液压系统中工件的夹紧、导轨润滑及控制油路中。

（1）单级减压回路 图7-2a所示为最常见的减压回路，它是通过定值减压阀与主油路相连，回路中的单向阀是当主油路压力降低（低于减压阀调整压力）时防止油液倒流，使夹紧油路和主油路隔开，起短时保压作用。

（2）二级减压回路 图7-2b所示为利用先导型减压阀1的远程控制口接一溢流阀2，则可由阀1、阀2各调定一种低压。在图示位置时，减压阀出口处的压力由减压阀1调定；当换向阀电磁铁通电时，减压阀出口处的压力由阀2调定。但要**注意**：阀2的调定压力一定要低于阀1的调定压力。

减压回路也可以采用比例减压阀来实现无级减压。

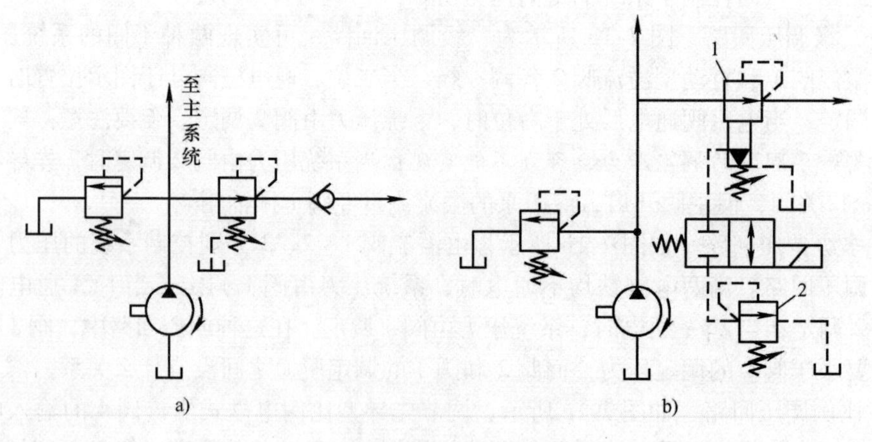

图7-2 减压回路

1—先导型减压阀 2—溢流阀

为了使减压回路工作可靠，减压阀的最低调整压力不应小于0.5MPa，最高调整压力至少应比系统压力小0.5MPa。当减压回路中的执行元件需要调速时，调速元件应放在减压阀的后面，以避免减压阀泄漏（指由减压阀泄油口流回油箱的油液）对执行元件的速度产生影响。

7.1.3　增压回路

如果系统或系统的某一油路需要压力较高但流量又不大的压力油，而采用高压泵又不经济，或者根本就没必要增设高压力液压泵时，就常采用增压回路，这样不仅易于选择液压泵，而且系统工作较可靠，噪声小。增压回路中提高压力的主要元件是增压器。

（1）单作用增压器的增压回路　图7-3a所示为利用增压器的单作用增压回路，当系统在图示位置工作时，系统的供油压力 p_1 进入增压器的大活塞腔，此时在小活塞腔即可得到所需的较高压力 p_2；当二位四通电磁换向阀右位接入系统时，增压器返回，辅助油箱中的油液经单向阀补入小活塞。因而该回路只能间歇增压，所以称之为单作用增压回路。

（2）双作用增压器的增压回路　图7-3b所示为采用双作用增压器的增压回路，能连续输出高压油。在图示位置，液压泵输出的压力油经换向阀5和单向阀1进入增压器左端大、小活塞腔，右端大活塞腔的回油通油箱，右端小活塞腔增压后的高压油经单向阀4输出，此时单向阀2、3被关闭。当增压器活塞移到右端时，换向阀通电换向，增压器活塞向左移动。同理，左端小活塞腔输出的高压油经单向阀3输出，这样，增压器的活塞不断往复运动，两端便交替输出高压油，从而实现了连续增压。

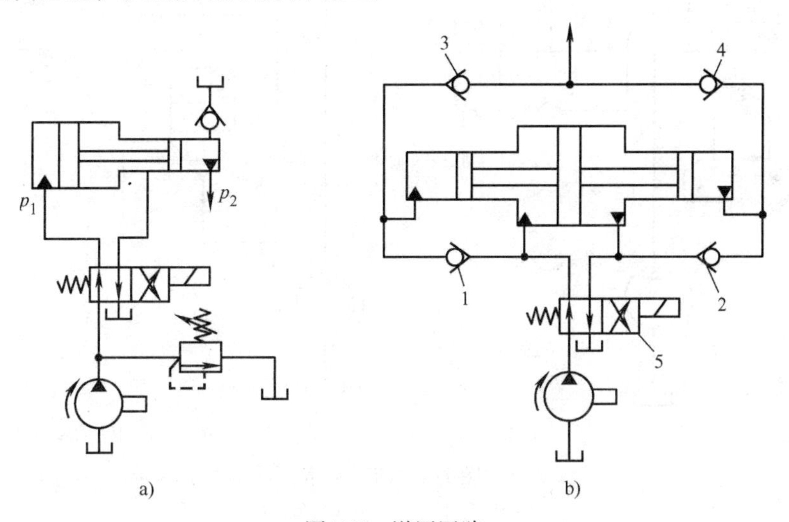

图7-3　增压回路

1、2、3、4—单向阀　5—换向阀

7.1.4　卸荷回路

卸荷回路的功用是指在液压泵的驱动电动机不频繁起动、停止的情况下，使液压泵在功率输出接近于零的情况下运转，以减少功率损耗，降低系统发热，延长泵和电动机的寿命。因为液压泵的输出功率为其流量和压力的乘积，因而，两者任一近似为零，功率损耗即近似为零。因此液压泵的卸荷有流量卸荷和压力卸荷两种，前者主要是使用变量泵，使变量泵仅为补偿泄漏而以最小流量运转，此方法简单，但泵仍处在高压状态下运行，磨损比较严重；压力卸荷的方法是使泵在接近零压下运转。

常见的压力卸荷方式有以下几种：

（1）采用换向阀中位机能的卸荷回路　当三位换向阀的中位机能为 M、H 和 K 型的阀处于中位时，泵经换向阀的中位卸荷，图 7-4a 所示为采用 M 型中位机能的电液换向阀的卸荷回路，这种回路切换时压力冲击小，但回路中必须设置背压阀 a，以使系统能保持 0.3MPa 左右的压力，供操纵控制油路之用。

（2）采用先导型溢流阀的卸荷回路　图 7-1a 中若去掉直动型溢流阀 2（作远程调压阀用），使先导型溢流阀的远程控制口直接与二位二通电磁阀相连，便构成一种用先导型溢流阀卸荷的卸荷回路，这种卸荷回路卸荷压力小，切换时冲击也小。

（3）采用二通插装阀的卸荷回路　图 7-4b 所示为二通插装阀的卸荷回路。由于二通插装阀的通流能力大，因而这种卸荷回路应用于大流量的液压系统。正常工作时，泵压力由溢流阀 1 调定。当二位四通换向阀 2 通电时，主阀上腔接通油箱，主阀口安全打开，泵经二通插装阀卸荷。

在双泵供油回路中，可利用顺序阀作卸荷阀的方式卸荷，详见图 7-21。

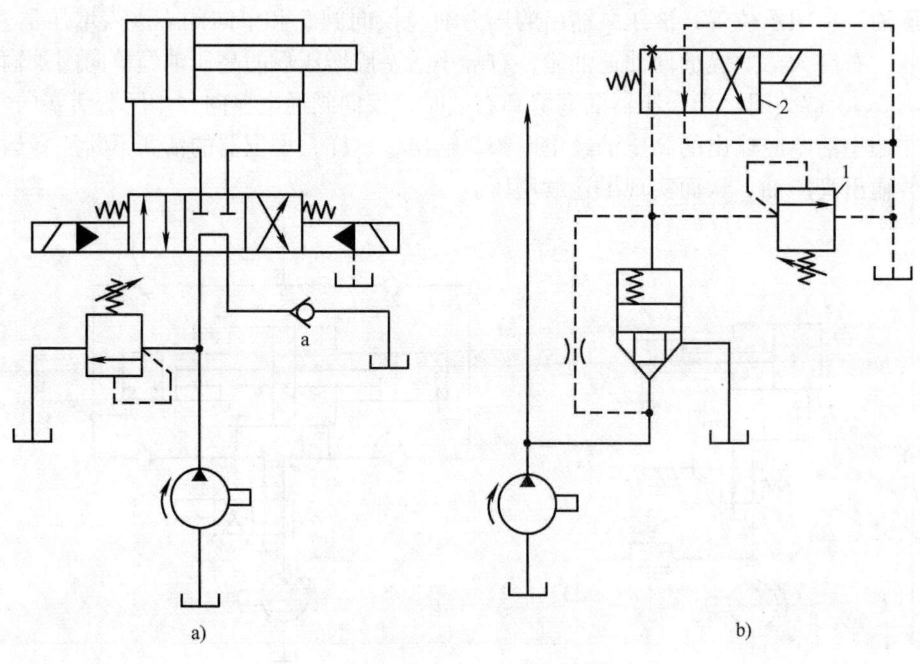

图 7-4　卸荷回路

1—溢流阀　2—二位四通换向阀

7.1.5　保压回路

在液压系统中，常要求液压执行机构在一定的行程位置上停止运动或在有微小的位移下稳定地维持一定的压力，这就要采用保压回路。最简单的保压回路是采用密封性能较好的液控单向阀的回路，但是，阀类元件阀芯和阀体处的泄漏使得这种回路的保压时间不能维持太久。常用的保压回路有以下几种：

（1）利用液压泵的保压回路　利用液压泵的保压回路也就是在保压过程中，液压泵仍以较高的压力（保压所需压力）工作，此时，若采用定量泵，则压力油几乎全经溢流阀流回油箱，系统功率损失大，易发热，故只在小功率的系统且保压时间较短的场合下才使用；

若采用变量泵，在保压时泵的压力较高，但输出流量几乎等于零，因而，液压系统的功率损失小，这种保压方法能随泄漏量的变化而自动调整输出流量，因而其效率也较高。

（2）利用蓄能器的保压回路　图7-5a所示的回路中，当主换向阀在左位工作时，液压缸向前运动且压紧工件，进油路压力升高至调定值，压力继电器动作使二通阀通电，泵经溢流阀卸荷，单向阀自动关闭，液压缸则由蓄能器保压。缸压不足时，压力继电器复位使泵重新工作。保压时间的长短取决于蓄能器容量，调节压力继电器的工作区间即可调节缸中压力的最大值和最小值。图7-5b所示为多缸系统中某一缸的保压回路，对于这种回路，当主油路压力降低时，单向阀关闭，支路由蓄能器保压并补偿泄漏，压力继电器的作用是当支路压力达到预定值时发出信号，使主油路开始动作。

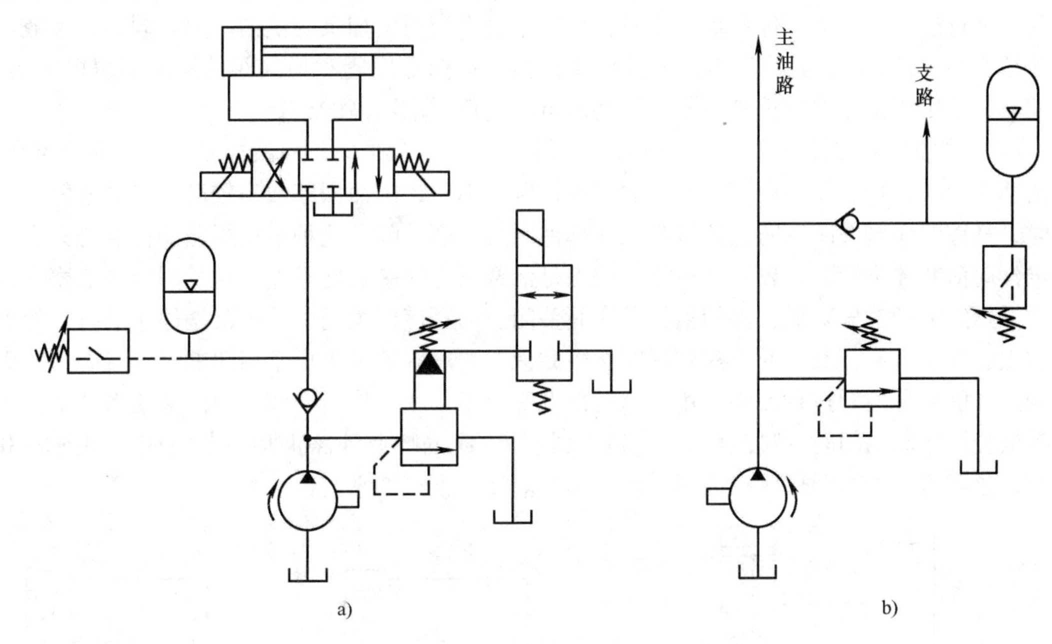

图7-5　利用蓄能器的保压回路

（3）自动补油的保压回路　图7-6所示为采用液控单向阀和电接触式压力计的自动补油保压回路，其工作原理为：当1YA通电，换向阀右位接入回路，液压缸上腔压力上升至电接触式压力计的上限值时，上触点接电，使电磁铁1YA断电，换向阀处于中位，液压泵卸荷，液压缸由液控单向阀保压。当液压缸上腔压力下降到电接触式压力计的下限值时，电接触式压力计又发出信号，使1YA通电，液压泵再次向系统供油，使压力上升，如此反复。因此，这一回路能自动地使液压缸补充压力油，能使其压力长期保持在一定范围内。

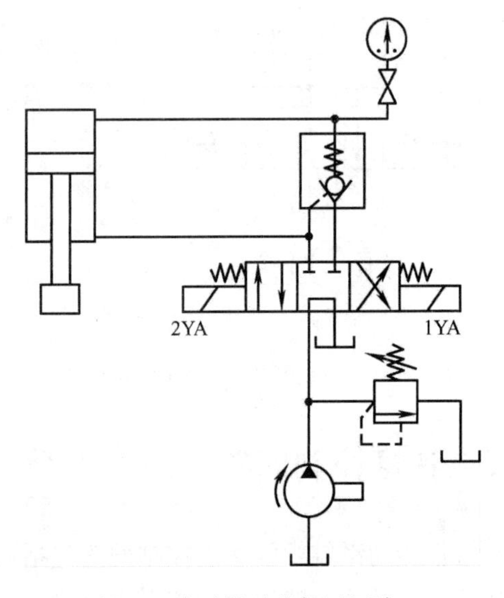

图7-6　自动补油的保压回路

7.1.6 平衡回路

平衡回路主要用在立式液压缸中，其作用除防止立式液压缸与垂直工件因自重而自行下滑外，还可改善立式液压缸下行运动时，由于自重而超速使运动不稳定的情况。常用的方法是在立式液压缸下行的回油路上增加阻力，以平衡自重。

（1）采用单向顺序阀的平衡回路　图7-7所示为采用单向顺序阀的平衡回路。当1YA通电后活塞下行时，单向顺序阀开启，此时在回油路上就存在一定的背压。只要将这个背压调整到能够支承住活塞和与之相连的工件自重，活塞就可以平稳地下落。当换向阀处于中位时，活塞就停止运动，不再继续下移。对于这种回路，当顺序阀调定后，所建立的背压就是定值。下行过程中，当工件自重较小时，将产生过平衡而增加泵的供油压力。同时，当液压缸停留在某一位置时，活塞和与之相连的工件会因单向顺序阀和换向阀的泄漏而缓慢下落，因此它只适用于工作部件重量不变、活塞停留时定位要求不高的场合。

（2）采用单向液控顺序阀的平衡回路　图7-8a所示为采用单向液控顺序阀的平衡回路。当活塞下行时，控制压力油打开液控顺序阀，背压消失，因而回路效率较高；当油缸停止工作时，液控顺序阀关闭以防止活塞和工作部件因自重而下降。这种平衡回路的优点是只有上腔进油时活塞才下行，比较安全可靠；缺点是活塞下行时平稳性较差。这是因为当活塞下行时，液压缸上腔油压降低，将使液控顺序阀关闭。当顺序阀关闭时，因活塞停止下行，使液压缸上腔油压升高，又打开液控顺序阀。因此液控顺序阀始终工作于启闭的过渡状态，因而影响工作的平稳性。这种回路适用于运动部件重量不很大、停留时间较短的液压系统中。为改善液控顺序阀启闭时的过渡状态，可在液控顺序阀的控制油路上加一节流阀，如图7-8b所示，这样可使液控顺序阀的启闭缓慢，提高液压缸下行的平稳性。

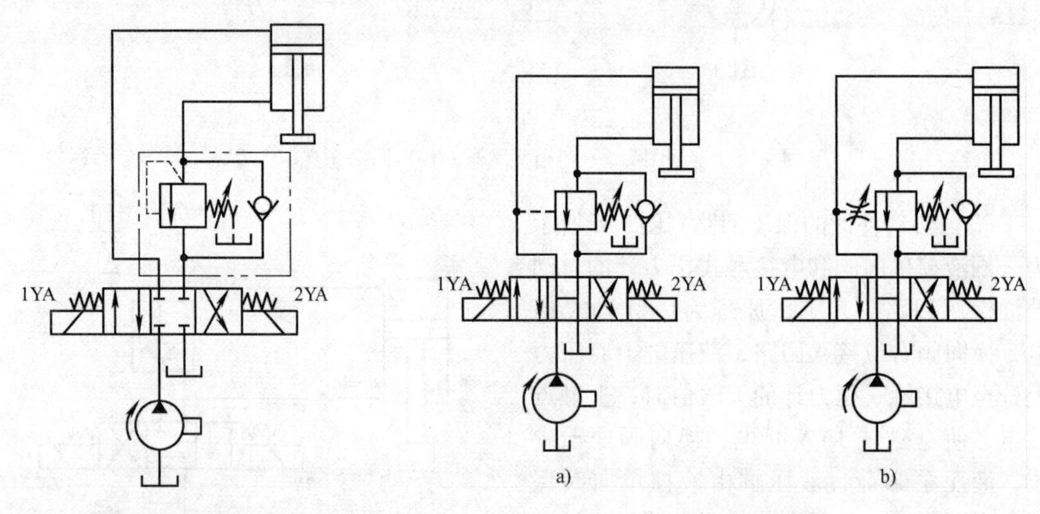

图7-7　采用单向顺序阀的平衡回路

图7-8　平衡回路

7.2 速度控制回路

液压传动系统中的速度控制回路包括调节液压执行元件的调速回路、使之获得快速运动的快速运动回路、快速运动和工作进给运动之间的速度换接回路。

7.2.1 调速回路

调速回路是用来调节执行元件运动速度的。从执行元件运动速度的表达式中可得到改变运动速度的方法。液压缸的运动速度为 $v=\dfrac{q}{A}$（q 为流量，A 为液压缸的工作面积），液压马达的转速为 $n_{\mathrm{m}}=\dfrac{q}{V_{\mathrm{m}}}\cdot\eta_V$，改变输入液压执行元件的流量 q 或改变液压缸的有效面积 A（或液压马达的排量 V）均可以达到改变速度的目的。但改变液压缸工作面积的方法在实际中是不现实的，因此，只能用改变进入液压执行元件的流量或用改变液压马达排量的方法来调速。根据以上分析，调速回路有以下几种形式：

节流调速回路——由定量泵供油,用流量阀调节进入或流出执行元件的流量来实现调速。

容积调速回路——用调节变量泵或变量马达的排量来调速。

容积节流调速回路——用限压式变量泵供油，由流量阀调节进入执行元件的流量，并使变量泵的流量与流量阀的调节流量相适应来实现调速。

1. 节流调速回路

（1）进油节流调速回路　进油节流调速回路如图 7-9a 所示，节流阀装在液压缸的进油路上，即串联在定量泵和液压缸之间，溢流阀与其并联成一溢流支路。通过调节节流阀的阀口大小（即通流面积），即可调节输入液压缸的流量，从而调节执行元件的运动速度。值得一提的是，在这种调速回路中，节流阀和溢流阀同时动作才能起到调速作用，因为定量泵多余的油液需通过溢流阀流回油箱。由于溢流阀的溢流，泵的出口压力 p_{p} 就是溢流阀的调整压力，并保持基本不变。

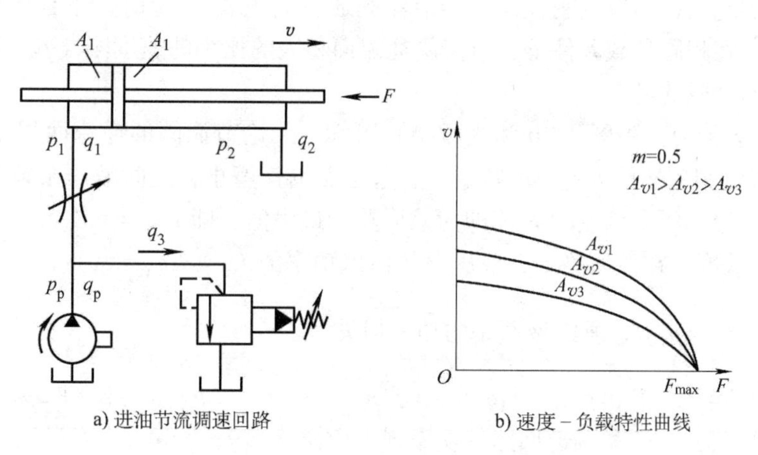

a) 进油节流调速回路　　b) 速度－负载特性曲线

图 7-9　进油节流调速回路和速度-负载特性曲线

1）速度-负载特性。在工作过程中 p_1 随负载变化而变化，由活塞的平衡条件可得

$$p_1A_1=F+p_2A_1 \tag{7-1}$$

式中，A_1 是液压缸无杆腔和有杆腔的有效工作面积；p_1、p_2 是液压缸左、右腔的压力；F 是负载（包括工作阻力及摩擦力等）。

由于回油腔通油箱，不计管路的压力损失，p_2 可视为零，故得

$$p_1 = \frac{F}{A_1} \tag{7-2}$$

$$\Delta p = p_p - p_1 = p_p - \frac{F}{A_1} \tag{7-3}$$

液压泵的供油压力 p_p 由溢流阀调定后基本不变，因此节流阀前后压力差 Δp 将随负载 F 的变化而变化。

根据节流阀的流量特性方程，可得通过节流阀的流量为

$$q_1 = KA_v(\Delta p)^m = KA_v\left(p_p - \frac{F}{A_v}\right)^m \tag{7-4}$$

式中，A_v 是节流阀阀口的通流面积；m 是由孔口形状决定的指数。

活塞的运动速度为

$$v = \frac{q_1}{A_1} = \frac{KA_v}{A_1}\left(p_p - \frac{F}{A_1}\right)^m \tag{7-5}$$

上式为进口节流调速回路的速度-负载特性公式，它说明在节流阀通流面积 A_v 一定的情况下，活塞速度 v 随负载 F 的变化关系。图 7-9b 所示为该回路的速度-负载特性曲线。

由图 7-9b 和式(7-5) 可知，当其他条件不变时，活塞的运动速度 v 与节流阀的通流面积 A_v 成正比，故调节 A_v 即可调节液压缸的速度。由于薄壁小孔节流阀的最小稳定流量很小，故可得到较低的稳定速度。这种调速回路的调速范围（最高速度和最低速度之比）较大，一般可大于100。但 A_v 调定后，速度随负载的增大而减小，故这种调速回路的速度负载特性较软。由图 7-9b 还可看出液压缸运动速度随负载变化的规律，曲线越陡，说明负载变化对速度的影响越大，即速度刚性差。当节流阀通流面积 A_v 一定时，重载区域比轻载区域的速度刚性差。在相同负载条件下，节流阀通流面积大的比小的速度刚性差，所以这种调速回路适用于低速轻载的场合。

2）最大承载能力。由图 7-9b 和式(7-5) 可知，无论节流阀的通流面积 A_v 为何值，当 $F = p_pA_1$ 时，节流阀两端压力差 Δp 为零，活塞运动也就停止，此时液压泵输出的流量全部经溢流阀流回油箱。所以该点的 F 值即为该回路的最大值，即 $F_{max} = p_pA_1$。

3）功率和效率。在该回路中，液压泵的输出功率为 $P_p = p_pq_p =$ 常量，液压缸的输出功率为 $P_1 = Fv = F\frac{q_1}{A_1} = p_1q_1$，所以该回路的功率损失为

$$\Delta P = P_p - P_1 = p_pq_p - p_1q_1 = p_p(q_1 + q_3) - (p_p - \Delta p)q_1 = p_pq_3 + \Delta pq_1 \tag{7-6}$$

由式(7-6) 可知，这种调速回路的功率损失由溢流损失 p_pq_3 和节流损失 Δpq_1 两部分组成。因此，回路的效率为

$$\eta = \frac{P_1}{P_p} = \frac{p_1q_1}{p_pq_p}$$

由于存在两部分的功率损失，故回路的效率较低。当负载恒定或变化很小时，$\eta = 0.2 \sim 0.6$；当负载变化时，回路的效率 $\eta_{max} = 0.385$。机械加工设备有快进-工进-快退的工作循环，工进时泵的大部分流量溢流，所以回路效率较低，而低效率导致温升和泄漏增加，进一步影响了速度稳定性和效率。

（2）回油节流调速回路　这种调速回路和进油节流调速回路相同，只是将节流阀串联在

液压缸的回油路上，如图7-10所示，借助节流阀可使液压缸的排油量 q_2 实现速度调节。由于进入液压缸的流量 q_1 受到回油路上排油量 q_2 的限制，因此用节流阀来调节液压缸排油量 q_2，也就调节了进油量 q_1。定量泵多余的油液经溢流阀流回油箱。

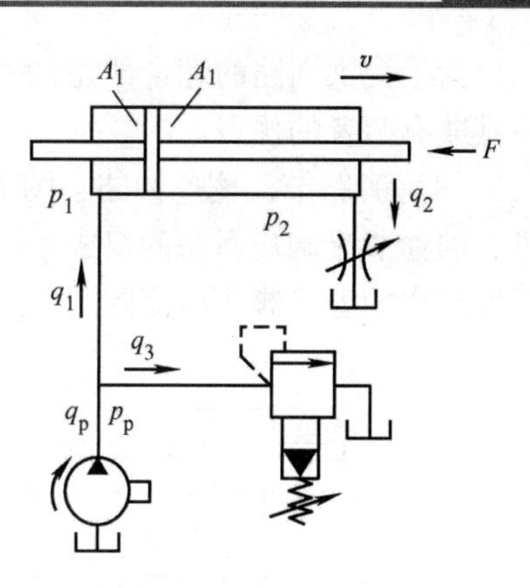

图7-10　回油节流调速回路

1）速度-负载特性。类似于式(7-5)的推导过程，由液压缸的力平衡方程（$p_2 \neq 0$）、流量阀的流量方程（$\Delta p = p_2$），可得出液压缸的速度-负载特性为

$$v = \frac{q_2}{A_1} = \frac{KA_v}{A_1}\left(p_p - \frac{F}{A_1}\right)^m \tag{7-7}$$

式(7-7)为回油节流调速回路的速度-负载特性公式。

比较式(7-7)和式(7-5)可得，回油节流调速回路和进油节流调速回路的速度-负载特性公式完全相同，当使用同一个液压缸和同一个节流阀，而负载和活塞运动速度相同时，对进油路节流调速回路的分析也完全适用于回油路节流调速回路。

2）最大承载能力：经推导，回油节流调速回路的最大承载能力与进油节流调速回路完全相同。

3）功率和效率：经推导，当使用同一个液压缸和同一个节流阀，而负载和活塞运动速度相同时，认为进油节流调速回路的功率和效率与回油节流调速回路的功率和效率相同。

但是，毕竟节流元件的安装位置不同，两种回路还是有不同之处：

1）承受负值过载的能力。回油节流调速回路的节流阀使液压缸回油腔形成一定的背压，在负值负载时，背压能阻止工作部件的前冲，使运动平稳；而对于进油节流调速回路，由于回油腔没有背压力，因而不能在负值负载下工作。

2）停车后的起动性能。长期停车后液压缸油腔内的油液会流回油箱，当液压泵重新向液压缸供油时，在回油节流调速回路中，由于进油路上没有节流阀控制流量，会使活塞前冲；而在进油节流调速回路中，由于进油路上有节流阀控制流量，故活塞前冲很小，甚至没有前冲。

3）实现压力控制的方便性。进油节流调速回路中，进油腔的压力将随负载变化而变化，当工作部件碰到死挡块而停止后，其压力将上升到溢流阀的调定压力，利用这一压力变化来实现压力控制是很方便的；而在回油节流调速回路中，只有回油腔的压力才会随负载变化，当工作部件碰到死挡块后，其压力将降到零。虽然也可以利用这一压力变化来实现压力控制，但其可靠性差，电路复杂，一般很少采用。

4）发热及泄漏的影响。在进油节流调速回路中，经过节流阀发热后的液压油将直接进入液压缸的进油腔；而在回油节流调速回路中，经过节流阀发热后的液压油将直接流回油箱冷却。因此，进油节流调速回路中发热和泄漏的影响均大于回油节流调速回路。

5）运动平稳性。在回油节流调速回路中，由于节流阀的背压力可以起到阻尼作用，同时空气也不易侵入。而在进油节流调速回路中则没有背压力，因此，回油节流调速回路的运动平稳性要好一些。但是从另一方面讲，在使用单出杆液压缸时，无杆腔的进油路将大于有杆腔的回油量，故在缸径、缸速均相同的情况下，进油节流调速回路的节流阀通流面积较大，低速时不易堵塞。因此，进油节流调速回路能获得更低的稳定速度。

为了提供回路的综合性能，一般采用进油节流调速回路并在回油路上加背压阀的回路，使其兼有两者的优点。

(3) 旁路节流调速回路 图7-11a 所示为采用节流阀的旁路节流调速回路。这种回路与进、回油节流调速回路的组成相同，主要区别是将节流阀安装在与液压缸并联的支路上。此时回路中的溢流阀作溢流阀用，正常工作时处于关闭状态。

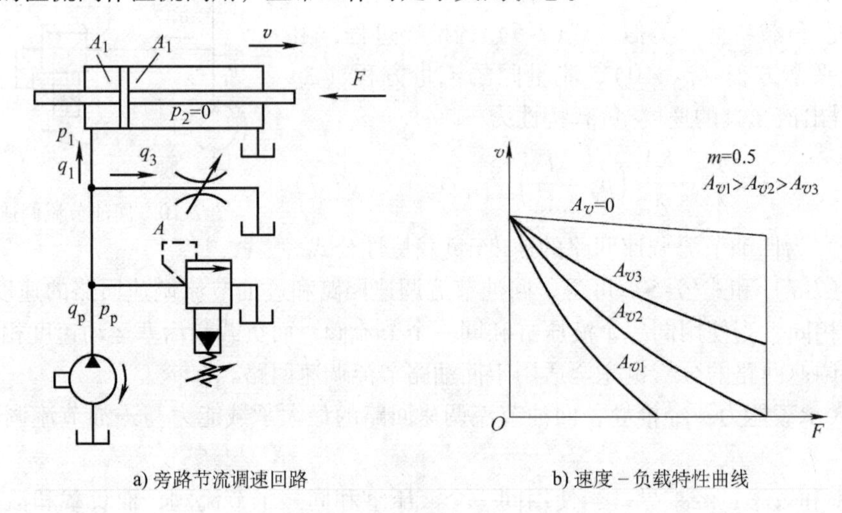

图7-11 旁路节流调速回路

定量泵输出的流量 q_p，其中一部分流量 q_3 通过节流阀流回油箱，另一部分流量 q_1 进入液压缸，推动活塞运动。如果流量 q_3 增多，流量 q_1 就减少，活塞的运动速度就慢；反之，活塞的运动速度就快。因此，调节通过节流阀的流量 q_3 就间接地调节了进入液压缸的流量 q_1，也就调节了活塞的运动速度 v。这里，液压泵的供油压力 p_p（在不考虑损失时）等于液压缸进油腔的工作压力 p_1，其大小决定于负载 F。溢流阀的调定压力应大于液压缸的最大工作压力，它仅在回路过载时才打开。

1）速度-负载特性。该回路的速度-负载特性可用上述同样的分析方法求得其速度-负载特性方程。与前面不同的是进入液压缸的流量为泵的流量 q_p 与节流阀的流量 q_3 之差，由于在回路中泵的工作压力随负载变化而变化，泄漏量正比于压力，也是变量（前两种回路中为常量），对速度产生了附加影响，因而泵的流量中要计入泵的泄漏量 Δq_p，所以有

$$q_1 = q_p - q_3 = (q_{pt} - \Delta q_p) - KA_v\left(\frac{F}{A_1}\right)^m = q_{pt} - k_p\left(\frac{F}{A_1}\right) - KA_v\left(\frac{F}{A_1}\right)^m$$

式中，q_{pt} 是泵的理论流量；k_p 是泵的泄漏系数；m 是由孔口形状决定的指数。

其他符号意义同前。所以液压缸的速度-负载特性公式为

$$v = \frac{q_1}{A_1} = \frac{q_{pt} - k_p\left(\frac{F}{A_1}\right) - KA_v\left(\frac{F}{A_1}\right)^m}{A_1} \tag{7-8}$$

根据式(7-8)，选取不同的 A_v 值可作出一组速度-负载特性曲线，如图7-11b 所示，由曲线可知，当节流阀通流面积一定而负载增加时，速度显著下降，即速度-负载特性较软；但当节流阀通流面积一定时，负载越大，速度刚性越大；当负载一定时，节流阀通流面积

A_v 越小（即活塞运动速度高），速度刚性越大，因而该回路适用于高速重载的场合。

2）最大承载能力。由图7-11b可以看出，旁路节流调速回路能承受的最大负载 F_{max} 随活塞运动速度的降低而减小。最大负载可在式(7-8）中令 $v=0$ 得到。这是液压泵的全部流量 q_p 都经节流阀流回油箱。若继续调大节流阀的通流面积已不起调节作用，则只能使系统压力降低，其最大承载能力也随之降低。因此，这种调速回路的最大承载能力在低速时较低，同时范围也较小。

3）功率和效率。旁路节流调速回路只有节流阀损失而无溢流损失，液压泵的输出功率随着工作压力 p_1 的增减而增减，因而回路的效率比前两种回路要高。

但是，旁路节流调速回路速度-负载特性较差，一般只用在功率较大、对速度稳定性要求较低的场合，如牛头刨床主运动系统、输送机械液压系统等。

（4）采用调速阀的节流调速回路　采用节流阀的节流调速回路的速度-负载特性都比较“软”，当载荷变化时，运动平稳性较差，为了克服这个缺点，回路中的节流阀可用调速阀代替，因调速阀可保证负载变化时节流阀进出口之间的压力差基本不变，因而使用调速阀后，节流调速回路的速度-负载特性将得到改善，如图7-9b和图7-11b所示。旁路节流调速回路的承载能力也不因活塞速度降低而减小，但所有性能上的改善都是以加大整个流量控制阀的工作压力差为代价的。调速阀的工作压力差最小为0.5MPa，高压调速阀需1.0MPa左右。因此，该回路的功率损失比采用节流阀时对应的节流调速回路还要大。故采用调速阀的节流调速回路大多使用在对速度稳定性要求较高的机床液压系统中。

2. 容积调速回路

容积调速回路是通过改变泵或马达的排量来实现对液压缸（或液压马达）无级调速的。这种调速回路无溢流损失和节流损失，所以效率高，发热少，适用于高压、大流量的大型机床、工程机械及矿山机械等大功率的液压系统中。它的缺点是变量泵和变量马达的结构复杂，成本较高。

根据油路的循环方式，容积调速回路可以分为开式回路和闭式回路。在开式回路中，液压泵从油箱中吸油，液压执行元件的回油直接回油箱，这种回路结构简单，油液在油箱中能得到充分冷却，但油箱体积大，空气和污染物易进入回路。在闭式回路中，执行元件的回油直接与泵的吸油腔相连，结构紧凑，只需很小的补油箱，空气和污染物不易进入回路，但油箱的冷却条件差，需另设辅助泵补油。补油泵的流量一般为主泵流量的10%～15%，压力通常为0.3～1.0MPa。

根据液压泵和执行元件组合方式的不同，容积调速回路有泵-缸式和泵-马达式两类，它们的组成和工作原理如下所述。

（1）泵-缸式容积调速回路　回路组成如图7-12所示，其中图7-12a所示为开式回路，图7-12b所示为闭式回路（图中给出的是单向变量泵，执行元件只能实现单向运动，若采用双向变量泵可使执行元件换向）。改变变量泵1的排量就可调节活塞的运动速度，其中3为溢流阀，起过载保护作用，正常工作时关闭并限定回路的最大工作压力。但是，由于液压缸两腔有效面积不可能完全相等以及液压缸的泄漏等原因，闭式回路中还需及时对系统补油。图中5是补油油箱，当液压泵的吸油腔油液不足使压力降低到低于大气压力时，通过单向阀4向系统补油。单向阀4是用来防止液压泵不工作时油液倒流回油箱和防止空气进入系统。

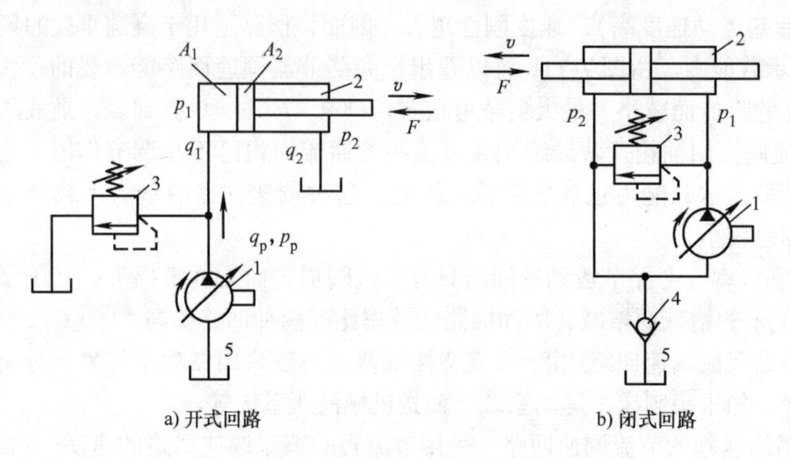

a) 开式回路　　b) 闭式回路

图 7-12　泵-缸式容积调速回路

1—变量泵　2—液压缸　3—溢流阀　4—单向阀　5—补油油箱

在图 7-12a 所示的开式回路中，若液压缸的速度为 v，泵的理论流量为 q_{pt}，泄漏系数为 k_1，则活塞运动速度为

$$v=\frac{q_1}{A_1}=\frac{q_p}{A_1}=\frac{q_{pt}-k_1\left(\frac{F}{A_1}\right)}{A_1} \tag{7-9}$$

根据式(7-9) 选取不同的 q_{pt} 值作图，可得一组平行曲线，即回路的速度-负载特性曲线，如图 7-13 所示。由于泵的泄漏，使得活塞速度随着负载的增加而下降，因此这种调速回路在低速时的承载能力很差。

要确定回路的调速范围应先确定回路的最高和最低速度。由式(7-9) 可以看出，这种回路的最高速度决定于所选用变量泵的最大流量，而最低速度可以调得很低（理想的空载最低速度可为零），因此调速范围较大。在上述调速范围内，液压缸的最大推力 F_{max} 为

$$F_{max}=p_s A_1 \eta_m \tag{7-10}$$

式中，p_s 是溢流阀 3 的调定压力；A_1 是液压缸的有效面积；η_m 是液压缸的机械效率。

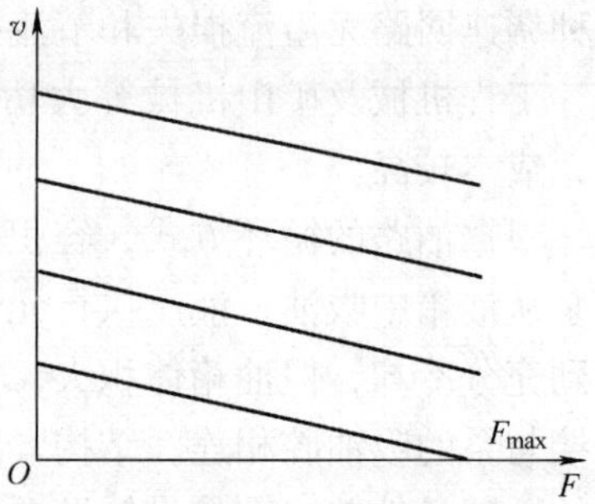

图 7-13　泵-缸式容积调速回路的速度-负载特性曲线

由式(7-10) 可知，当溢流阀的调定压力不变时，不考虑机械效率的变化，在调速范围内液压缸的推力也不变，所以这种调速回路为恒推力调速回路，而最大输出功率 P 也随着速度（流量 q_{pt}）的上升线性增加。

本调速回路广泛应用在推土机、插床和拉床等大功率的液压系统中。

（2）泵-马达容积调速回路　泵-马达容积调速回路有变量泵-定量马达、定量泵-变量马达和变量泵-变量马达三种组合形式。

1）变量泵-定量马达容积调速回路。回路组成如图 7-14a 所示，3 为溢流阀，4 为辅助泵，用来补充泄漏，其压力由溢流阀 5 调定，变量泵 1 输出的流量全部进入定量马达 2。不计损失，液压马达的转速 n_m 为

$$n_m = \frac{q_m}{V_m} = \frac{q_p}{V_m} = \frac{V_p n_p}{V_m} \tag{7-11}$$

式中，q_m 是液压马达的输入流量；q_p 是液压泵的输出流量；V_m、V_p 是液压马达、液压泵的排量；n_p 是液压泵的转速。

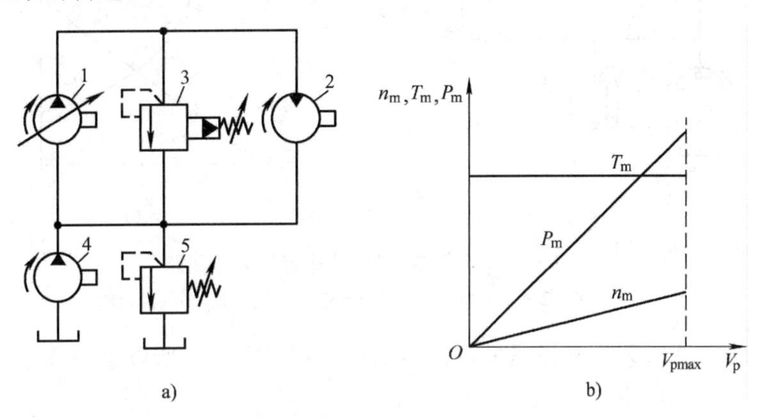

图 7-14 变量泵-定量马达容积调速回路

1—变量泵 2—定量马达 3、5—溢流阀 4—辅助泵

由于 V_m、n_p 均为常数，所以调节变量泵的排量 V_p 就调节了液压马达的转速 n_m。实际上，因泵与马达均有泄漏，且泄漏量与负载压力成正比，因此负载变化将直接影响液压马达速度的稳定性，即随负载转矩的增加，液压马达的转矩略有下降。减少液压泵和液压马达的泄漏量，增大液压马达的排量，都可以提高回路的速度刚性。

由于变量泵的排量可以调得很小，因此该调速回路有较大的调速范围。若采用高质量的轴向柱塞泵，其调速范围（n_{max}/n_{min}）可达40，并可实现连续的无级调速。当回路中的液压泵改变供油方向时，液压马达能实现平稳地换向。

在不计损失时，变量泵1输出的油液压力 p_p 与溢流阀的调定压力 p_s 相等，则液压马达的输出转矩为

$$T_m = p_s V_m / 2\pi = p_p \cdot V_m / 2\pi \tag{7-12}$$

由式(7-12) 可知，当溢流阀的调定压力 p_s 不变时，因定量马达的排量是固定的，则在调速范围内各种速度下，液压马达的输出转矩也不变，所以这种调速为恒转矩调速，其最大输出功率为

$$P_m = 2\pi n_m T_m = V_p n_p p_s \tag{7-13}$$

很显然，当 p_s、n_p 均为常数时，最大输出功率 P_m 随着变量泵的排量 V_p 变化而线性变化。如图7-14b 所示。

2）定量泵-变量马达容积调速回路。回路组成如图7-15a 所示，各元件作用同图7-14a。不计损失，计算液压马达的转速 n_m 的公式和式(7-11) 完全相同，只是 V_p 值不变而 V_m 改变。因 V_p、n_p 均为常数，故液压马达的转速 n_m 与排量 V_m 成反比，改变液压马达的排量就改变了液压马达的转速，如图7-15b 所示。

该回路的速度-负载特性与变量泵-定量马达调速回路的完全相同。由式(7-12) 可知，随着变量马达排量的减少，转速增加，但输出转矩将减小，机械效率降低。当排量减小到一定值后，其输出转矩甚至不足以克服负载。因此，实际上液压马达的排量调节范围不大，即

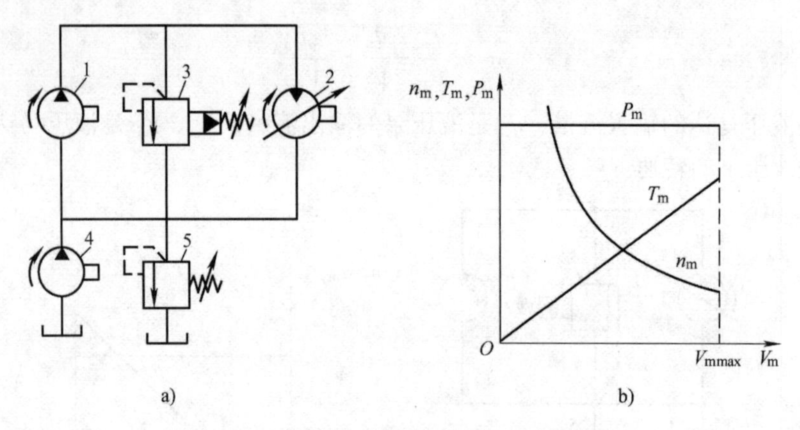

图7-15　定量泵-变量马达容积调速回路

1—主泵　2—变量马达　3—安全阀　4—辅助泵　5—溢流阀

使是高质量的轴向柱塞泵，其排量的可调范围也只在4左右，所以这种调速回路的调速范围也只有4左右。

液压马达的输出转矩仍按式(7-12) 计算，不同的是，此时液压马达的排量 V_m 是可调的，输出转矩也是变化的，并且随着液压马达排量的增减而增减，如图7-15b 所示。

液压马达的最大输出功率按式(7-13) 计算，当溢流阀的调定压力 p_s 不变时，因 V_p 为定值（定量泵），液压马达的最大输出功率 P_m 与其排量无关，也为一定值。因此称回路的这一特性为恒功率特性，这种调速回路为恒功率调速。

这种回路调速范围很小，且不能用来使马达实现平稳的反向。因为反向时，双向液压马达的偏心量（或倾角）必然要经历变小→为零→反向增大的过程，也就是马达的排量变小→为零→变大的过程，输出转矩就要经历转速变高→输出转矩太小（其值小到不能带动负载转矩，甚至不能克服摩擦转矩）而使转速为零→反向高速的过程，调节很不方便，所以这种回路目前已很少单独使用。

3）变量泵-变量马达容积调速回路。回路如图7-16a 所示，其中1为辅助泵，2为调定辅

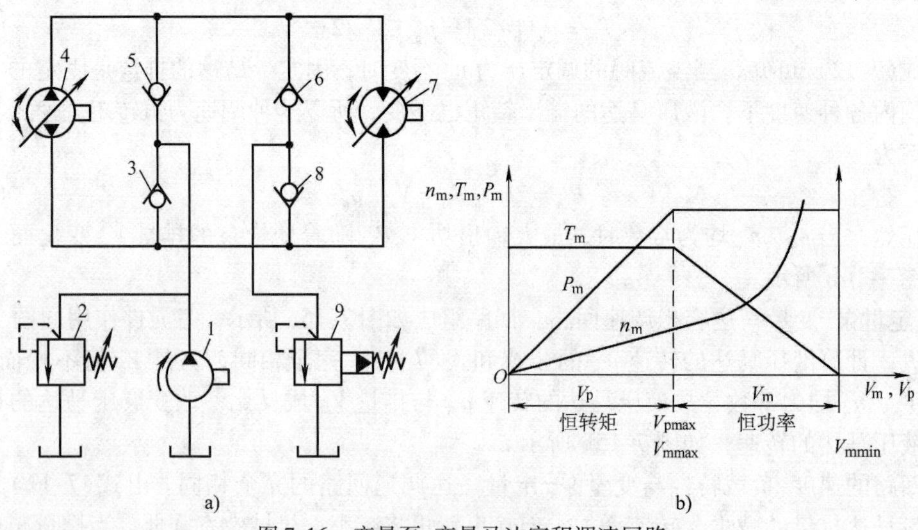

图7-16　变量泵-变量马达容积调速回路

1—辅助泵　2—溢流阀　3、5、6、8—单向阀　4—双向变量泵　7—双向变量马达　9—溢流阀

助泵1压力的溢流阀。双向变量泵4正向或反向供油，液压马达即正向或反向旋转。单向阀3和5用于使辅助泵1能双向补油。单向阀6和8是使溢流阀9在两个方向都能起过载保护作用。这种调速回路是上述两种调速回路的组合，由于泵和马达的排量均可改变，故扩大了调速范围，并扩大了液压马达转矩和功率输出的选择范围，其调速特性曲线如图7-16b所示。

一般工作部件都在低速时要求有较大的转矩，因此，这种系统在低速范围内调速时，先将液压马达的排量调到最大（使马达能获得最大输出转矩），任意改变泵的排量，当变量泵的排量由小变大，直至达到最大排量时，液压马达转速也随之升高，输出功率随之线性增加，此时液压马达处于恒转矩状态；若要进一步加大液压马达转速，则将变量马达的排量由大调小，此时输出转矩随之降低，而泵则处于最大功率输出状态，故液压马达也处于恒功率输出状态。

这种调速回路常用于机床主运动、矿山机械和行走机械中，以获得较大的调速范围。

3. 容积节流调速回路

容积节流调速回路的工作原理是采用压力补偿变量泵供油，用流量控制阀调节进入液压缸流量或调节由液压缸流出的流量，从而调节液压缸的运动速度，并使变量泵的输出流量自动地与液压缸所需的流量相适应，这种调速回路没有溢流损失，效率较高，速度稳定性也比单纯的容积调速回路好。这种常用在速度范围大、中小功率的场合，如组合机床的进给系统等。

（1）限压式变量泵和调速阀的容积节流调速回路　图7-17a所示为由限压式变量泵和调速阀组成的容积节流联合调速回路，该回路由限压式变量泵1供油，压力油经调速阀3进入液压缸工作腔，回油经背压阀4返回油箱，液压缸运动速度由调速阀中节流阀的通流面积A_v来控制。设泵的流量为q_p，则稳态工作时$q_p=q_1$。可是在关小调速阀的一瞬间，q_1减小，而此时液压泵的输油量还未来得及改变，于是出现了$q_p>q_1$，因回路中油液没有溢流（阀2为溢流阀），多余的油液使泵和调速阀间的油路压力升高，也就是泵的出口压力升高，从而使限压式变量泵输出流量减小，直至$q_p=q_1$；反之，开大调速阀的瞬间，将出现$q_p<q_1$，从而使限压式变量泵出口压力降低，输出流量自动增加，直至$q_p=q_1$。由此可见调速阀不仅能保证进入液压缸的流量稳定，而且可以使泵的供油流量自动地和液压缸所需的流量相适应，

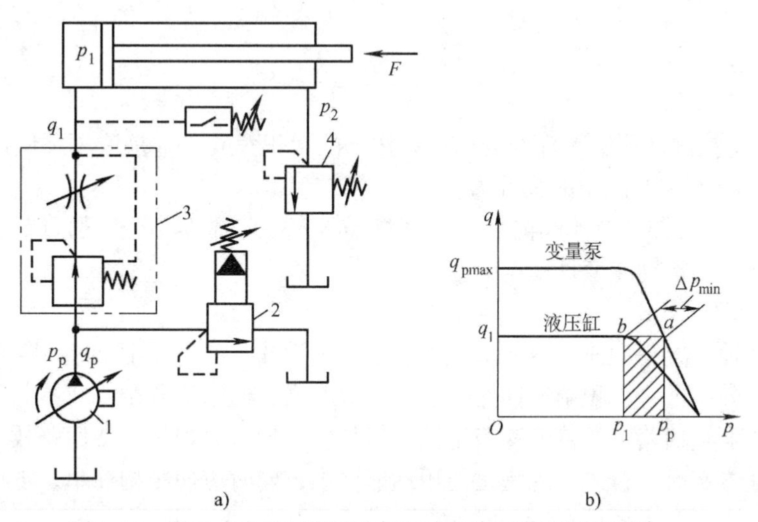

图7-17　限压式变量泵和调速阀组成的容积节流调速回路

1—限压式变量泵　2—溢流阀　3—调速阀　4—背压阀

因而也可使泵的供油压力基本恒定。

图7-17b所示为限压式变量泵和调速阀的容积节流调速回路特性曲线。由图可知，液压缸的工作点为b（p_1、q_1），液压泵的工作点为a（p_p、q_p），如果限压式变量泵的限压螺钉调得合理，在不计管路损失的情况下，可使调速阀保持最小稳定压力差，一般，$\Delta p_{min}=p_p-p_1=0.5\text{MPa}$此时不仅活塞的运动速度不随负载变化，而且调速阀的功率损失（图中有剖面线部分的面积）为最小。如果p_p调得过小，会使$\Delta p<0.5\text{MPa}$，造成调速阀不能正常工作，输出的流量随液压缸压力增加而下降，使活塞运动速度不稳定。在调节限压螺钉时，若将Δp调得过大，则功率损失增大，油液易发热。

（2）差压式变量泵和节流阀的容积节流调速回路　图7-18所示为差压式变量泵和节流阀组成的容积节流调速回路。差压式变量泵的流量由节流阀两端的压力差来控制。液压泵通过控制活塞和柱塞的运动，来保证节流阀前后的压力差p_p-p_1不变，使通过节流阀的流量保持稳定。系统保证了泵的输出流量始终与节流阀的调节流量相适应。当节流阀开口调大时，p_p就会降低，偏心距e增大，泵的输油量也增大；若节流阀开口减小，则泵的输油量就减小，从而起到调速作用。

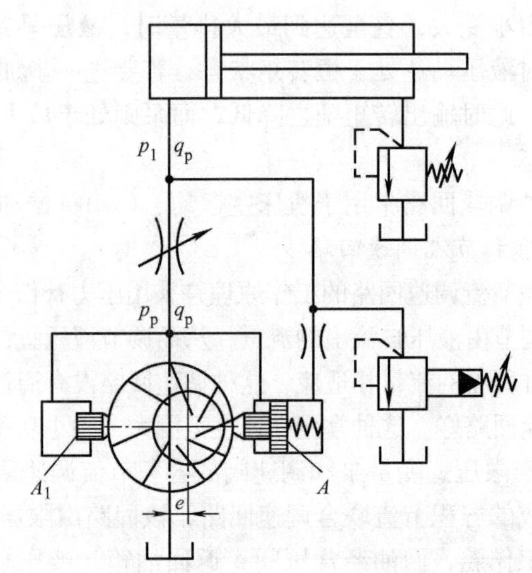

图7-18　差压式变量泵和节流阀的容积节流调速回路

在这种调速回路中，作用在液压泵定子上的力平衡方程式为

$$p_pA_1+p_p(A-A_1)=p_1A+F_s$$

即

$$p_p-p_1=\frac{F_s}{A} \tag{7-14}$$

式中，A、A_1是控制液压缸无杆腔的面积和柱塞的面积；p_p、p_1是液压泵供油压力和液压缸工作腔压力；F_s是控制缸中的弹簧力。

从式(7-14)可知，节流阀前后的压力差$\Delta p=p_p-p_1$基本不变，通过节流阀的流量也基本不变，故活塞的运动速度是稳定的。

4. 调速回路的选择

在节流调速、容积调速和容积节流调速三种回路中，节流调速回路结构简单，成本低，但其发热多，效率低；容积调速回路发热少，效率高，但结构复杂，成本高，且低速稳定性差；容积节流调速回路可改善低速稳定性，但是要增加压力损失，使回路效率略有降低。

选择调速方案时，首先考虑满足使用性能要求，同时应使结构简单、工作可靠和成本低廉。选择时，如下几点可供参考。

1）节流调速与容积调速的选择。从功率大小及对系统的温升要求出发，功率较大或对系统温升要求较严，又不能采用较大的油箱或其他办法来散热时，宜采用容积调速，其他情况用节流调速比较简单。

2）节流阀节流调速与调速阀节流调速的选择。从负载变化大小及对速度-负载特性的要求出发，负载变化大，且要求速度刚度较大时，宜采用调速阀节流调速回路，否则采用节流阀节流调速回路较简单。

3）进油、出油和旁路节流调速回路的选择。从性能要求出发，有负值负载或对运动平稳性要求较高时，宜用出油调速或进油调速加背压阀；为防止执行元件起动时的前冲或为了实现压力控制，宜采用进油调速；采用旁路节流调速时，在一定程度上可减少功率损耗和系统发热。

4）容积调速时，变量泵与变量马达的选择。从调速范围和承载能力出发，用变量泵调速时，调速范围较大（可达40），承载力较大，是恒转矩（或恒推力）输出；用变量马达调速时，是恒功率输出，但调速范围较小（一般不超过4），承载力较低；采用变量泵和变量马达调速时，兼有恒转矩和恒功率特性，调速范围较大，可达100。

5）功率不大，但要求发热小、调速范围宽、速度-负载特性好时，可采用容积节流调速。

7.2.2　快速运动回路

快速运动回路又称增速回路，其功能在于使执行元件获得必要的（如空行程）高速，以提高系统的工作效率或充分利用功率。实现快速运动的方法一般有三种：增加输入执行元件的流量、减小执行元件在快速运动时的有效面积以及上述两种方法的联合使用。下面介绍几种常见的快速运动回路。

1. 液压缸差动连接回路

图7-19所示的回路是利用二位三通换向阀实现的差动连接回路。在该回路中，当换向阀1和3在左位工作时，液压缸差动连接作快进运动；当换向阀3通电时，差动连接即被切断，液压缸回油经过调速阀，实现工进；换向阀1切换到右位后，缸快退。这种连接方式，可在不增加液压泵流量的情况下提高液压缸的运动速度。但是，泵的流量和有杆腔排出的流量合在一起时经过的阀和管路应按合成流量来选择，否则会使压力损失过大，泵的供油压力过大，导致泵的部分压力油从溢流阀流回油箱而达不到差动快进的目的。

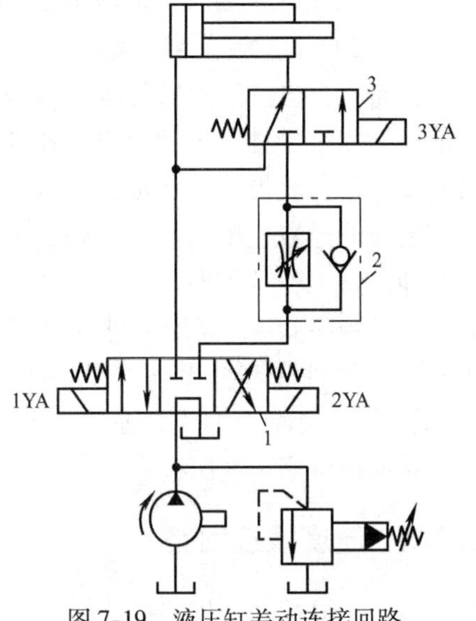

图7-19　液压缸差动连接回路
1、3—换向阀　2—单向调速阀

液压缸的差动连接也可用P型中位机能的三位换向阀来实现。

2. 采用蓄能器的快速运动回路

图7-20所示为采用蓄能器的快速运动回路，采用蓄能器的目的是可以选用流量较小的液压泵，当系统中短期需要大流量时，此时换向阀5的阀芯处于左端或右端位置，就由液压泵1和蓄能器4共同向液压缸6供油。当系统停止工作时，换向阀5处于之间

位置，这时泵便经单向阀3向蓄能器供油，蓄能器压力升高后，控制卸荷阀2，打开阀口，使液压泵卸荷。

3. 双泵供油快速运动回路

图7-21所示为双泵供油快速运动回路，图中1为低压大流量泵，用来实现快速运动；2为高压小流量泵，用来实现工作进给。在快速运动时，泵1输出的油液经单向阀4与泵2输出的油液共同向系统供油；工作行程时，系统压力升高，打开卸荷阀3使低压大流量泵1卸荷，由泵2向系统单独供油，这时系统的压力由溢流阀5调整，单向阀3在系统压力油作用下关闭。该回路的优点是功率损耗小，效率高，应用较普遍，但系统稍复杂。

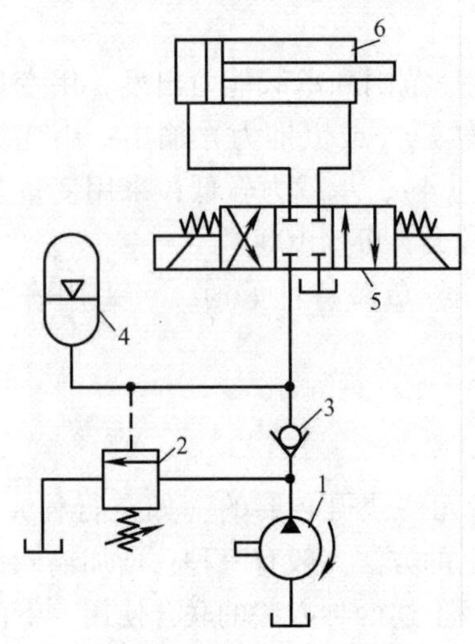

图7-20 采用蓄能器的快速运动回路
1—液压泵 2—卸荷阀 3—单向阀
4—蓄能器 5—换向阀 6—液压缸

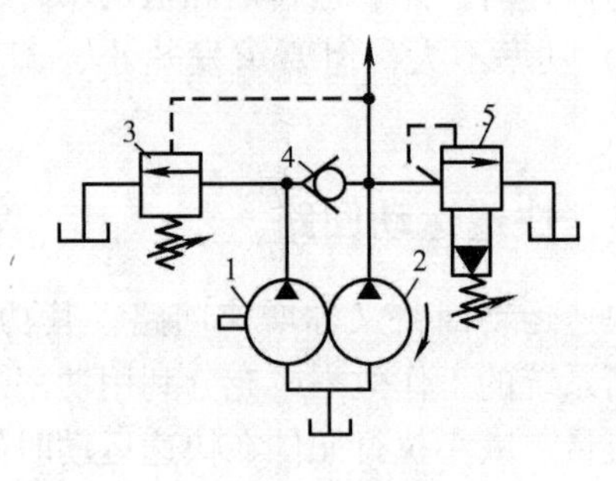

图7-21 双泵供油回路
1—低压大流量泵 2—高压小流量泵
3—卸荷阀 4—单向阀 5—溢流阀

4. 采用增速缸的快速运动回路

图7-22所示为采用增速缸的快速运动回路，在该回路中，当三位四通换向阀左位工作时，压力油经增速缸中柱塞1的中间小孔进入B腔，使活塞2伸出，获得快速运动（$v=4q_p/\pi d^2$），A腔中所需油液经液控单向阀3从辅助油箱吸入，活塞2伸出到工作位置时，由于负载加大，压力升高，打开顺序阀4，高压油进入A腔，同时关闭单向阀。此时活塞杆B在压力油作用下继续外伸，但因有效面积加大，速度变慢而使推力加大。该回路常用于油压机系统中。

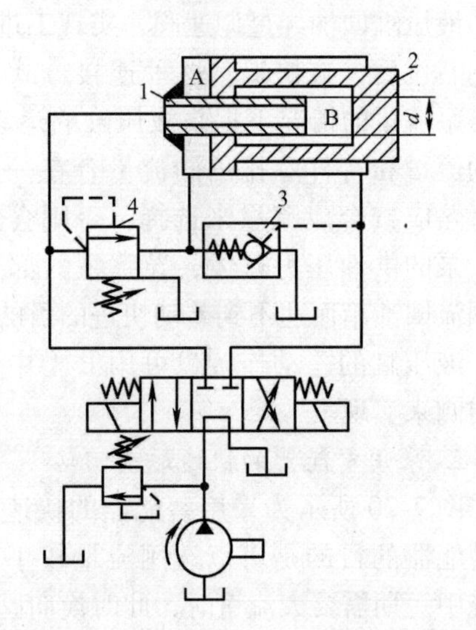

图7-22 采用增速缸的快速运动回路
1—柱塞 2—活塞 3—液控单向阀 4—顺序阀

7.2.3 速度换接回路

机床在自动循环的过程中，工作部件往往需要有不同的运动速度，因此要经常进行不同速度的变换，如快速趋近工件变换到工作进给速度；从第一种工作进给速度变换到第二种工作进给速度，这就需要采用速度换接回路。该回路应具有较高的速度换接平稳性。

1. 快速与慢速的换接回路

图 7-23 所示为用行程阀实现快慢速换接的回路。在图示状态下，液压缸快进，当活塞所连接的挡块压下行程阀 6 时，行程阀关闭，液压缸右腔的油液必须通过节流阀 5 才能流回油箱，活塞运动速度转变为慢速工进；当换向阀左位接入回路时，压力油经单向阀 4 进入液压缸右腔，活塞快速向右返回。这种回路的快慢速换接较平稳，换接点的位置较准确。缺点是行程阀的安装位置不能任意布置，管路连接较复杂。若将行程阀改为电磁阀，则安装连接比较方便，但速度换接的平稳性、可靠性以及换向精度均较差。

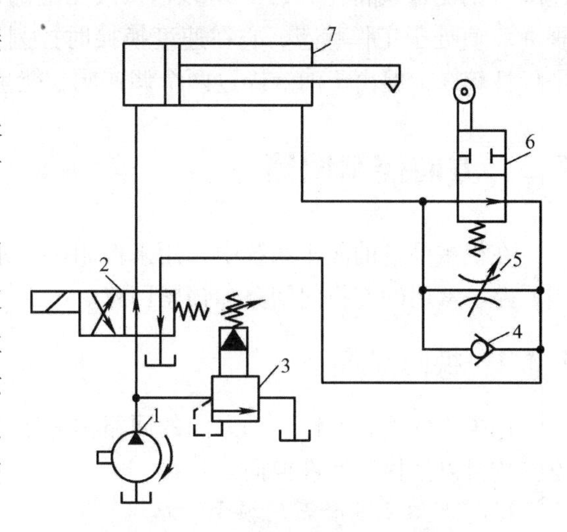

图 7-23　用行程阀的速度换接回路

1—液压泵　2—换向阀　3—溢流阀　4—单向阀　5—节流阀　6—行程阀　7—液压缸

2. 两种慢速的换接回路

图 7-24 所示为用两个调速阀来实现不同工进速度的换接回路。图 7-24a 中的两个调速阀 A、B 并联，用换向阀实现换接。两个调速阀可以单独地调节各自的流量，互不影响。但是，一个调速阀工作时另一个调速阀内无油通过，它的减压阀处于最大开口位置，在速度换接时大量油液流经该处将使机床工作部件产生前冲现象。因此它不宜用于工作过程中的速度换接，只可用在速度预选的场合。

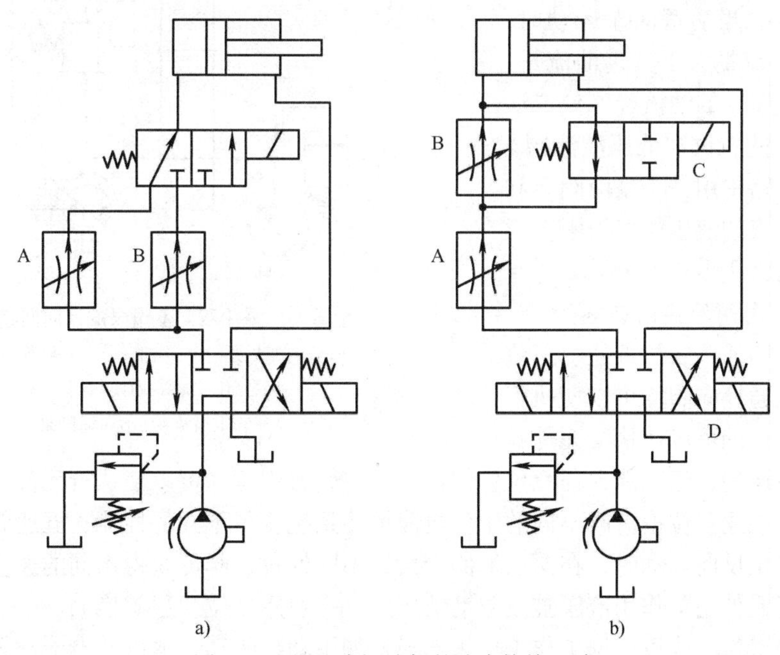

图 7-24　用两个调速阀的速度换接回路

图7-24b所示为两个调速阀串联的回路。当主换向阀D左位接入系统时，调速阀B被换向阀C短接，输入液压缸的流量由调速阀A控制；当阀C右位接入回路时，由于通过调速阀B的流量调得比A小，所以输入液压缸的流量由调速阀B控制。在这种回路中，调速阀A一直处于工作状态，它在速度换接时控制着调速阀B的流量。因此该回路的速度换接平稳性较好，但由于油液经过两个调速阀，能量损失较大。

7.3 方向控制回路

在机械设备的液压系统中，用来控制执行元件的起动、停止及换向的回路，称为方向控制回路，常用的有换向回路和锁紧回路。

7.3.1 换向回路

用来改变执行元件运动方向的回路称为换向回路。采用各种换向阀或改变变量泵的输油方向均可以使执行元件换向。

1. *采用双向变量泵的换向回路*

在容积调速的闭式回路中，可利用双向变量泵控制液流的方向来实现执行元件的换向，如图7-16所示。若执行元件是双作用单活塞杆液压缸，回路中应考虑流量平衡问题，如图7-25所示，主回路是闭式回路，用辅助泵6来补充变量泵吸油侧流量的不足，低压溢流阀7用来维持变量泵吸油侧的压力，防止变量泵吸空。当活塞向左运动时，液压缸3回油流量大于其进油流量，变量泵吸油侧多余的油液经二位二通液动换向阀4的右位和低压溢流阀5排回油箱。回路中用一个溢流阀2和四个单向阀组成的液压桥路来限定正反运动时的最大压力。

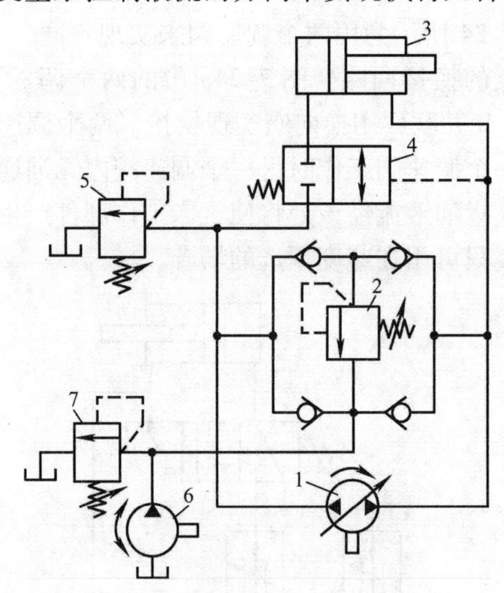

图7-25 采用双向变量泵的换向回路
1—双向变量泵 2—溢流阀 3—液压缸
4—二位二通液动换向阀
5、7—低压溢流阀 6—辅助泵

2. *采用换向阀的换向回路*

采用二位四通、二位五通、三位四通或三位五通换向阀均可以使执行元件换向。二位阀可以使执行元件在正反两个方向运动，但不能在任意位置停留；三位阀有中位，可以使执行元件在其行程的任意位置停留，利用三位换向阀不同的中位机能可使系统获得不同的性能；五通阀有两个回油口，执行元件正反向运动时，在两回油路上设置不同的背压阀可获得不同的速度。

如果执行元件是单作用液压缸或差动液压缸，一般用二位二通阀换向。

换向阀的操作方式可根据工作需要来选择，如手动、机动、电磁或电液动等。其中，电磁阀动作快但换向时有冲击，且交流电磁阀不宜作频繁的切换；电液换向阀换向时较平稳，但也不宜频繁切换。因此，对换向性能（如换向频率、换向精度和换向平稳性等）有一定要求的某些机械设备（如平面磨床、牛头刨床等）需采用机-液换向阀的换向回路。

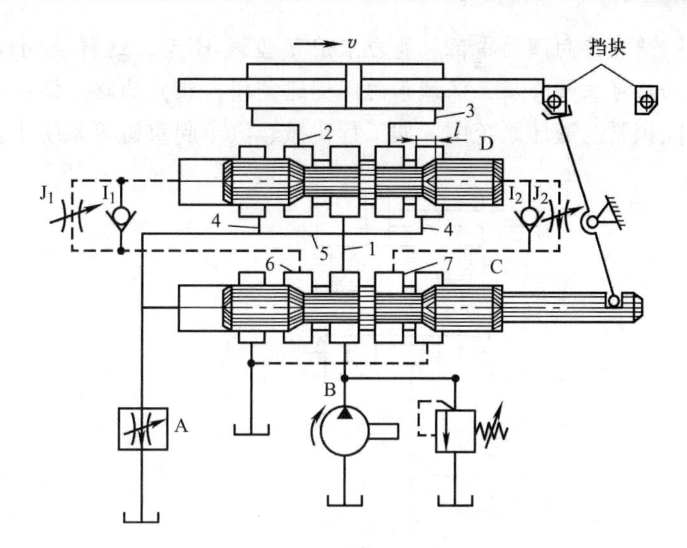

图7-26 时间控制式机-液换向回路
1～5—通道 6、7—油口

图7-26所示为时间控制式机-液换向回路。该回路主要由机动先导阀C、液动主阀D及节流阀A等组成。由执行元件带动工作台上的行程挡块拨动机动先导阀C，机动先导阀使液动主阀D的控制油路换向，从而使液动阀换向，执行元件（液压缸）反向运动。执行元件的换向过程可分解为制动、停止和反向起动三个阶段。在图示位置，泵B输出的压力油经阀C、D进入液压缸左腔，液压缸右腔的回油经液动主阀D、节流阀A流回油箱，液压缸向右运动。当工作台上的行程挡块拨动拨杆，使机动先导阀C移到左位后，泵输出的压力油经机动先导阀C的油口7、单向阀I_2作用于液动主阀D的右端，液动主阀D左移，液压缸右腔的回油通道3至4逐渐关小，工作台的移动速度减慢，执行元件制动。当阀芯经过一段距离l（阀D的阀芯移到中位）后，回油通道全部关闭，液压缸两腔互通，执行元件停止运动。当液动主阀D的阀芯继续左移时，液压泵B的油液经机动先导阀C、液动主阀D的通道5至3进入液压缸右腔，同时油路2至4打开，执行元件开始反向运动。这三个过程的快慢决定于液动主阀D阀芯移动的速度，该速度由液动主阀D两端回油路上的节流阀J_1或J_2调整，即当液动主阀D的阀芯从右端移动到左端时，其速度由节流阀J_1调整；反之，则由节流阀J_2调整。由于阀芯从一端到另一端的距离相等，所以调整液动主阀D阀芯的移动速度，也就调整了时间，因此这种换向回路称为时间控制式换向回路。

7.3.2 锁紧回路

锁紧回路的作用是使执行元件能够在任意位置停留，并防止液压缸在停止运动时因外力的作用而发生窜动或位移。锁紧的原理是将执行元件的进、回油路封闭。

1. 换向阀锁紧回路

如图7-27所示，利用三位换向阀的中位机能（O型或M型）封闭液压缸两腔进出油口，可以使液压缸在行程范围内的任意位置上停止运动并锁紧。由于滑阀式换向阀的泄漏，锁紧精度较差，所以常用于锁紧精度要求不高、停留时间不长的液压系统中。

2. 液控单向阀锁紧回路

如图7-28所示，当换向阀处于中位时，液压缸两腔进出油口被液控单向阀封闭而锁紧，活塞左右都不能窜动。由于液控单向阀密封性好，泄漏少，因此该回路锁紧精度高。**但须注**

意：此时换向阀的中位机能应采用Y型或H型，这样换向阀处于中位时，液控单向阀的控制油路可立即失压，保证单向阀迅速关闭，锁紧油路。该回路常用于锁紧精度要求高、需长时间锁紧的液压系统中，如工程机械、汽车起重机等系统中。

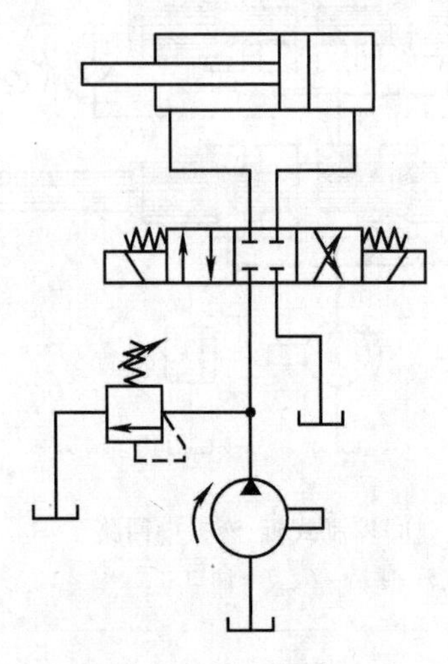

图7-27 换向阀锁紧回路

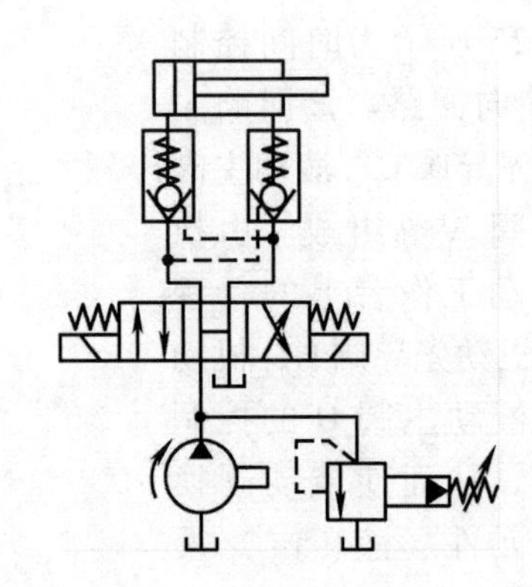

图7-28 液控单向阀锁紧回路

7.4 多缸动作回路

在液压系统中，由同一个油源向多个执行元件供油，各执行元件会因回路中压力、流量的彼此影响而在动作上受到牵制。因此，可以通过压力、流量和行程控制来满足多个执行元件对一定动作的要求。

7.4.1 顺序动作回路

顺序动作回路的功能在于使多个执行元件严格按照顺序要求动作。按控制方式不同，顺序动作回路分为压力控制和行程控制两种。

1. 行程控制的顺序动作回路

图7-29所示为两种行程控制的顺序动作回路。其中，图7-29a为行程阀控制的顺序动作回路，在图示状态下，A、B两液压缸活塞均在右端。推动手柄，使阀C左位工作，压力油进入缸A右腔，完成动作①；挡块压下行程阀D后，压力油进入缸B右腔，完成动作②；手动换向阀复位后，缸A先复位，完成动作③；随着挡块后移，阀D复位，完成动作④。至此，顺序动作全部完成。该回路工作可靠，但顺序动作一旦确定，再改变较困难，同时管路长，布置较麻烦。

图7-29b所示为由四个行程开关控制的顺序动作回路，当阀E通电换向时，缸A左行完成动作①后，触动行程开关S_1使阀F通电换向，控制缸B左行完成动作②；当缸B左行至触动行程开关S_2时，使阀E断电，缸A返回，完成动作③后，触动S_3使阀F断电，缸B返回，完成动作④，最后触动S_4使泵卸荷，完成一个动作循环。该回路的优点是控制灵活方便，但其可靠程度取决于电气元件的质量。

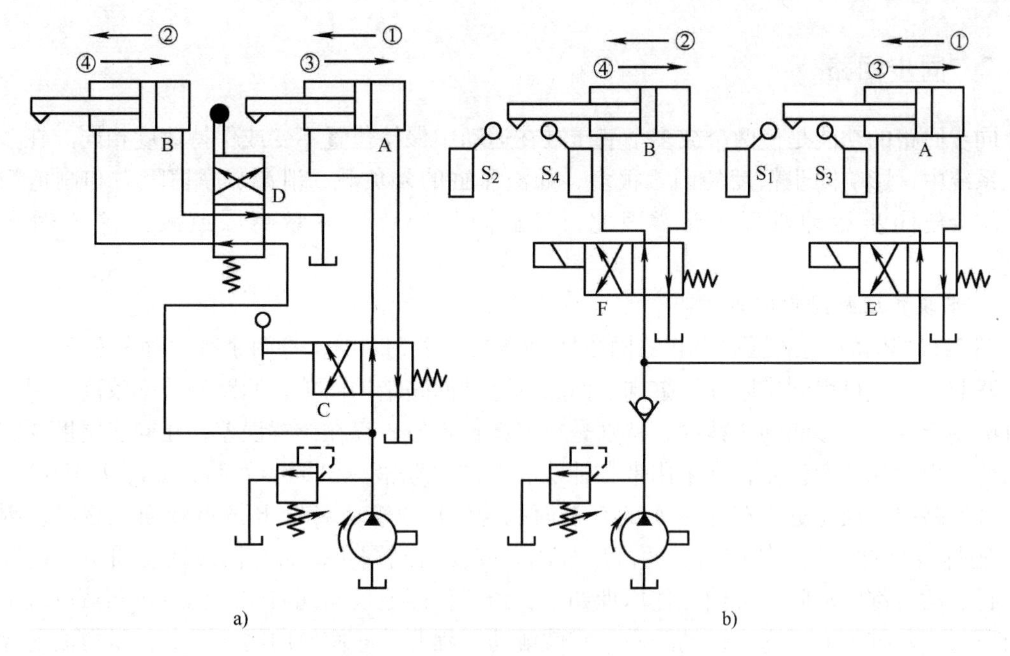

图7-29　行程控制的顺序动作回路

2. 压力控制的顺序动作回路

图7-30所示为使用顺序阀控制的顺序动作回路。当换向阀左位工作且顺序阀D的调定压力大于液压缸A的最大前进工作压力时，液压油先进入液压缸A的左腔，完成动作①；当液压缸A行至终点后，压力上升，压力油打开顺序阀D进入液压缸B的左腔，完成动作②；同样，当换向阀右位工作且顺序阀C的调定压力大于液压缸B的最大返回工作压力时，两液压缸则按③和④的顺序返回。由上述可知，该回路动作的可靠性取决于顺序阀的性能及其压力调定值，即顺序阀的调定压力应比前一个动作的压力高出0.8～1.0MPa，否则顺序阀容易在系统压力脉动中造成误动作。由此可见，该回路适用于液压缸数目不多、负载变化不大的场合。它的优点是动作灵敏，安装连接较方便；缺点是可靠性较差，位置精度低。

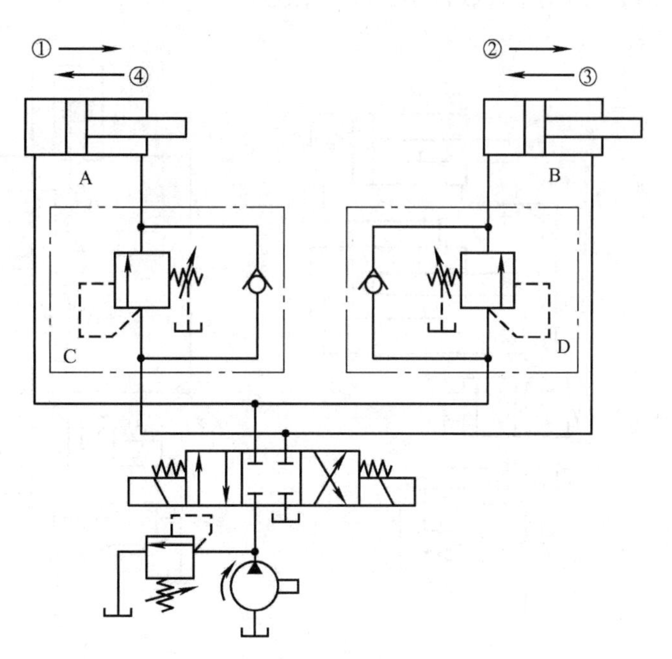

图7-30　顺序阀控制的顺序动作回路

7.4.2 同步回路

同步回路的功能是使两个或多个液压缸在运动中保持位置不变或保持速度相同。在多缸液压系统中，影响同步精度的因素很多，如液压缸的外负载、泄漏、摩擦阻力和制造精度等，均会使同步运动难以保证。因此，多缸同步回路应尽量克服或减少这些因素的影响。

1. 串联液压缸同步回路

图7-31所示为两液压缸串联的同步回路。在图7-31a中，将两个有效面积相等的液压缸串联起来，便可得到串联液压缸同步回路。这种回路结构简单，回路的效率较高，但两液压缸的制造误差会影响同步精度，特别是在多次行程后，存在位置误差，在同步精度要求高的场合，为消除累积误差，常采用带有补偿装置的串联液压缸同步回路，如图7-31b所示。在这个回路中，液压缸1有杆腔A的有效面积与液压缸2无杆腔B的有效面积相等，因而从A腔排出的油液进入B腔后，两液压缸的升降便得到同步，而补偿装置使同步误差在每次下行运动后都可消除。补偿工作原理如下：当三位四通换向阀右位工作时，两液压缸活塞同时下行，若缸1的活塞先运动到底，它就触动行程开关a使换向阀5通电，压力油便经换向阀5和液控单向阀3向液压缸2的B腔补油，推动活塞继续运动到底，误差即被消除；若液压缸2先到底，则触动行程开关b使换向阀4通电，控制压力油使液控单向阀反向通道打开，使液压缸1的A腔通过液控单向阀回油，其活塞即可继续运动到底。这种串联液压缸同步回路适用于负载较小的液压系统中。

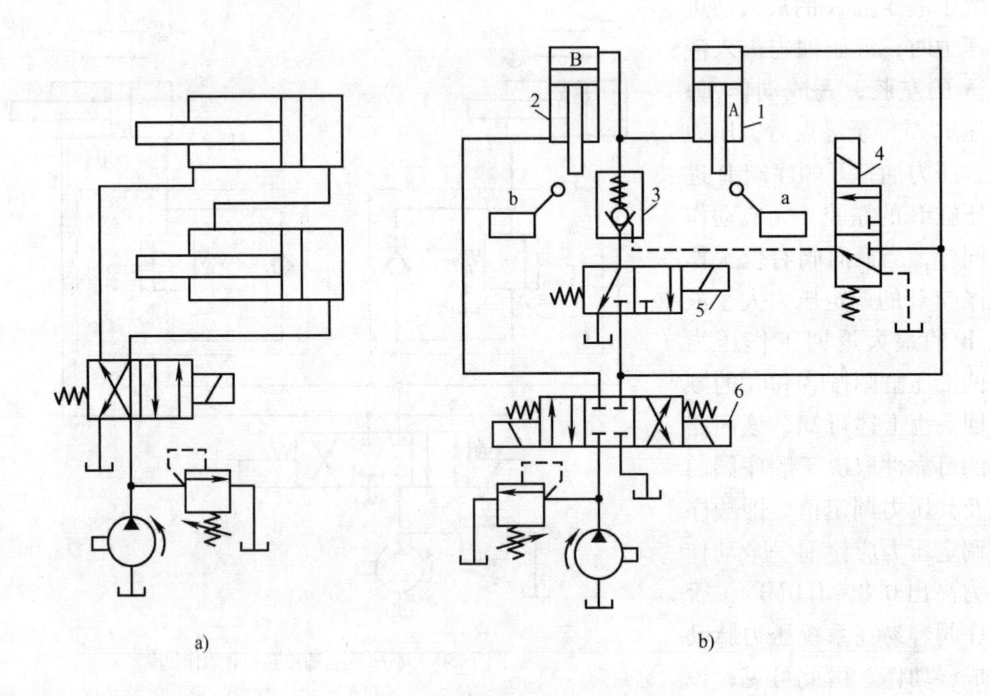

图7-31 串联液压缸同步回路

1、2—液压缸 3—液控单向阀 4、5、6—换向阀

2. 采用调速阀的同步回路

如图7-32所示，两个液压缸并联，两个调速阀分别调节两个液压缸活塞的运动速度。由于调速阀具有当负载变化时能够保持流量稳定的特点，所以只需仔细调整两个调速阀开口的大小，就能使两个液压缸保持同步。该回路结构简单，但调整比较麻烦，同步精度不高，不宜用于偏载或负载变化频繁的场合。

3. 采用同步液压马达的同步回路

图7-33所示为采用同步液压马达的同步回路。图中，两个相同排量的液压马达2、3的传动轴连在一起，分别向有效工作面积相同的液压缸4、5输送等量的压力油。该同步回路的工作原理为：1YA通电后，三位四通换向阀1处于左位，液压泵的压力油同时进入液压马达2、3，两个马达同步回转排出的油液分别进入液压缸4、5的下腔，使液压缸4、5向上运动。若液压缸4（或5）先到终点，则液压马达2（或3）的排油压力升高，并打开单向阀6（或7）和溢流阀10，油液流回油箱，而液压马达3（或2）继续向液压缸5（或4）的下腔供油，使液压缸5（或4）运动到底。反之，2YA通电时，三位四通换向阀1处于右位，液压泵的压力油进入液压缸4、5的上腔，使其向下运动，并经马达回油。若液压缸4（或5）先到终点，则液压缸5（或4）在压力油的作用下继续向下运动，回油使液压马达3（或2）继续回转，油箱通过单向阀9（或8）向液压马达3（或2）的进油腔补油，直到液压缸5（或4）到达终点为止。

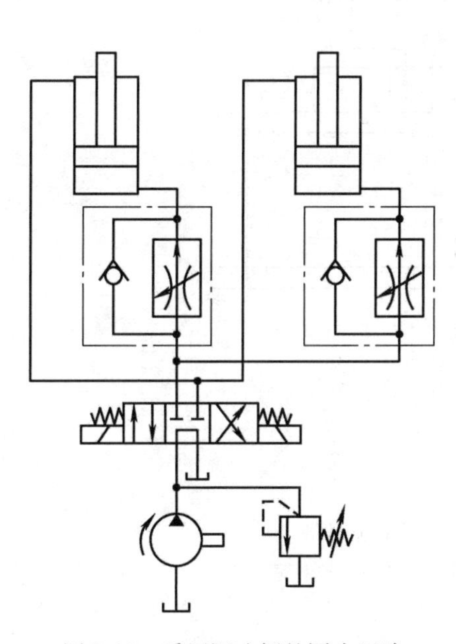

图7-32　采用调速阀的同步回路

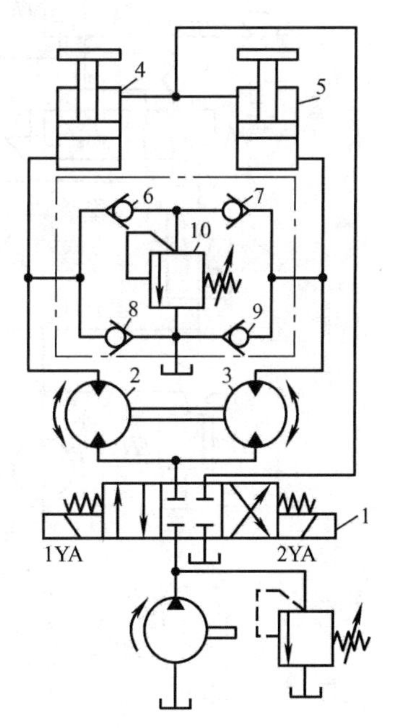

图7-33　采用同步液压马达的同步回路

1—三位四通换向阀　2、3—液压马达

4、5—液压缸　6、7、8、9—单向阀　10—溢流阀

这种回路的同步精度主要受两个液压马达排量的差异、容积效率等因素的影响，一般为2%~5%。这种回路所用的元件较多，费用较高，适用于工作行程较长的场合。

对于同步精度要求较高的场合，可以采用由比例阀或伺服阀组成的同步回路。

7.4.3 多缸快慢速互不干扰回路

在一泵多缸的液压系统中，往往会出现由于一个液压缸转为快速运动的瞬间，吸入大量油液，造成整个系统的压力下降，影响了其他液压缸的运动平稳性。因此，在速度平稳性要求较高的多缸液压系统中，常采用多缸快慢速互不干扰回路。

图7-34所示为双泵供油多缸快慢速互不干扰回路。各缸快速进退皆由大泵2供油，任一缸转为工进，则改由小泵1供油，彼此无牵连，也就无干扰。该回路的工作原理如下：图示状态各缸原位停止。当电磁铁3YA、4YA通电时，换向阀7、8的左位工作，两缸都由大泵2供油，作差动快进，小泵1输出的油液在换向阀5、6处被堵截。设缸A先完成快进，由行程开关使电磁铁1YA通电，3YA断电，此时大泵2对缸A的进油路被切断，而小泵1的进油路打开，缸A由调速阀3调速作工进，缸B仍作快进，互不影响。当各缸都转为工进后，它们全由小泵供油。此后，若缸A又率先完成工进，行程开关应使换向阀5和7的电磁铁都通电，缸A即由大泵2供油快退。各电磁铁皆断电时，各缸均停止运动，并被锁定在所在位置上。

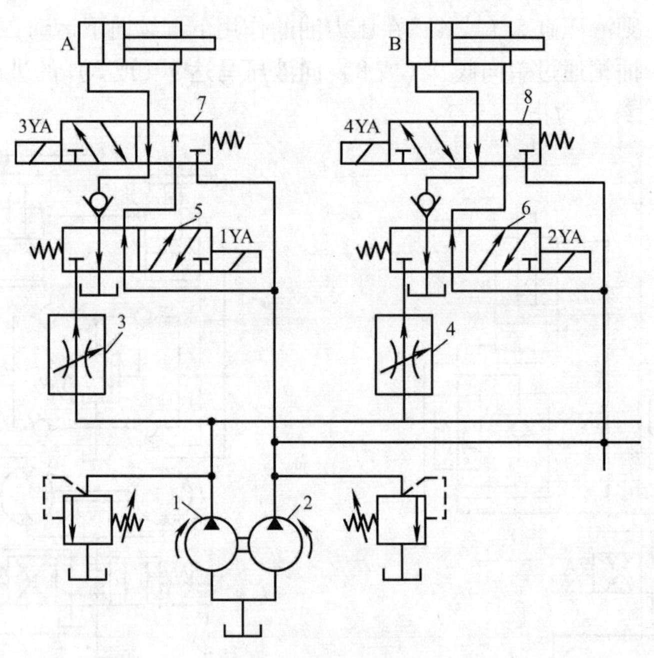

图7-34 双泵供油多缸快慢速互不干扰回路

1—小泵 2—大泵 3、4—调速阀 5、6、7、8—换向阀

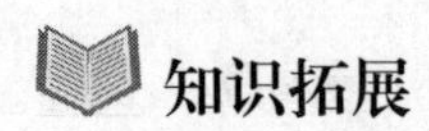

知识拓展

电液伺服阀的同步回路

图7-35所示为采用电液伺服阀的同步回路。如图7-35a所示，电液伺服阀2接收位移传感器3和4的反馈信号来保持输出流量与换向阀1相同，从而实现两液压缸同步运动。图7-35b则采用电液伺服阀直接控制两个液压缸的同步动作。使用电液伺服阀的回路同步精度

高，但价格昂贵。也可用比例阀代替电液伺服阀，可使价格降低，但同步精度也相应降低。

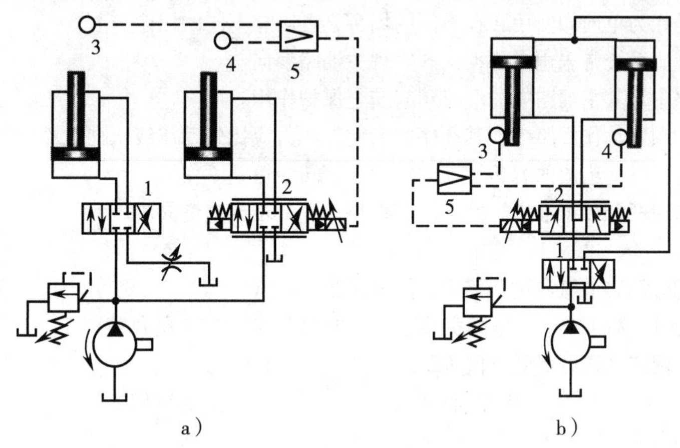

图7-35　采用电液伺服阀的同步回路

1—换向阀　2—电液伺服阀　3、4—位移传感器　5—伺服放大器

小　　结

1. 任何液压系统都是由若干个液压基本回路组成的。所谓基本回路就是由若干个液压元件组成的，用以完成特定功能的油路单元。学习基本回路的目的在于能够正确分析典型液压系统并为以后正确使用液压驱动的机械设备打下基础。

2. 压力控制回路包括调压回路、增压回路、减压回路、卸荷回路、保压回路和平衡回路。掌握上述回路的工作原理、功能及回路中各元件的作用。

3. 速度控制回路包括调速回路、快速运动回路和速度换接回路。掌握调速回路的基本要求、类型，三种节流调速回路及三种容积调速回路的油路结构，各自的优缺点及应用场合。正确进行调速回路的选择。掌握快速运动回路和速度换接回路的工作原理及应用。

4. 方向控制回路包括换向回路、锁紧回路。掌握这两种回路的工作原理、功能，回路中各元件的作用。

5. 多缸动作回路包括顺序动作回路、同步回路和多缸快慢速互不干扰回路。掌握这些回路的组成、工作原理。

习　　题

7-1　填空题

1. 液压基本回路是由某些液压元件组成的，用来完成（　　）的回路，按其功用不同，可分为（　　）控制回路、（　　）控制回路、（　　）控制回路和多缸动作回路。

2. 在进油节流调速回路中，当节流阀的通流面积调定后，速度随负载的增大而（　　）。

3. 在容积调速回路中，随着负载的增加，液压泵和液压马达的泄漏（　　），于是速度发生变化。

4. 液压泵的卸荷有（　　）卸荷和（　　）卸荷两种方式。

5. 在定量泵供油的系统中，用（　　）实现对执行元件的速度控制，这种回路称为（　　）回路。

7-2 判断题

1. 单向阀不只是作为单向阀使用，在不同的场合，可以有不同的用途。 ( )
2. 高压大流量液压系统常采用电磁换向阀实现主油路换向。 ( )
3. 容积调速回路中，其主油路中的溢流阀起安全保护作用。 ( )
4. 采用顺序阀的顺序动作回路中，其顺序阀的调整压力应比先动作液压缸的最大工作压力低。( )
5. 在定量泵与变量马达组成的容积调速回路中，其转矩恒定不变。 ( )
6. 同步回路可以使两个以上液压缸在运动中保持位置同步或速度同步。 ( )

7-3 选择题

1. 在用节流阀的旁油路节流调速回路中，其液压缸速度（ ）。
   A. 随负载增大而增加　　B. 随负载减少而增加　　C. 不随负载变化
2. （ ）节流调速回路可承受负值负载。
   A. 进油路　　B. 回油路　　C. 旁油路
3. 顺序动作回路可用（ ）来实现。
   A. 减压阀　　B. 溢流阀　　C. 顺序阀
4. 要实现快速运动可采用（ ）回路。
   A. 差动连接　　B. 调速阀调速　　C. 大流量泵供油
5. 为使减压回路可靠地工作，其最高调整压力应（ ）系统压力。
   A. 大于　　B. 小于　　C. 等于

6. 变量泵和定量马达组成的容积调速回路为（ ）调速，即调节速度时，其输出的（ ）不变。定量泵和变量马达组成的容积调速回路为（ ）调速，即调节速度时，其输出的（ ）不变。
   A. 恒功率　　B. 恒转矩　　C. 恒压力
   D. 最大转矩　　E. 最大功率　　F. 最大流量和压力

7-4 分析计算题

1. 试说明图7-36所示由行程阀与液动阀组成的自动换向回路的工作原理。

2. 图7-37所示回路中，三个溢流阀的调定压力如图中所示，试问泵的供油压力有几级？数值各为多少？

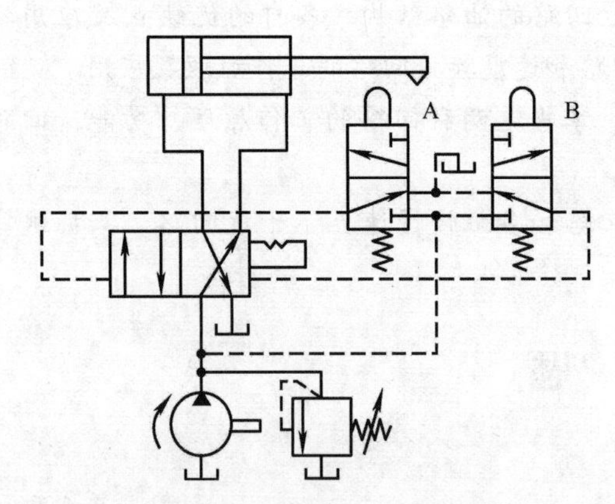

图7-36 由行程阀与液动阀组成的自动换向回路

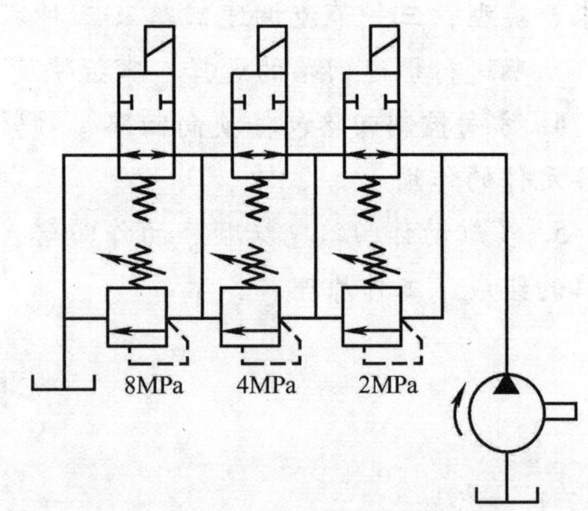

图7-37 计算题2图

3. 图7-38所示液压系统中，液压缸活塞面积 $A_1=A_2=100\text{cm}^2$，缸Ⅰ运动时负载 $F_L=35000\text{N}$，缸Ⅱ运动时负载为零。不计压力损失，溢流阀、顺序阀和减压阀的调定压力分别为4MPa、3MPa 、2MPa。求出下列三种工况下 A、B、C 处的压力：

（1）液压泵起动后，两换向阀处于中位。

（2）1YA 通电，液压缸Ⅰ活塞运动时及运动到终点时。

（3）1YA 断电，2YA 通电，液压缸Ⅱ活塞运动时及活塞杆碰到挡块时。

4. 图7-39所示回路中，已知溢流阀1、2的调定压力分别为6.0MPa、4.5MPa，泵出口处的负载阻力为无限大，试问在不计管道损失和调压偏差时，求：

（1）当1YA通电时，泵的工作压力为多少？*B*、*C*两点的压力各为多少？

（2）当1YA断电时，泵的工作压力为多少？*B*、*C*两点的压力各为多少？

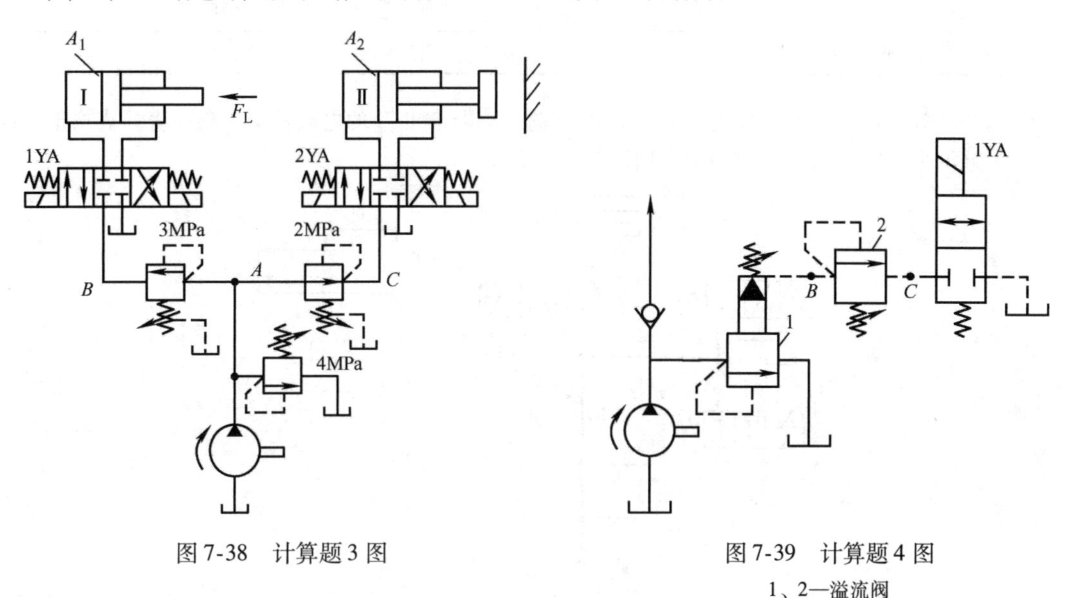

图7-38 计算题3图

图7-39 计算题4图

1、2—溢流阀

5. 图7-40所示液压系统能实现“快进-工进-快退-原位停止及液压泵卸荷”的工作循环。试完成：（1）在表7-1中填写电磁铁的动作顺序（电磁铁通电为“+”，断电为“-”）。

（2）分析本系统由哪些基本回路组成？

（3）说明图中注有序号的液压元件的作用。

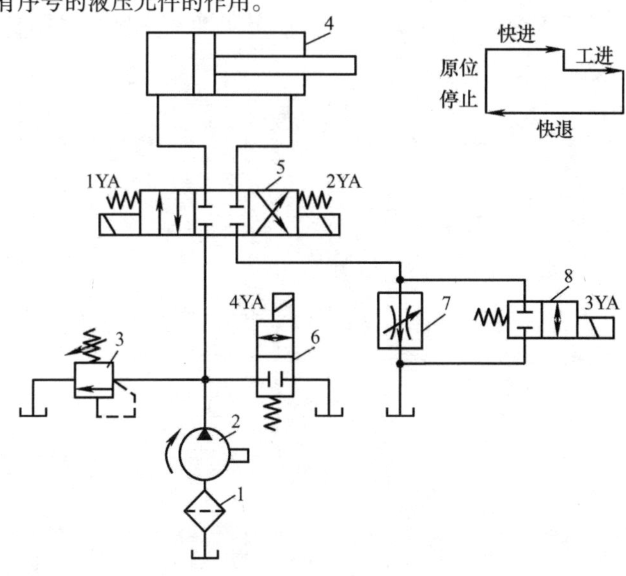

图7-40 计算题5图

表 7-1 电磁铁的动作顺序

动作 \ 电磁铁	1YA	2YA	3YA	4YA
快进				
工进				
快退				
原位停止及液压泵卸荷				

6. 试列出图 7-41 所示液压系统实现“快进-工进-快退-停止”的电磁铁动作顺序表（表格形式同表 7-1），并说明各个动作循环的进油路和回油路。

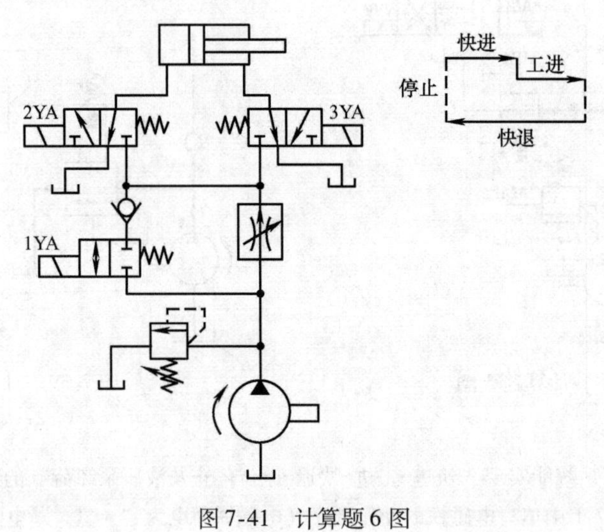

图 7-41 计算题 6 图

第 8 章　液压传动系统实例

本章通过对几台典型机械设备液压系统的实例分析，使学生了解液压技术在不同领域中的应用情况，加深理解各种液压元件在系统中的应用，学会阅读和分析液压系统的方法和步骤。

系统分析的内容包括：系统实现的动作循环、各工况下系统的油流路线、各元件在系统中的作用及组成系统的基本回路。

阅读一个比较复杂的液压系统图的大致步骤如下：

1）了解液压设备的工况对液压系统动作和性能的要求。

2）初读液压系统图，了解系统中包括的液压元件，并按执行元件数将系统分解为若干个子系统。

3）对每个子系统进行分析，了解每个子系统中的各液压元件与其执行元件和动力元件之间的关系以及各基本回路的作用，按照执行元件的工作循环分析实现每步动作的进油和回油路线。

4）根据设备对系统中各子系统之间的顺序、同步、互锁和防干扰等要求，分析各子系统之间的联系以及实现方法，最终读懂整个液压系统的工作原理。

5）归纳总结液压系统的特点，以加深对整个液压系统的理解。

8.1　组合机床动力滑台的液压系统

8.1.1　概述

组合机床是由一些通用部件和专用部件组合而成的专用机床，其特点是效率高，操作方便，适用于成批和大量生产零件，其分布简图如图 8-1 所示。液压动力滑台是组合机床上用以实现进给运动的一种通用部件，滑台台面上可安装动力箱、主轴箱及各种专用主轴头，可实现钻、扩、铰、镗、铣、刮端面及攻螺纹等多种加工。动力滑台分为机械滑台和液压滑台两种，液压动力滑台由液压缸驱动，液压缸将液压泵所提供的压力能转变为滑台所需的机械能。组合机床对液压系统性能的要求是进给速度稳定，速度换接平稳，功率利用合理，效率高，发热小等。

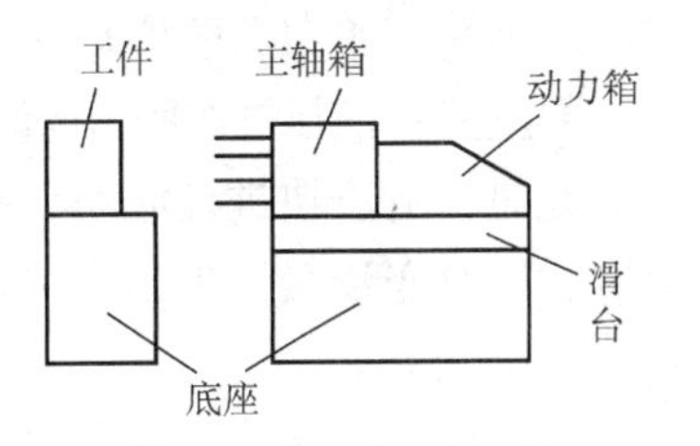

图 8-1　组合机床分布简图

下面以 YT4543 型液压动力滑台为例分析其液压系统的工作原理和特点。该滑台要求进给速度范围为 6.6 ~ 600mm/min，快进速度约为 6.5m/min，最大进给力为 45kN，它完成的典型工作循环为：快进→第一次工作进给（即一工进）→第二次工作进给（即二工进）→停留→快退→原位停止。YT4543 型动力滑台液压系统图如图 8-2 所示。

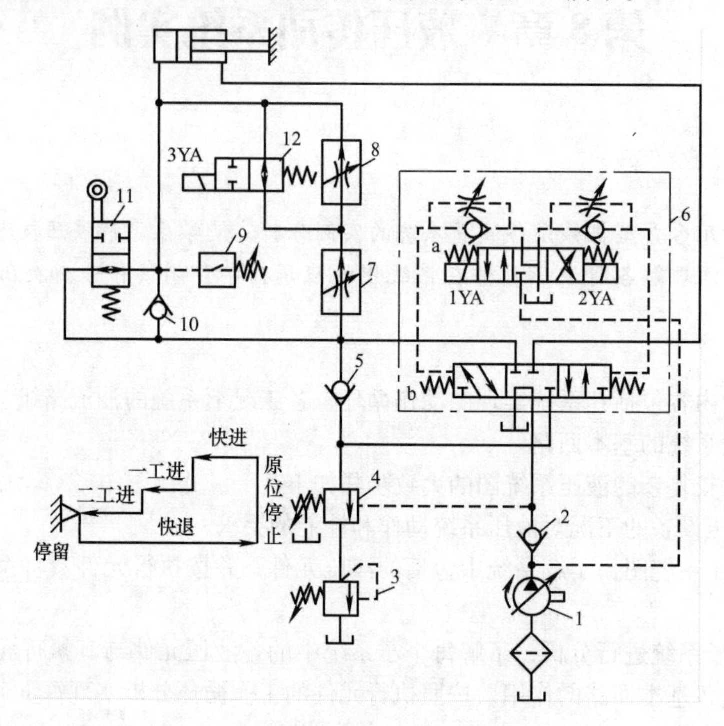

图 8-2 YT4543 型动力滑台液压系统图

1—单向变量泵 2、5、10—单向阀 3—背压阀 4—液控顺序阀 6—电液换向阀
7、8—调速阀 9—压力继电器 11—行程阀 12—电磁换向阀

8.1.2 YT4543 型动力滑台液压系统的工作原理

1. 快进

如图 8-2 所示，按下起动按钮，电磁铁 1YA 通电，电液换向阀 6 的先导阀 a 左位工作，于是由单向变量泵 1 输出的压力油经先导阀 a 进入电液换向阀 6 的主阀 b 的左侧，使主阀 b 左位工作，这时的主油路为：

进油路：单向变量泵 1→单向阀 2→电液换向阀 6 的主阀 b 的左位→行程阀 11→液压缸左腔。

回油路：液压缸右腔→电液换向阀 6 的主阀 b 的左位→单向阀 5→行程阀 11→液压缸左腔。

此时，由于快进负载小，系统压力低，液控顺序阀 4 关闭，液压缸形成差动连接，实现快进，同时变量泵输出最大流量满足快进要求。

2. 一工进

电磁铁 1YA 继续通电，电液换向阀 6 的主阀 b 仍处于左位工作。

当滑台快进到预定位置时，挡块压下行程阀 11，切断该油路，于是，压力油只能经调速阀 7、电磁换向阀 12 进入液压缸左腔，这时的主油路为：

进油路：单向变量泵 1→单向阀 2→电液换向阀 6 的主阀 b 的左位→调速阀 7→电磁换向阀 12→液压缸左腔。

回油路：液压缸右腔→电液换向阀6的主阀b的左位→液控顺序阀4→背压阀3→油箱。

此时，由于工作进给系统压力升高，液控顺序阀4打开，单向阀5关闭，切断了液压缸的差动连接油路，液压缸右腔的油液经液控顺序阀4和背压阀3流回油箱。同时，单向变量泵1的输出流量自动减小，且与一工进调速阀7开口相适应，满足系统一工进的速度要求，于是滑台由快进转为第一次工作进给运动。

3. 二工进

第一次工作进给终了时，挡块压下行程开关使3YA通电，二位二通换向阀将通路切断，这时进油必须经调速阀7和8才能进入液压缸左腔，回油路和第一工作进给完全相同，此时，变量泵自动调节其输出流量与二工进调速阀8的开口相适应，满足系统二工进的速度要求。由于调速阀8的开口量小于调速阀7，所以二工进速度小于一工进速度。

4. 死挡铁停留

当滑台完成第二次工作进给碰到死挡铁时，滑台即停留在死挡铁处，此时液压缸左腔的压力升高，使压力继电器9发出信号给时间继电器（图中未画出），滑台停留。停留时间由时间继电器调定。

5. 快退

滑台停留时间结束后，时间继电器发出信号，使电磁铁1YA、3YA断电，2YA通电。这时，电液换向阀6的先导阀a右位工作，于是由泵1输出的压力油经先导阀a进入电液换向阀6的主阀b的右侧，使主阀b右位工作。这时的主油路为：

进油路：单向变量泵1→单向阀2→电液换向阀6的主阀b的右位→液压缸右腔。

回油路：液压缸左腔→单向阀10→电液换向阀6的主阀b的右位→油箱。

此时，由于滑台返回时负载小，系统压力下降，变量泵输出的流量又自动恢复到最大，满足滑台快速退回要求。

6. 原位停止

当滑台退回到原位时，挡块压下原位行程开关，发出信号，使2YA断电，电液换向阀6处于中位，液压缸两腔油路封闭，滑台停止运动。这时液压泵输出的油液经电液换向阀6中位直接回油箱，泵实现卸荷。

该系统的电磁铁和行程阀的动作顺序见表8-1。表中“+”号表示电磁铁通电或行程阀压下，“-”号或空白表示电磁铁断电或行程阀复位。

表8-1　电磁铁和行程阀的动作顺序表

工况 \ 元件	1YA	2YA	3YA	行程阀
快进	+			
一工进	+			+
二工进	+		+	+
死挡铁停留	+		+	+
快退		+		+/-
原位停止				

8.1.3 YT4543型动力滑台液压系统的特点

1）系统采用了限压式变量泵和调速阀构成容积节流调速回路，无溢流功率损失，系统效率较高，且能获得稳定的低速运动、较好的运动平稳性和较大的调速范围。

2）系统采用限压式变量泵和液压缸差动连接实现快速运动，功率利用合理。

3）采用电液换向阀的换向回路，换向平稳，无冲击。滑台停止运动时，电液换向阀使液压泵卸荷，减少能量损耗。

4）采用行程阀和液控顺序阀实现快进转工进的速度换接，不仅使电路简单，而且动作可靠，速度换接平稳，换接位置精度较高。

5）采用两个调速阀串联的两种工进速度换接回路，使速度换接平稳性比较好。

8.2 数控机床的液压系统

8.2.1 概述

随着机电技术的不断发展，特别是数控技术的飞速发展，机电设备的自动化程度和精度越来越高。液压与气压传动技术在数控机床、数控加工中心及柔性制造系统中得到了充分利用。下面以数控车床为例说明液压技术在数控机床上的应用。

MJ-50型数控车床卡盘的夹紧与松开、卡盘夹紧力的高低压转换、回转刀架的松开与夹紧、刀架刀盘的正转与反转、尾座套筒的伸出与退回都是由液压系统驱动的。液压系统中各电磁铁的动作是由数控系统的PLC控制实现的。

8.2.2 数控车床液压系统的工作原理

MJ-50型数控车床液压系统图如图8-3所示。液压系统采用变量泵供油，系统压力调至4MPa，由压力计18指示。泵输出的压力油经单向阀3进入系统。该系统的具体工作原理如下：

1. 卡盘的夹紧与松开

主轴卡盘的夹紧与松开，由换向阀（二位四通电磁阀）13控制。卡盘的高压夹紧与低压夹紧转换由换向阀（二位四通电磁阀）11控制。

当卡盘处于正卡（也称外卡）且在高压夹紧状态时，夹紧力的大小由减压阀10来调节。当1YA通电、3YA断电时，系统压力油经减压阀10→换向阀11→换向阀13→卡盘液压缸21右腔，液压缸左腔的油液→换向阀13→油箱，活塞杆左移，卡盘夹紧。反之，当2YA通电时，系统压力油经阀10→换向阀11→换向阀13→液压缸左腔，液压缸右腔的油液→换向阀13→油箱，活塞杆右移，卡盘松开。

当卡盘处于正卡且在低压夹紧状态下，夹紧力的大小由减压阀9来调节。当1YA、3YA通电时，系统压力油经减压阀9→换向阀11→换向阀13→液压缸右腔，液压缸左腔的油→换向阀13→油箱，活塞杆向左移动，卡盘夹紧。反之，当2YA、3YA通电时，系统压力油经减压阀9→阀11→换向阀13→液压缸左腔，液压缸右腔的油→换向阀13→油箱，活塞杆右移，卡盘松开。

当卡盘处于反卡（也称内卡）时的情况与正卡相似，区别是活塞杆右移，卡盘夹紧；活塞杆左移，卡盘松开。在此不再阐述，电磁铁通断电情况见表8-2。

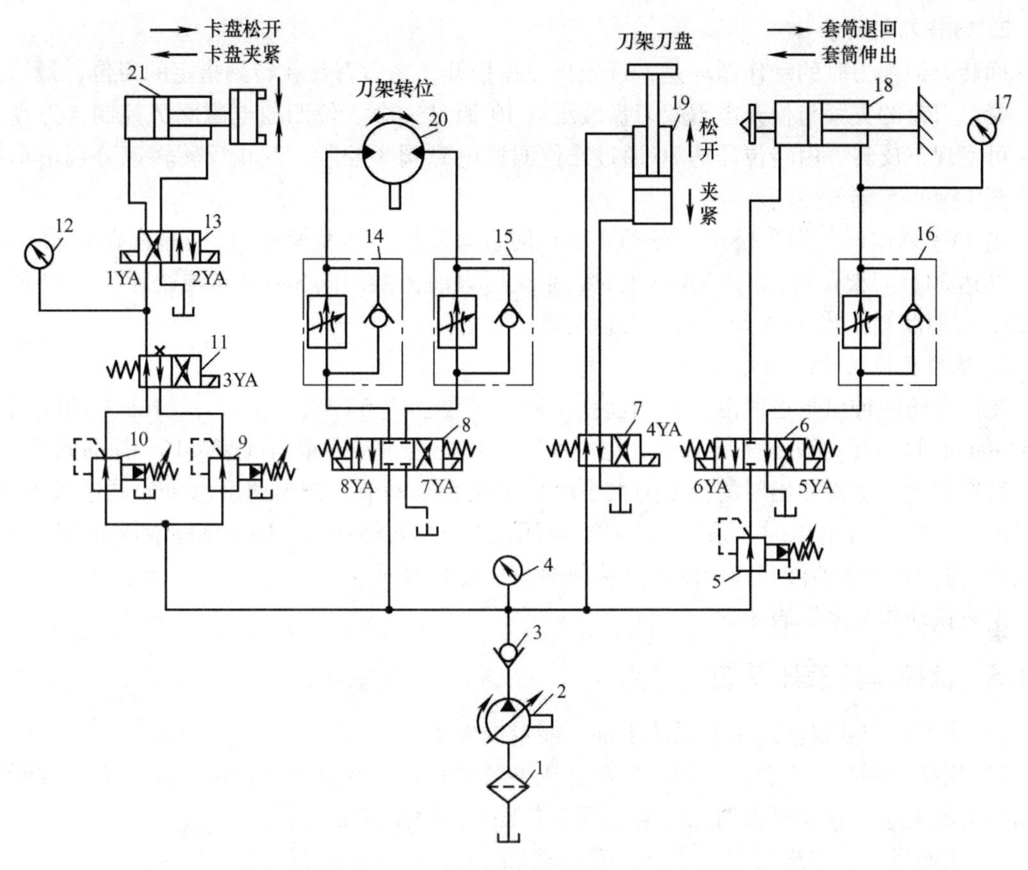

图 8-3 MJ－50 型数控车床液压系统图

1—滤油器 2—单向变量泵 3—单向阀 4、12、17—压力计 5、9、10—减压阀 6、7、8、11、13—换向阀 14、15、16—单向调速阀 18—尾座液压缸 19—刀架刀盘液压缸 20—转位马达 21—卡盘液压缸

表 8-2 电磁铁动作顺序表

动作 \ 电磁铁			1YA	2YA	3YA	4YA	5YA	6YA	7YA	8YA
卡盘正卡	高压	夹紧	+	−	−					
		松开	−	+	−					
	低压	夹紧	+	−	+					
		松开	−	+	+					
卡盘反卡	高压	夹紧	−	+	−					
		松开	+	−	−					
	低压	夹紧	−	+	+					
		松开	+	−	+					
回转刀架	刀架正转								−	+
	刀架反转								+	−
	刀盘松开					+				
	刀盘夹紧					−				
尾座	套筒伸出						−	+		
	套筒退回						+	−		

2. *回转刀架的动作*

回转刀架换刀时的动作循环是：首先是刀盘松开，之后刀盘就转到指定的刀位，最后刀盘夹紧。刀盘的夹紧与松开由刀架刀盘液压缸 19 通过一个二位四通电磁阀 7 控制；刀盘的旋转可实现正反转，由转位马达 20 通过三位四通电磁阀 8 控制，其正反转转速分别由单向调速阀 14 和 15 调节控制。

当 4YA 通电时，刀盘松开；当 8YA 通电时，系统压力油经换向阀 8→单向调速阀 14→转位马达 20，刀架正转；当 7YA 通电时，系统压力油经换向阀 8→单向调速阀 15→转位马达 20，刀架反转；当 4YA 断电时，刀盘夹紧。

3. *尾座套筒的伸缩动作*

尾座套筒的伸出与退回由三位四通换向阀 6 控制。当 6YA 通电时，系统压力油经减压阀 5→换向阀 6→尾座液压缸 18 左腔，尾座液压缸 18 右腔油液→单向调速阀 16→换向阀 6→油箱，套筒伸出。套筒伸出时的预紧力大小由减压阀 5 来调节，伸出速度由单向调速阀 16 控制。反之，当 5YA 通电时，系统压力油经减压阀 5→换向阀 6→阀 16→尾座液压缸 18 右腔，尾座液压缸 18 左腔油液经换向阀 6 直接回油箱，套筒退回。

电磁铁动作顺序见表 8-2。

8.2.3 数控车床液压系统的特点

1）采用单向变量液压泵向系统供油，能量损失小。

2）用换向阀控制卡盘，实现高压和低压夹紧的转换，并且可分别调节高压夹紧或低压夹紧压力的大小。这样可根据工件情况调节夹紧力，操作方便简单。

3）用液压马达实现刀架的转位，可实现无级调速，并能控制刀架正反转。

4）用换向阀控制尾座套筒液压缸的换向，以实现套筒的伸出或缩回，并能调节尾座套筒伸出工作时的预紧力大小，以适应不同工件的需要。

5）压力计 4、12、17 可分别显示系统相应处的压力，以便于故障诊断和调试。

8.3 汽车起重机液压系统

8.3.1 概述

汽车起重机是一种应用较广的起重运输机械，经常在有冲击、振动和温度变化较大的环境下工作，所以要求液压系统不仅适应性强而且要有很高的安全可靠性。由于起重机需要完成的动作比较简单，对位置精度要求也不高，所以可以采用手动控制。

图 8-4 所示是 Q2－8 型汽车起重机外形图。它由汽车 1、转台 2、支腿 3、吊臂变幅液压缸 4、基本臂 5、伸缩臂 6 和起升机构 7 等组成。它的最大起重量为 80kN，最大起重高度为 11.5m。

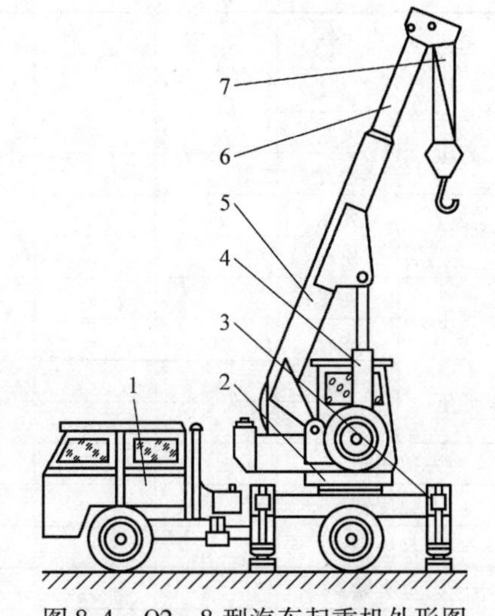

图 8-4 Q2－8 型汽车起重机外形图
1—汽车 2—转台 3—支腿 4—吊臂变幅液压缸 5—基本臂 6—伸缩臂 7—起升机构

8.3.2 液压系统的工作原理

Q2－8 型汽车起重机的液压系统图如图 8-5 所示。由于起重机要求有较大的输出力或转矩，所以其液压系统属于中高压系统，用一个轴向柱塞泵作动力源，由汽车发动机通过传动装置（取力箱）驱动工作。整个系统由支腿收放、转台回转、吊臂伸缩、吊臂变幅和吊重起升五个工作支路所组成。其中，前、后支腿收放支路的换向阀 A、B 组成一个阀组（双联多路阀，如图 8-5 所示手动阀组 7）。其余四个支路的换向阀 C、D、E 、F 组成另一阀组（四联多路阀，如图 8-5 所示手动阀组 8）。各换向阀均为三位四通 M 型中位机能手动阀，相互串联组成，可实现多缸卸荷。

系统中除液压泵、溢流阀、过滤器 1 及支腿液压缸外，其他液压元件都装在可回转的上车部分。油箱也装在上车部分，兼作配重用。上车和下车部分的油路通过中心回转接头 3 连通。

Q2－8 型汽车起重机各机构动作的工作原理如下：

1. 支腿收放支路

由于汽车轮胎支承能力有限，且为弹性变形体，作业时很不安全，故在起重作业前必须放下前、后支腿，使汽车轮胎架空，用支腿承重。在行驶前又必须将支腿收起，使轮胎着地。为此在汽车的前、后端各设置两条支腿，每条支腿均配置有液压缸。前支腿两个液压缸同时用一个三位四通手动换向阀 A 控制其收、放动作，后支腿两个液压缸用另一个三位四通手动换向阀 B 来控制其收、放动作。为确保支腿停放在任意位置并能可靠地锁住，防止在起重作业过程中发生“软腿现象”（液压缸上腔油路泄漏引起）或在行进过程中液压支腿自行下落（液压缸下腔油路泄漏引起），在每一个支腿液压缸的油路中设置双向液压锁。

当阀 A 在左位工作时，前支腿放下，其进、回油路线为：

进油路：液压泵→换向阀 A 的左位→液控单向阀→前支腿液压缸的无杆腔。

回油路：前支腿液压缸的有杆腔→液控单向阀→阀 A 左位→阀 B 中位→阀 C 中位→阀 D 中位→阀 E 中位→阀 F 中位→油箱。

当阀 B 在左位工作时，后支腿放下，其进、回油路线为：

进油路：液压泵→换向阀 A 中位→换向阀 B 左位→液控单向阀→后支腿液压缸的无杆腔。

回油路：后支腿液压缸的有杆腔→液控单向阀→换向阀 B 左位→阀 C 中位→阀 D 中位→阀 E 中位→阀 F 中位→油箱。

前、后支腿收回时应分别让换向阀 A 或 B 处于右位工作，其油流路线与前、后支腿放下时基本相同。

2. 转台回转支路

回转支路的执行元件是一个大转矩液压马达，它能双向驱动转台回转。通过齿轮、蜗杆机构减速，转台可获得 1～3r/min 的低速。马达由手动换向阀 C 控制正反转，阀 C 左位工作时正转，阀 C 右位工作时反转，其油路为：

进油路：液压泵→阀 A 中位→阀 B 中位→阀 C→回转液压马达。

回油路：回转液压马达→阀 C→阀 D 中位→阀 E 中位→阀 F 中位→油箱。

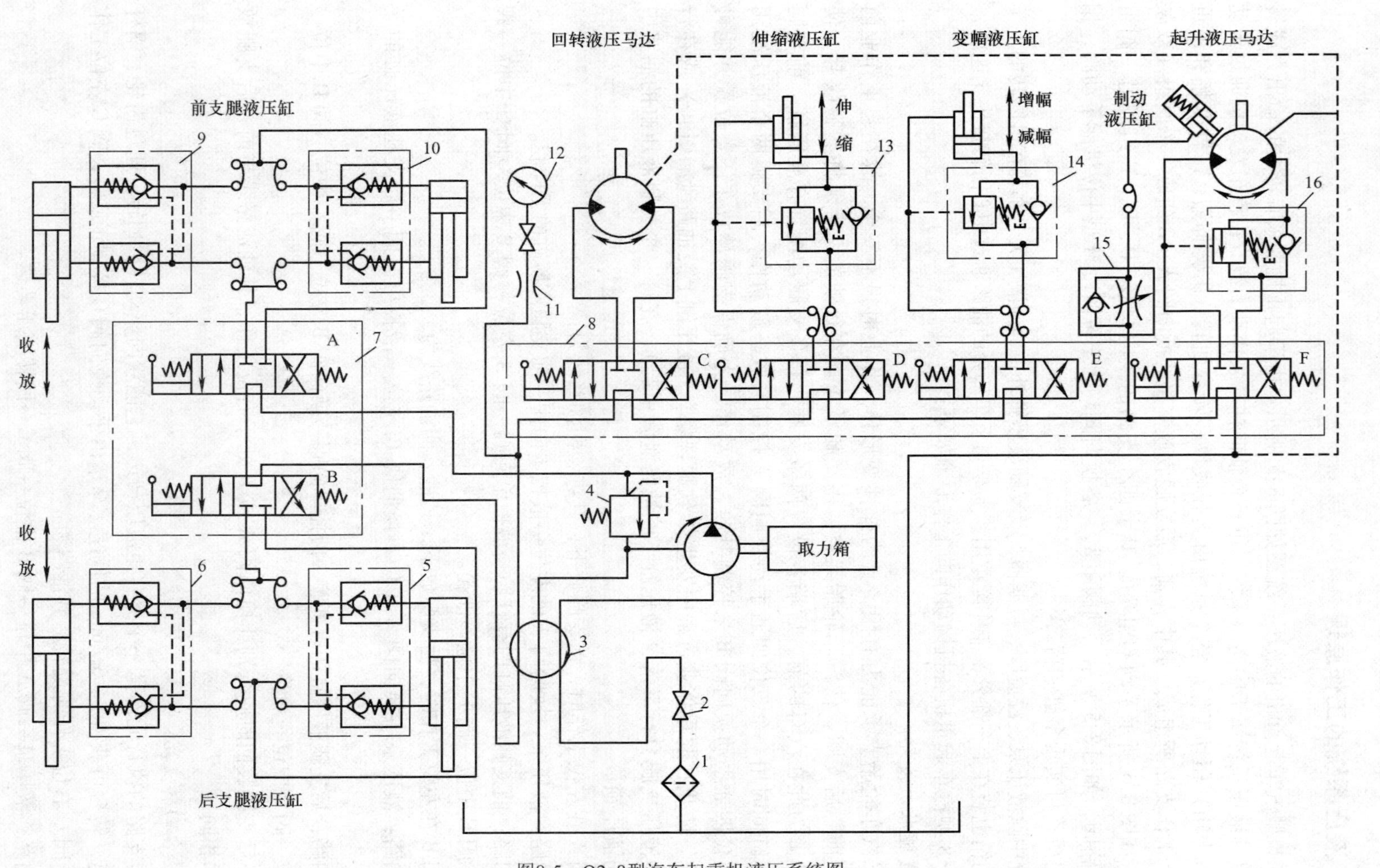

图8-5 Q2-8型汽车起重机液压系统图

1—过滤器 2—截止阀 3—中心回转接头 4—安全阀 5、6、9、10—双向液压锁 7、8—手动阀组
11—固定节流器 12—压力表 13、14、16—液控单向顺序阀 15—单向节流阀

3. 吊臂伸缩支路

吊臂由基本臂5和伸缩臂6组成（见图8-4），伸缩臂套装在基本臂内，由吊臂伸缩液压缸带动做伸缩运动。为防止吊臂在停止阶段因自重作用而向下滑移，油路中设置了平衡阀13（液控单向顺序阀）。吊臂的伸缩由换向阀D控制，使伸缩臂具有伸出、缩回和停止三种工况。例如，当阀D在右位工作时，吊臂伸出，其油流路线为：

进油路：液压泵→阀A中位→阀B中位→阀C中位→阀D右位→阀13中的单向阀→伸缩液压缸的无杆腔。

回油路：伸缩液压缸的有杆腔→阀D右位→阀E中位→阀F中位→油箱。

当阀D在左位工作时，吊臂缩回；当阀D在中位工作时，吊臂停止伸缩。它们的油流路线从略。

4. 吊臂变幅支路

吊臂变幅是用液压缸来改变吊臂的起落角度。变幅要求工作平稳可靠，故在油路中也设置了平衡阀（液控单向顺序阀）14。增幅或减幅运动由换向阀E控制，其油流路线类同于伸缩支路。

5. 吊重起升支路

吊重起升支路是本系统的主要工作油路。吊重的提升和落下作业由一个大转矩液压马达带动绞车来完成。起升液压马达的正、反转由换向阀F控制；马达转速，即起吊速度可通过改变发动机（转速）及控制换向阀F来调节。油路设有平衡阀（液控单向顺序阀）16，用以防止重物因自重而下落。由于液压马达的内泄漏比较大，当重物吊在空中时，尽管油路中设有平衡阀，重物仍会向下缓慢滑移，为此，在液压马达驱动的轴上设有制动器。当起升机构工作时，在系统油压作用下，制动器液压缸使闸块松开；当液压马达停止转动时，在制动器弹簧作用下，闸块将轴抱紧。当重物悬空停止后再次起升时，若制动器立即松闸，但马达的进油路可能未来得及建立足够的油压，就会造成重物短时间失控下滑。为避免这种现象产生，在制动器油路中设置单向节流阀15，使制动器抱闸迅速，松闸却能缓慢进行（松闸时间由节流阀调节）。Q2－8型汽车起重机液压系统的动作原理见表8-3。

表8-3 Q2－8型汽车起重机液压系统的动作原理

<table>
<tr><th colspan="6">手动阀位置</th><th colspan="7">系统工作情况</th></tr>
<tr><th>A</th><th>B</th><th>C</th><th>D</th><th>E</th><th>F</th><th>前支腿液压缸</th><th>后支腿液压缸</th><th>回转液压马达</th><th>伸缩液压缸</th><th>变幅液压缸</th><th>起升液压马达</th><th>制动液压缸</th></tr>
<tr><td>左</td><td rowspan="2">中</td><td rowspan="4">中</td><td rowspan="6">中</td><td rowspan="8">中</td><td rowspan="10">中</td><td>放下</td><td rowspan="2">不动</td><td rowspan="4">不动</td><td rowspan="6">不动</td><td rowspan="8">不动</td><td rowspan="10">不动</td><td rowspan="10">制动</td></tr>
<tr><td>右</td><td>收起</td></tr>
<tr><td rowspan="10">中</td><td>左</td><td rowspan="10">不动</td><td>放下</td></tr>
<tr><td>右</td><td>收起</td></tr>
<tr><td rowspan="8">中</td><td>左</td><td rowspan="8">不动</td><td>正转</td></tr>
<tr><td>右</td><td>反转</td></tr>
<tr><td rowspan="6">中</td><td>左</td><td rowspan="6">不动</td><td>缩回</td></tr>
<tr><td>右</td><td>伸出</td></tr>
<tr><td rowspan="4">中</td><td>左</td><td rowspan="4">不动</td><td>减幅</td></tr>
<tr><td>右</td><td>增幅</td></tr>
<tr><td rowspan="2">中</td><td>左</td><td rowspan="2">不动</td><td>正转</td><td rowspan="2">松开</td></tr>
<tr><td>右</td><td>反转</td></tr>
</table>

8.3.3 液压系统的主要特点

1）系统中采用了平衡回路、锁紧回路和制动回路，能保证起重机工作可靠，操作安全。

2）采用三位四通手动换向阀，不仅可以灵活方便地控制换向动作，而且还可通过手柄操纵来控制流量，以实现节流调速。在起升工作中，将此节流调速方法与控制发动机转速的方法结合使用，可以实现各工作部件微速动作。

3）换向阀串联组合，不仅各机构的动作可以独立进行，而且在轻载或空载作业时，各机构可同时动作，以提高工作效率。

4）各换向阀处于中位时泵实现卸荷，可减少功率损耗，适于起重机间歇性工作。

8.4 液压压力机液压系统

8.4.1 概述

液压压力机是一种利用静压力来加工金属、塑料、橡胶和粉末制品的机械，在许多工业部门得到了广泛使用。压力机种类很多，其中四柱式液压压力机最为典型，应用也很广泛。图8-6所示为YB32－200型液压压力机液压系统图。这种液压压力机在它的四个主柱之间安置着上、下两个液压缸，其中上缸为主缸，完成压制工作，下缸为顶出缸，完成顶出工件或废料工作。液压压力机对其液压系统的基本要求是：

1）为完成一般的压制工艺，要求主缸驱动上滑块实现“快速下行→慢速加压→保压延时→泄压回程→原位停止”的工作循环；要求顶出缸驱动下滑块实现“向上顶出→停留→向下退回→原位停止 ”的工作循环。

2）液压系统中的压力要能经常变换和调节，并能产生较大的压制力，以满足工作要求。

3）压力机在工作中流量大、功率大，空行程和加压行程的速度差异大。因此要求功率利用要合理，工作平稳性要好以及安全可靠性要高。

8.4.2 YB32－200型液压压力机液压系统的工作原理

如图8-6所示，该系统由一变量泵1供油，控制油路的压力油是经主油路由减压阀4减压后得到的，6为主缸17的主换向阀，14为顶出缸18的主换向阀。现以一般的定压成型压制工艺为例，说明该液压压力机液压系统的工作原理。

1. 液压机上滑块的工作情况

（1）快速下行　电磁铁1YA通电，作为先导阀的电磁换向阀5左位接入系统，于是控制油路油液的流动情况为：

进油路：变量泵1→减压阀4→电磁换向阀5左位→换向阀（液控）6左端。

回油路：换向阀（液控）6右端→单向阀 I_2→电磁换向阀5左位→油箱。

于是换向阀6左位接入系统，其主油路油液的流动情况为：

进油路：变量泵1→顺序阀7→换向阀6（左位）→单向阀10→主缸17上腔，同时液控单向阀11被打开。

回油路：主缸下腔→液控单向阀11→换向阀6（左位）→换向阀14（中位）→油箱。

这时上滑块在自重作用下快速下行，由于液压泵的流量较小，所以液压机顶部高位油箱中的油液经液控单向阀12也流入主缸17上腔，进行补油。

（2）慢速加压　上滑块在向下运行中接触到工件时，主缸17上腔压力升高，液控单向阀12关闭，加压速度便由液压泵的流量来决定，主油路的油液流动情况与快速下行时相同。

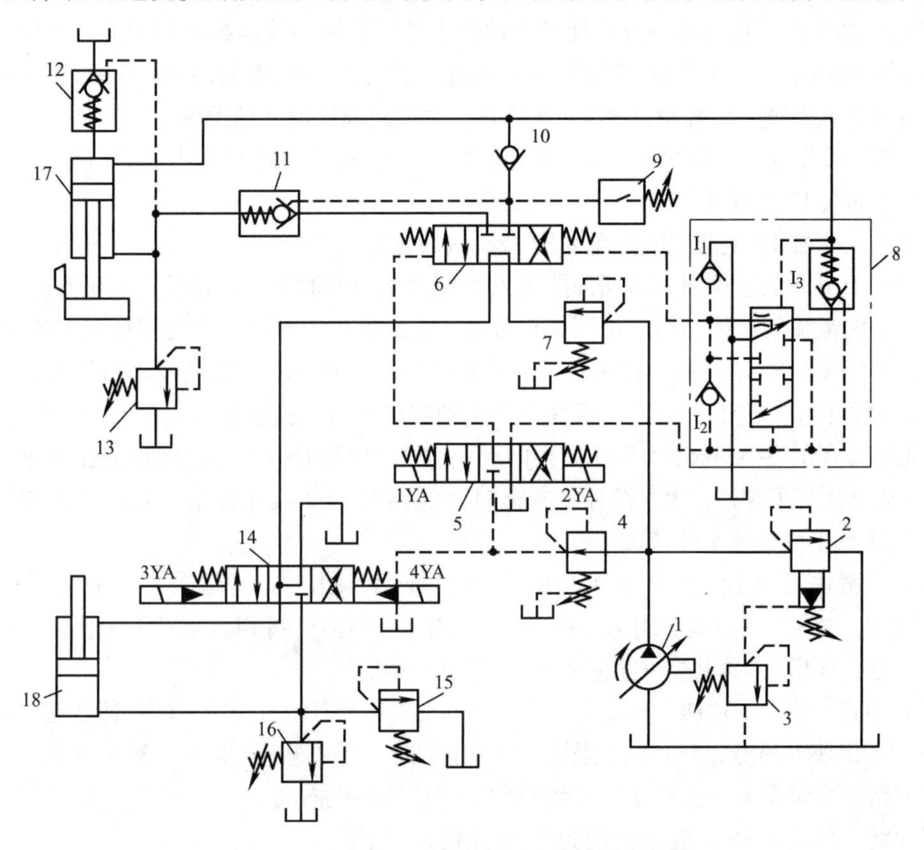

图8-6　YB32-200型液压压力机液压系统图

1—变量泵　2—先导型溢流阀　3—直动型溢流阀　4—减压阀　5—电磁换向阀　6、14—换向阀　7—顺序阀　8—预泄换向阀组　9—压力继电器　10—单向阀　11、12—液控单向阀　13、15、16—溢流阀　17—主缸　18—顶出缸

（3）保压延时　当系统中压力升高到使压力继电器9起作用时，压力继电器9发出信号使电磁铁1YA断电，先导阀（电磁换向阀）5和主缸换向阀6都处于中位，于是主缸17实现保压，保压延时时间由时间继电器（书中未画出）控制，可在0~24min内调节。保压时除了液压泵在较低压力下卸荷外，系统中没有油液流动。液压泵卸荷油路为：

变量泵1→顺序阀7→主缸换向阀6（中位）→顶出缸换向阀14（中位）→油箱。

（4）泄压回程　保压时间结束后，时间继电器发出信号，使电磁铁2YA通电。但为了防止保压状态向快速返回状态转变过快，在系统中引起压力冲击并使上滑块动作不平稳而设置了预泄换向阀组8，它的功用是当2YA通电后，压力油必须在主缸17上腔卸压后，才能经预泄换向阀下位进入主缸换向阀6右端，使主缸换向阀6换向。预泄换向阀8的工作原理是：在保压阶段，这个阀的上端控制油口油液为高压，下端控制油口接油箱，其上位接入系统；当电磁铁2YA通电，先导阀（电磁换向阀）5右位接入系统时，控制油路中的压力油虽然到达预泄换向阀组 8 阀芯的下端，但由于其上端的高压未曾卸除，阀芯不动。但是，由于液控单向阀 I_3 可以在控制压力低于其主油路压力下先打开，使主缸 17 上腔油液→液控单向阀 I_3→预泄换向阀组 8（上位）→油箱，于是主缸 17 上腔的油液压力被卸除，预泄换向阀组 8 的阀芯在下端控制压力油作用下向上移动，使其下位接入系统，这样它一方面切断主缸 17 上腔通向油箱的通道，另一方面使控制油路中的压力油→预泄换向阀组 8（下位）→主缸 17 换向阀 6 的右端，此时主缸 17 换向阀 6 左端→先导阀（电磁换向阀）5 右位→油箱，于是阀 6 右位接入系统，液控单向阀 11 被打开。主油路油液流动情况为：

进油路：变量泵 1→顺序阀 7→换向阀 6(右位)→液控单向阀 11→主缸 17 下腔，同时液控单向液控单向阀 12 被打开。

回油路：主缸 17 上腔→液控单向阀 12→高位油箱。

于是，上滑块快速返回，从回油路进入高位油箱中的油液，若超过预定位置时，则可从高位油箱中的溢流管流回油箱。由图 8-6 可见，主缸换向阀 6 在由左位切换到中位时，阀芯右端由油箱经单向阀 I_1 补油，在由右位切换到中位时，阀芯右端的油经单向阀 I_2 流回油箱。

（5）原位停止　原位停止是上滑块上升至预定高度时，挡块压下行程开关，电磁铁 2YA 断电，先导阀（电磁换向阀）5 和主缸换向阀 6 均处于中位时得到的，这时主缸 17 停止运动，液压泵在较低压力下卸荷，由于液控单向阀 11 和溢流阀 13 的支承作用，上滑块悬空停止。

2. *液压机下滑块的工作情况*

（1）下滑块（顶出缸 18）向上顶出　下滑块向上顶出时，电磁铁 4YA 通电，于是有：

进油路：变量泵 1→顺序阀 7 →换向阀 6（中位）→换向阀 14（右位）→顶出缸 18 下腔。

回油路：顶出缸 18 上腔→换向阀 14（右位）→油箱。

（2）停留　当下滑块向上移动至顶出缸中的活塞碰到其上缸盖时，便停留在这个位置上。

（3）下滑块（顶出缸 18）向下退回　向下退回时，电磁铁 4YA 断电、3YA 通电，于是有：

进油路：变量泵 1→顺序阀 7→换向阀 6（中位）→换向阀 14（左位）→顶出缸 18 上腔。

回油路：顶出缸 18 下腔→换向阀 14（左位）→油箱。

（4）原位停止　原位停止是在电磁铁 3YA、4YA 均断电，顶出缸换向阀 14 处于中位时得到的。

系统中阀 15、16 为顶出缸溢流阀，由阀可以调整顶出压力。

该液压压力机中完成上述动作的电磁铁和预泄阀的动作顺序见表 8-4。

表 8-4　电磁铁和预泄阀的动作顺序表

		1YA	2YA	预泄阀	3YA	4YA
上滑块	快速下行	+		上		
	慢速加压	+		上		
	保压延时			上		
	泄压回程		+	上/下		
	原位停止					
下滑块	向上顶起					+
	停留					+
	向下退回				+	
	原位停止					

8.4.3 液压系统的主要特点

1）系统中使用一个轴向柱塞式高压变量泵供油，系统工作压力由远程调压阀（直动型溢流阀）3调定。

2）系统中顺序阀7的调定压力为2.5MPa，从而保证了液压泵的卸荷压力不致太低，也使控制油路具有一定的工作压力（>2.0MPa）。

3）系统中采用了专用的预泄换向阀组8来实现上滑块快速返回前的泄压，保证动作平稳，防止换向时的液压冲击和噪声。

4）系统中主缸、顶出缸的动作协调由两主换向阀6和14的互锁来保证，一个缸必须在另一个缸静止时才能动作。但是，在拉伸操作中，为了实现“压边”这个工步，上缸活塞必须推着下缸活塞移动，这时应让1YA、3YA同时通电，主缸下腔的液压油进入顶出缸的上腔，而顶出缸下腔中的液压油则经顶出缸溢流阀15排回油箱，虽然这时两缸同时动作，但不存在动作不协调的问题。

5）系统中的两个液压缸各有一个溢流阀13和16进行过载保护。

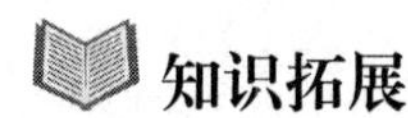

知识拓展

带钢张力电液伺服控制系统

图8-7a所示为带钢张力电液伺服控制系统原理图。牵引辊2牵引钢带移动，加载装置6

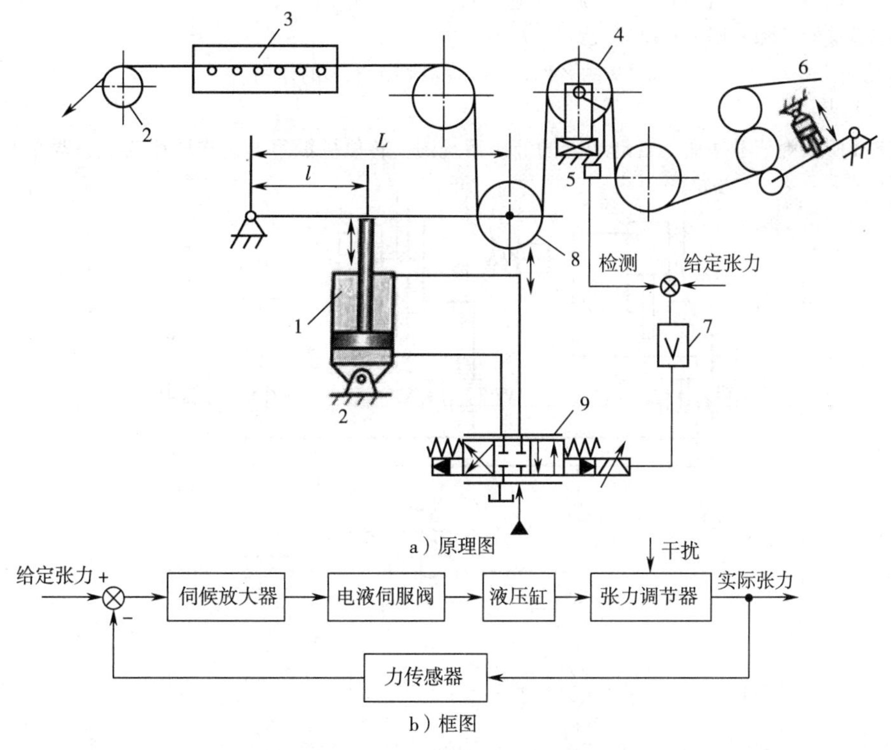

a）原理图

b）框图

图8-7 带钢张力电液伺服控制系统

1—张力调整液压缸 2—牵引辊 3—热处理炉 4—转向辊 5—力传感器 6—加载装置 7—伺服放大器 8—浮动辊 9—电液伺服阀

使钢带产生一定张力。当张力由于某种原因发生波动时，通过设置在转向辊4轴承上的力传感器5检测钢带的张力，并和给定值进行比较，得到偏差值，通过伺服放大器7放大后，控制电液伺服阀，进而控制输入张力调整液压缸1的流量，驱动浮动辊8来调节张力，使之恢复到其原来给定的值。图8-7b所示为带钢张力电液伺服控制系统框图。

小　结

1. 分析液压系统时，应从机械设备的动作要求入手，按动作逐一分析其进油路和回油路。

2. 分析进油路和回油路时，要注意区分主油路和控制油路。主油路的进油路从液压泵开始，途径各元件，最后到执行元件；主油路的回油路从执行元件开始，途径各元件，最后到油箱（闭式系统则回到液压泵）。

习　题

8-1　根据图8-2回答下列问题

1. 填空：YT4543型动力滑台液压系统是采用（　　）和（　　）组成的（　　）调速回路，采用（　　）实现换向，采用（　　）实现快速运动，采用（　　）实现快进转工进的速度换接，采用两调速阀（　　）实现两种工进速度换接。

2. 指出YT4543型动力滑台液压系统图中包含哪些基本回路?

3. 指出调速阀7和8哪个开口较大?

4. 指出液压阀2、3、4、5、6、9的名称，并说明其在系统中的作用。

8-2　分析题

1. 图8-8所示为某零件加工自动线上的液压系统图。转位机械手的动作顺序为：手臂在上方原始位

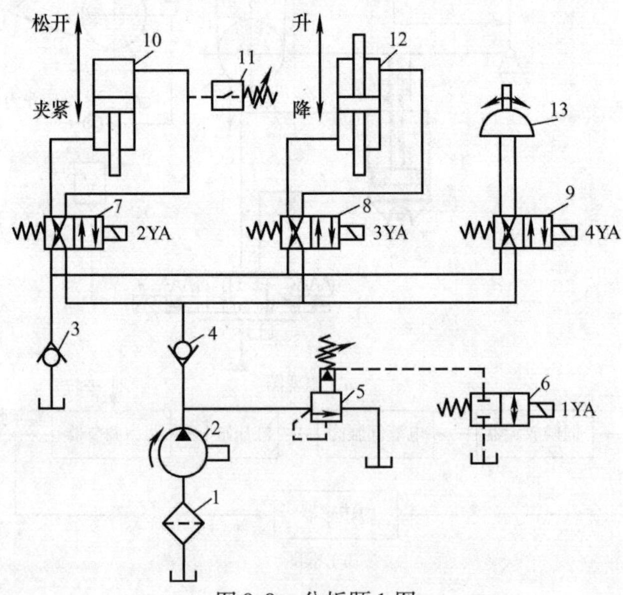

图8-8　分析题1图

1—滤油器　2—液压泵　3、4—单向阀　5—溢流阀　6、7、8、9—换向阀
10—手指夹紧缸　11—压力继电器　12—手臂升降缸　13—手腕旋转摆动缸

置→ 手臂下降→ 手指夹紧工件→ 手臂上升→ 手腕正转 90°→ 手臂下降→ 手指松开→ 手臂上升→ 手腕反转 90°→ 停在上方。

（1）分析液压系统，写出进、回油路并填写电磁铁动作顺序表（见表 8-5）。

（2）指出单向阀 3、4 的作用。

表 8-5 转位机械手的电磁铁动作顺序表

	原始位置	手臂下降	手指夹紧	手臂上升	手腕正转 90°	手臂下降	手指松开	手臂上升	手腕反转 90°	停在上方
1YA										
2YA										
3YA										
4YA										

2. 如图 8-9 所示，某一液压系统可以完成“快进→一工进→二工进→快退→原位停止”的工作循环，假设：阀 6 的调节范围大于阀 3。

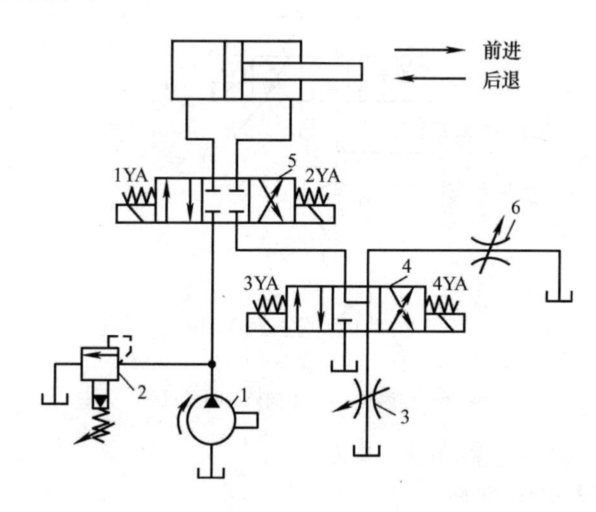

图 8-9 分析题 2 图

1—液压泵 2—溢流阀 3、6—节流阀 4、5—换向阀

分析油路并完成下列问题：

（1）填写电磁铁动作顺序表（见表 8-6）。

表 8-6 电磁铁动作顺序表

	1YA	2YA	3YA	4YA
快进				
一工进				
二工进				
快退				
原位停止				

（2）指出阀4、阀5的作用及不同点。

（3）指出阀3、阀6的名称及作用。

（4）当执行元件不工作时，请设置液压泵的卸荷回路。

3. 分析图8-10所示液压系统并回答问题：

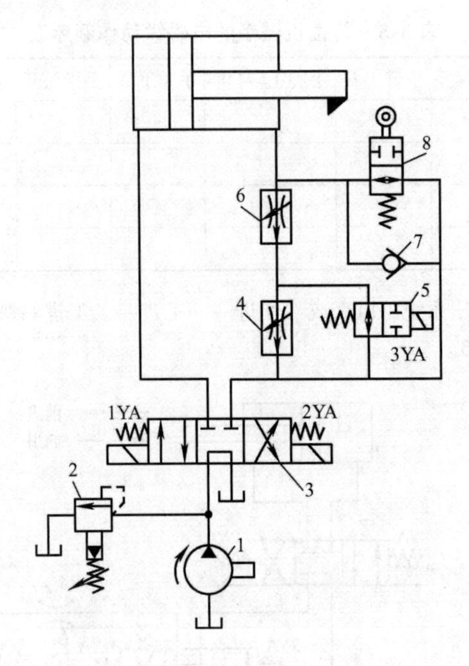

图8-10 分析题3图

1—液压泵 2—溢流阀 3、5—换向阀

4、6—调速阀 7—单向阀 8—行程阀

（1）填写液压系统的电磁铁动作顺序表（见表8-7）。

（2）写出系统图中包括的基本回路。

（3）指出调速阀4和6哪个开口较大？

表8-7 电磁铁动作顺序表

	1YA	2YA	3YA	行程阀
快进				
一工进				
二工进				
快退				
原位停止				

4. 图8-11所示回路可实现快进→慢进→快退→卸荷工作循环，试列出其电磁铁动作顺序表。

5. 图8-12为实现“快进→一工进→二工进→快退→停止”动作的回路，一工进的速度比二工进快，试列出电磁铁动作顺序表。

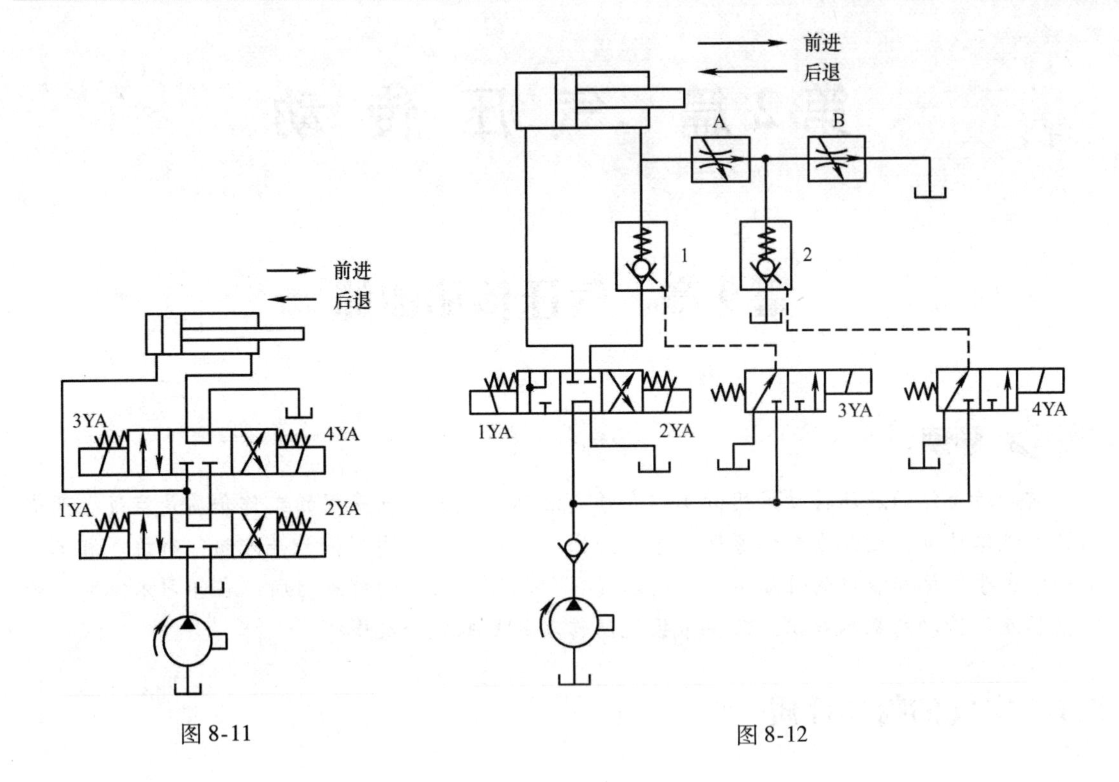

图 8-11

图 8-12

第2篇 气 压 传 动

第9章 气压传动概述

前面所介绍的液压传动采用的工作介质是液体，气压传动采用的工作介质是空气，两者均属于流体传动，因此在工作原理、系统组成、元件结构及图形符号等方面，有许多相似之处；但由于气体与液体的性质不同，所以气压传动又有自己的特点。所以在学习本章时，既要借鉴液压传动的基本知识，又要掌握气压传动的基本概念及规律。

9.1 空气的物理性质

9.1.1 空气与湿空气

1. 空气的组成

自然界的空气是由若干气体混合而成的，其主要成分是氮气（N_2）和氧气（O_2），其他气体占的比例极小，此外，空气中含有一定量的水蒸气，对于含有水蒸气的空气称之为湿空气。不含有水蒸气的空气称之为干空气，标准状态下（即温度为 $t=0℃$、压力为 $p_{at}=0.1013\text{MPa}$、重力加速度 $g=9.8066\text{m/s}^2$、相对分子质量 $M=28.962$）干空气的组成见表9-1。

表9-1 干空气的组成

比值 \ 成分	氮（N_2）	氧气（O_2）	氩（Ar）	二氧化碳（CO_2）	其他气体
体积分数（%）	78.03	20.93	0.932	0.03	0.078
质量分数（%）	75.50	23.10	1.28	0.045	0.075

2. 空气的密度和黏度

（1）密度 空气的密度是指单位体积 V 内的空气质量 m，用 ρ 表示，即

$$\rho=\frac{m}{V} \tag{9-1}$$

（2）黏度 空气的黏度是指空气质点作相对运动时产生阻力的性质。空气黏度的变化只受温度变化的影响，且随温度的升高而增大，主要是由于温度升高后，空气内分子运动加剧，使原本间距较大的分子之间碰撞增多的缘故。而压力的变化对黏度的影响很小，且可忽略不计。

3. 湿空气

空气中含有水分的多少对系统的稳定性有直接影响，因此各种气动元器件不仅对含水量有明确的规定，并且常采取一些措施防止水分进入。

含有水蒸气的空气称为湿空气，其所含水分的程度用湿度和含湿量来表示，湿度的表示方法有绝对湿度和相对湿度两种。

（1）绝对湿度　绝对湿度指每立方米空气中所含水蒸气的质量，用 x 表示，即

$$x=\frac{m_s}{V} \tag{9-2}$$

式中，m_s 是湿空气中水蒸气的质量；V 是湿空气的体积。

（2）饱和绝对湿度　饱和绝对湿度是指湿空气中水蒸气的分压力达到该湿度下水蒸气的饱和压力时的绝对湿度，用 x_b 表示。

（3）相对湿度　相对湿度指在某温度和总压力下，其绝对湿度与饱和绝对湿度之比，即

$$\phi=\frac{x}{x_b}\times100\%\approx\frac{p_s}{p_b}\times100\% \tag{9-3}$$

式中，p_s 是蒸汽的分压力；p_b 是饱和水蒸气的分压力。

当空气绝对干燥时，$p_s=0$，$\phi=0\%$；当空气达到饱和时，$p_s=p_b$，$\phi=100\%$；一般湿空气的 ϕ 值在0%～100%之间变化，通常情况下，空气的相对湿度在60%～70%范围内，人体感觉舒适，气压传动技术中规定各种阀的相对湿度应小于95%。

（4）空气的含湿量　空气的含湿量指每千克质量的干空气中所混合的水蒸气的质量，即

$$d=\frac{m_s}{m_g}=\frac{\rho_s}{\rho_g} \tag{9-4}$$

式中，m_s 是水蒸气的质量；m_g 是干空气的质量；ρ_s 是水蒸气的密度；ρ_g 是干空气的密度。

9.1.2　气体体积的易变性

气体与固体和液体相比最大的特点是分子间的距离相当长，由于气体分子间的距离长，所以分子间的内聚力小，体积也容易变化，即气体体积随压力和温度的变化而变化，也就是说气体与液体相比有明显的可压缩性，但当其平均速度 $v\leqslant50\text{m/s}$ 时，其压缩性并不明显，而当 $v>50\text{m/s}$ 时，气体的可压缩性将逐渐明显。

9.2　气体状态方程与气体流动规律

9.2.1　气体状态方程

1. 理想气体的状态方程

所谓理想气体是指没有黏性的气体，当气体处于某种平衡状态时，气体的压力、温度和体积之间的关系为

$$\frac{pV}{T}=\text{常数} \tag{9-5}$$

式中，p 是气体的绝对压力，单位为 N/m^2；T 是空气的热力学温度，单位为 K；V 是气体的体积，单位为 m^3。

式(9-5）称为理想气体的状态方程。

2. 理想气体的状态变化规律

式(9-5）表明，对一定质量的理想气体而言，其状态变化有如下规律：

1）当气体体积不变时，压力的变化与温度的变化成正比；当压力上升时，气体的温度随之上升（查理定律）。

2）当气体压力不变时，温度上升，气体的体积增大（气体膨胀）；当温度下降时，气体的体积减小（气体被压缩）（盖-吕萨克定律）。

3）在气体温度不变的条件下，压力上升时，气体体积被压缩；压力下降时，气体体积膨胀（波意耳定律）。

3. 绝热过程

一定质量的气体，在状态变化过程中，当与外界完全无热量交换时，此过程称为绝热过程。此时，气体的状态方程为

$$p_1V_1^{\kappa}=p_2V_2^{\kappa}=\text{常数} \tag{9-6}$$

式中，κ 是等熵指数，对于空气 $\kappa=1.4$。

式(9-6）表明，在绝热过程中，气体状态变化与外界无热量交换，系统靠消耗本身的热力学能对外做功。在气压传动中，快速动作可认为是绝热过程。例如，空气压缩机的活塞在气缸中的运动是极快的，以致缸中气体的热量来不及与外界进行热交换，这个过程就被认为是绝热过程。应该指出，在绝热过程中，气体温度的变化是很大的，例如空气压缩机压缩空气时，温度可高达250℃，而快速排气时，温度可降至-100℃。

9.2.2 气体流动规律

气体与液体一样，在流动中遵循质量守恒定律和能量守恒定律，所以气体流动的规律也可用连续性方程和伯努利方程表示，但它与液体流动时的连续性方程和伯努利方程有所不同，具体公式参见相关资料。

9.3 气压传动系统的工作原理及组成

9.3.1 气压传动系统的工作原理

气压传动系统的工作原理是利用空气压缩机将电动机、内燃机或其他原动机输出的机械能转变为空气的压力能，然后在控制元件的控制及辅助元件的配合下，利用执行元件把空气的压力能转变为机械能，从而完成直线或回转运动并对外做功。现以气动剪切机为例，说明气压传动系统的工作原理，图9-1所示为剪切机的气压传动系统。图9-1a

所示为剪切机的工作原理图。由空气压缩机1产生的压缩气体经过初次净化处理后储存在气罐4中，再经空气干燥器5、空气过滤器6、减压阀7和油雾器8最后送到气控换向阀11，供执行机构工作。图示位置为工件被剪切前的状况，当工件由上料装置（图中未画出）送入剪切机并将机动阀9的顶杆向右压，到达规定位置时，使机动阀9的内通路打开，气控换向阀11的A腔（见图9-1a）与大气相通，气压下降，阀芯受弹簧力作用下移，直至下移到平衡位置，即气缸12下腔进气，上腔出气，压力作用于活塞下端，推动活塞、连杆及活动剪切刀上移，直到剪断工件为止。工件被剪断后，机动阀9受弹簧作用复位到图示状态，则压缩空气经节流阀10进入气控换向阀11的A腔，A腔压力升高，使气控换向阀11的阀芯上移恢复到图示位置，此时气缸12上腔进气，下腔出气，推动活塞、连杆及活动切刀下移，为下一次剪切作准备。

由此可见，剪切机构克服阻力切断工件的机械能是由压缩空气的压力能转换后得到的，同时，气控换向阀11控制压缩气体的通路不断改变，使气缸活塞带动剪切机构频繁地实现剪切与复位的循环。图9-1b所示为该系统的系统图。

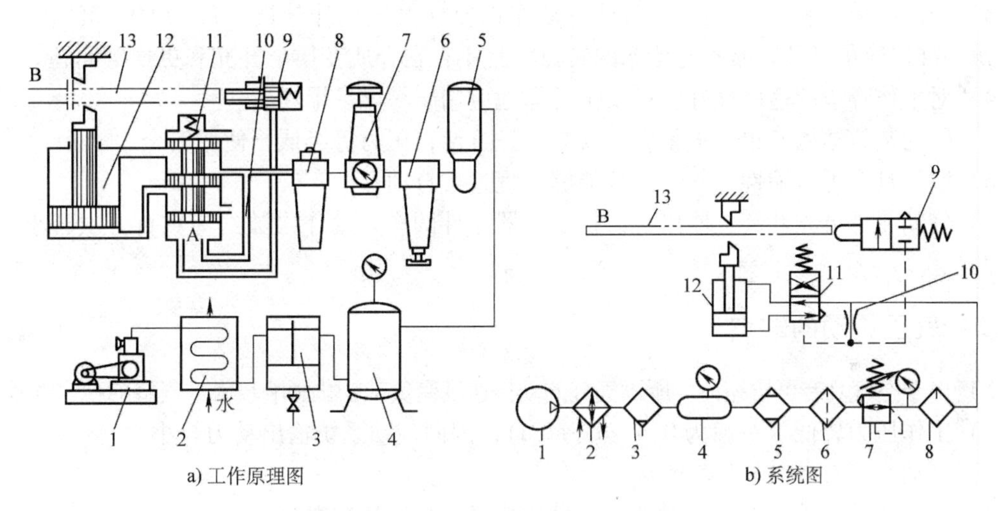

图9-1　剪切机的气压传动系统

1—空气压缩机　2—冷却器　3—分水排水器　4—气罐　5—空气干燥器
6—空气过滤器　7—减压阀　8—油雾器　9—机动阀　10—节流阀
11—气控换向阀　12—气缸　13—工件

9.3.2　气压传动系统的组成

由图9-1可知，气压传动系统一般由以下四部分组成。

1. 气压发生装置

气压发生装置的作用是将原动机输出的机械能转变为空气的压力能，其主要设备是空气压缩机，简称为空压机。

2. 控制元件

控制元件是用来控制压缩空气的压力、流量和流动方向，以保证执行元件具有一定的输出力和速度并按设计的程序正常工作，如压力阀、流量阀、方向阀和逻辑阀等。

3. 执行元件

执行元件是将空气的压力能转变为机械能的能量转换装置，如气缸和气动马达。

4. 辅助元件

辅助元件是用于辅助、保证气动系统正常工作的一些装置，如各种干燥器、空气过滤器、消声器和油雾器等。

9.4 气压传动的特点

9.4.1 气压传动的优点

1）工作介质为空气，来源经济方便，用过之后直接排入大气，处理简单，不污染环境。

2）由于空气流动损失小，压缩空气可集中供气，作远距离输送。

3）与液压传动相比，气压传动具有动作迅速（气缸动作速度一般为50～500mm/s）、反应快、维护简单以及管路不易堵塞的特点，且不存在介质变质、补充和更换等问题。

4）对工作环境的适应性好，可安全可靠地应用于易燃易爆场所。

5）气动装置结构简单，重量轻，安装维护方便，压力等级低，使用安全。

6）空气具有可压缩性，气动系统能够实现过载自动保护。

7）气动元件可靠性高，使用寿命长。电器元件的有效动作次数约为数百万次、小型阀超过两亿次。

9.4.2 气压传动的缺点

1）由于空气具有可压缩性，所以气缸的动作速度受负载变化影响较大，气缸的稳定性较差。

2）工作压力较低（一般为0.4～0.8MPa），因而气动系统输出动力较小。

3）气动系统有较大的排气噪声。

4）工作介质空气没有自润滑性，需另加装置进行给油润滑。

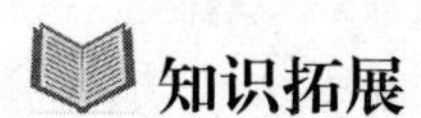

知识拓展

气压传动

气压传动简称气动，是流体传动及控制学科的一个重要分支，是指以压缩空气为工作介质传递动力和控制信号的一门技术，包含传动技术和控制技术两方面的内容。气动系统是利用空气压缩机将电动机或其他原动机输出的机械能转变为空气的压力能，然后在控制元件的控制和辅助元件的配合下，通过执行元件把空气的压力能转变为机械能，完成直线或回转运动，并对外做功，进而控制和驱动各种机械和设备，以实现生产过程的自动化和智能化。

由于气压传动具有防火、防爆、节能、高效、无污染等优点，气动元件兼有通用性和灵活性的特点，所以在现代系统的集成化和完整性方面发挥了决定性的作用。近年来，气动元件得到了飞跃性发展，控制方式有所创新，气动技术的应用领域已从机械、冶金、采矿、交通运输等工业领域扩展到轻工、食品、化工、电子、物料搬运以及军事等领域，对实现生产过程的自动控制、改善劳动条件、减轻劳动强度、降低成本、提高产品质量意义重大。微电子技术与气动技术相结合，创造出了高可靠性、低成本的微型元件，为气动技术在工业各领域中的应用开辟了广阔前景。

小 结

1. 空气的组成、密度和黏度。

2. 含有水蒸气的空气称为湿空气，其所含水分的程度用湿度和含湿量来表示，湿度的表示方法有绝对湿度、饱和绝对湿度和相对湿度。

3. 气体的三个状态参数是压力 p、温度 T 和体积 V。理想气体的状态方程是$\frac{pV}{T}=$常数，它描述了气体处于某一平衡状态时，这三个参数之间的关系。

4. 理想气体的状态变化过程：等容过程、等压过程、等温过程和绝热过程。

5. 气压传动系统由气压发生装置、控制元件、执行元件和辅助元件四部分组成。

6. 气压传动系统的工作原理、优缺点。

习 题

9-1 填空题

1. 空气的主要成分是（　　　　）和（　　　　）。
2. 含有（　　　　）的空气称为湿空气。
3. 空气的湿度可以用（　　　　）、（　　　　）、（　　　　）和（　　　　）来度量。
4. 理想气体的状态变化过程有（　　　　）、（　　　　）和（　　　　）。

9-2 问答题

1. 什么是气体体积的易变性？
2. 气压传动系统由哪几部分组成？各部分的作用是什么？
3. 试述气压传动的特点，并与液压传动进行比较。

第 10 章　气源装置及气动辅助元件

气源装置是气压传动的动力部分，这部分元器件性能的好坏直接关系到气压传动系统能否正常工作；气动辅助元件更是气压传动系统正常工作必不可少的组成部分。本章主要介绍压缩空气站的组成、空气压缩机的工作原理、气源净化装置和其他气动辅助元件的结构、工作原理及正确使用。

10.1　气源装置

10.1.1　压缩空气站概述

压缩空气站是气压系统动力源装置，一般规定：当排气量为 6 ~ 12m^3/min 时，就应独立设置压缩空气站；当排气量低于 6m^3/min 时，可将空气压缩机或气泵直接安装在主机旁。气压传动系统所使用的压缩空气必须经过干燥和净化处理后才能使用，因为压缩空气中的水分、油污和灰尘等杂质会混合而成胶体杂质，若不经处理而直接进入管路系统时，就可能会产生一些不良后果。如油液挥发的油蒸气聚集在储气罐中形成易燃易爆物质；油液被高温气化后形成的有机酸对金属元器件起腐蚀作用；油、水和灰尘的混和物沉积在管道内或水汽凝结后将使气流不畅或管路堵塞；一些杂质颗粒会引起气动元件的相对运动，而造成表面磨损，降低其使用寿命等，因此，必须对压缩空气进行干燥和净化处理。对于一般的压缩空气站除了空气压缩机外，还必须设置过滤器、后冷却器、油水分离器和储气罐等净化装置。压缩空气站净化空气流程图如图 10-1 所示，空气首先经过滤器滤去部分灰尘、杂质后进入空气压缩机 1，空气压缩机输出的空气先进入后冷却器 2 进行冷却，当温度下降到 40 ~ 50℃

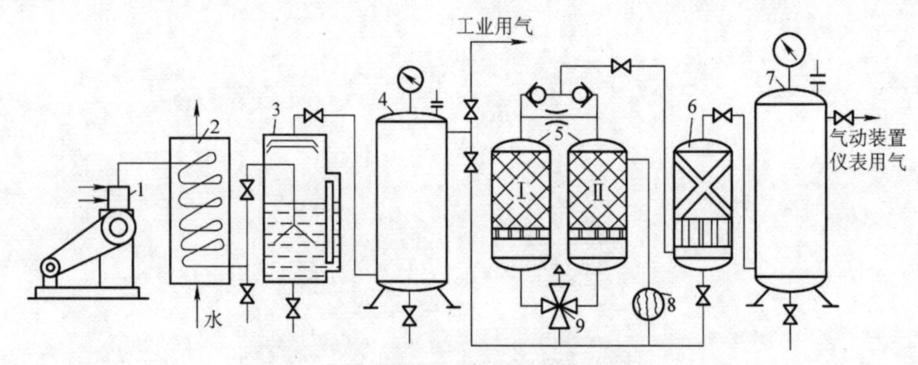

图 10-1　压缩空气站净化空气流程图

1—空气压缩机　2—后冷却器　3—油水分离器　4—储气罐
5—干燥器　6—过滤器　7—储气罐　8—加热器　9—四通阀

时，油气与水气凝结成油滴和水滴，然后进入油水分离器3，使大部分油、水和杂质从气体中分离出来，初步净化的压缩空气被送入储气罐4中（上述过程一般称为一次净化）。对于要求不高的气压系统即可从储气罐4直接供气。但对仪表用气和质量要求高的工业用气，则必须进行二次和多次净化处理。即将经过一次净化处理的压缩空气再送进干燥器5进一步除去气体中的残留水分和油。在净化系统中，干燥器Ⅰ和Ⅱ交换使用，其中闲置的一个利用加热器8吹入热空气进行再生，以备接替使用。四通阀9用于转换两个干燥器的工作状态，过滤器6的作用是进一步清除压缩空气中的渣滓和油气。经过处理的气体进入储气罐7，可供给起动设备和仪表使用。

10.1.2　空气压缩机

空气压缩机是气动系统的动力源，其作用是把电动机输出的机械能转换成气体的压力能并输出到气动系统。

1. 空气压缩机的分类

空气压缩机的种类很多，按工作原理可分为容积式和动力式两大类。在气压传动中，一般采用容积式空气压缩机。

空气压缩机按输出压力即排气压力分为低压压缩机（$0.2\text{MPa} < p \leqslant 1\text{MPa}$）、中压压缩机（$1\text{MPa} < p \leqslant 10\text{MPa}$）、高压压缩机（$10\text{MPa} < p \leqslant 100\text{MPa}$）和超高压压缩机（$p > 100\text{MPa}$）。

空气压缩机按输出流量分为微型（$q < 1\text{m}^3/\text{min}$）、小型（$1\text{m}^3/\text{min} \leqslant q \leqslant 10\text{m}^3/\text{min}$）、中型（$10\text{m}^3/\text{min} < q \leqslant 100\text{m}^3/\text{min}$）和大型（$q > 100\text{m}^3/\text{min}$）。

空气压缩机按润滑方式分为有油润滑（采用润滑油润滑，结构中有专门的供油系统）和无油润滑（不采用润滑油润滑，零件采用自润滑材料制成，如采用无油润滑的活塞式空气压缩机中的活塞组件）。

2. 空气压缩机的工作原理

在容积式空气压缩机中，最常用的是活塞式空气压缩机，单级单作用活塞式空气压缩机的工作原理图如图10-2所示。曲柄8作回转运动，带动气缸活塞3作直线往复运动，当活塞3向右运动时，气缸腔2因容积增大而形成局部真空，在大气压的作用下，吸气阀9打开，大气进入气缸腔2，此过程为吸气过程；当活塞向左运动时，气缸腔2内的气体被压缩，压力升高，吸气阀9关闭，排气阀1打开，压缩空气排出，此过程为排气过程。单级单缸的空气压缩机就这样循环往复运动，不断产生压缩空气，而大多数空气压缩机是由多缸多活塞组合而成的。

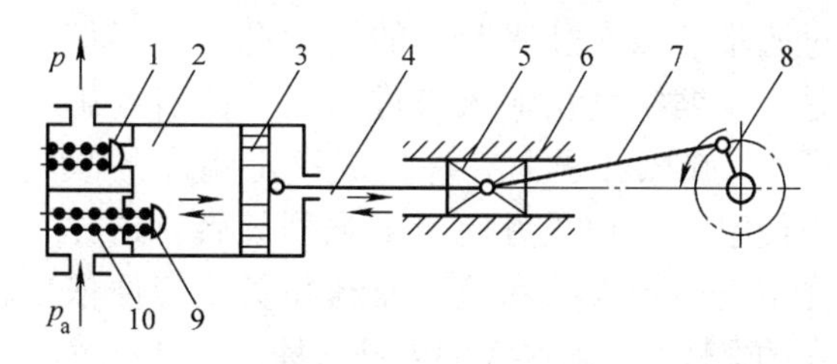

图10-2　单级单作用活塞式空气压缩机的工作原理图
1—排气阀　2—气缸腔　3—活塞　4—活塞杆　5—滑块　6—滑道　7—连杆　8—曲柄　9—吸气阀　10—弹簧

活塞式空气压缩机的缺点：在排气过程结束时，气缸内总有剩余容积存在；而在下一次吸气时，剩余容积内的压缩空气会膨胀，从而减少了吸入的空气量，降低了效率，增加了压缩功。当输出压力较高时，剩余容积使压缩比增大，温度急剧升高，故在需要高压输出时采取分级压缩，可降低排气温度，节省压缩功，提高容积效率，增加压缩气体排出量。

3. 空气压缩机的选用

选用空气压缩机的依据是气动系统所需的工作压力和流量。目前，气动系统常用的工作压力为0.5～0.8MPa，可直接选用额定压力为0.7～1MPa的低压空气压缩机，特殊场合也可选用中压、高压或超高压的空气压缩机。空气压缩机铭牌上的流量为自由空气流量。

在确定空气压缩机的排气量时，应该满足各气动设备所需的最大耗气量之和。

10.2 气源净化装置

10.2.1 空气过滤器

空气过滤器的作用是滤除压缩空气中的水分、油滴及杂质微粒，以达到气动系统所要求的净化程度。过滤的原理是根据固体物质和空气分子的大小和质量不同，利用惯性、阻隔和吸附的方法将灰尘和杂质与空气分离。

一般空气过滤器基本上是由壳体和滤芯所组成的，按滤芯所采用的材料不同又可分为纸质、织物（麻布、绒布、毛毡）、陶瓷、泡沫塑料和金属（金属网、金属屑）等过滤器。空气压缩机中普遍采用纸质过滤器和金属过滤器。这种过滤器通常又称为一次过滤器，其滤灰效率为50%～70%；在空气压缩机的输出端（即气源装置）使用的为二次过滤器（滤灰效率为70%～90%）和高效过滤器（滤灰效率大于90%），过滤器与减压阀、油雾器一起构成气源调节装置，是气动设备必不可少的辅助元件，安装在气动系统的入口处。图10-3所示为普通空气过滤器（二次过滤器）的结构图，其工作原理是：压缩空气从输入口进入后，被引入旋风叶子1，旋风叶子上有许多成一定角度的缺口，迫使空气沿切线方向产生强烈旋转。这样夹杂在空气中较大的水滴、油滴和灰尘等便依靠自身的惯性与存水杯3的内壁碰撞，并从空气中分离出来沉到杯底，而微粒灰尘和雾状水蒸气则由滤芯2滤除。为防止气体旋转将存水杯中积存的污水卷起，在滤芯下部设有挡水板4。此外，存水杯中的污水应通过排水阀5及时排放。在某些人工排水不方便的场合，可采用自动排水式空气过滤器。

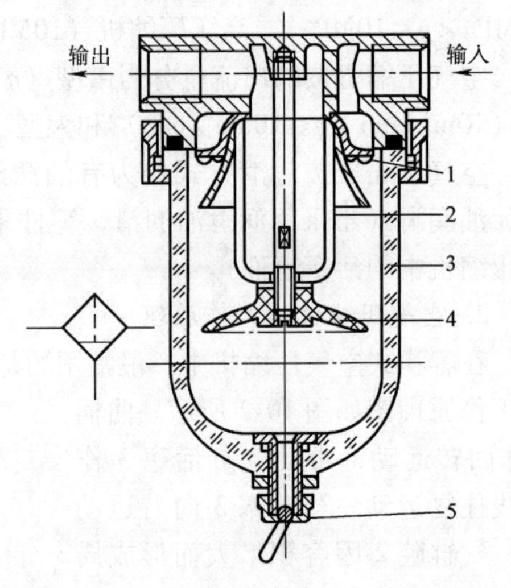

图10-3 普通空气过滤器（二次过滤器）的结构图

1—旋风叶子 2—滤芯 3—存水杯 4—挡水板 5—排水阀

空气过滤器主要根据系统所需要的流量、过滤精度和允许压力等参数选取。通常垂直安装在气动设备入口处，进出气孔不得装反。使用中注意定期放水、清洗或更换滤芯。

10.2.2 除油器

除油器又称油水分离器，用于分离压缩空气中所含的油分和水分。它的工作原理是：当压缩空气进入除油器后产生流向和速度的急剧变化，再依靠惯性作用，将密度比压缩空气大的油滴和水滴分离出来，图 10-4 所示为除油器的结构示意图。压缩空气进入除油器后，气流转折下降，然后上升，依靠转折时离心力的作用析出油滴和水滴。空气转折上升的速度在压力小于 1.0MPa 时不超过 1m/s。若除油器进出口管径为 d，进出口空气流速为 v，气流上升速度为 1m/s，则除油器的直径$D=\sqrt{v}\,d$，其高度 H 一般为其直径 D 的 3.5 ~4 倍。

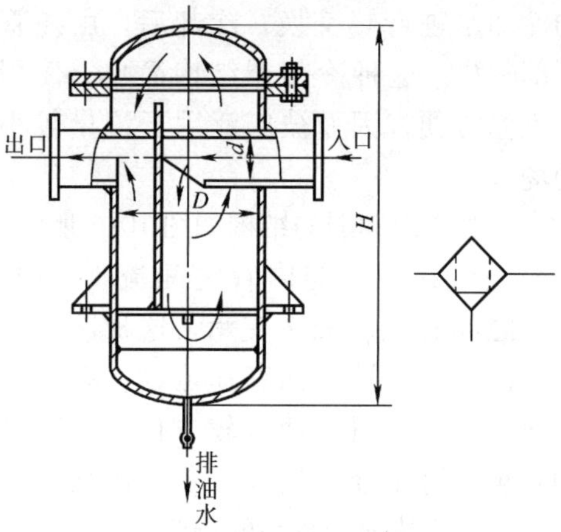

图 10-4　除油器的结构示意图

10.2.3　空气干燥器

空气干燥器是吸收和排除压缩空气中的水分、部分油分与杂质，使湿空气变成干空气，由图 10-1 可知，从空气压缩机输出的压缩空气经过后冷却器、除油器和储气罐的初步净化处理后已能满足一般气动系统的使用要求。但对一些精密机械、仪表等装置还不能满足要求，为此，需要进一步净化处理。为防止初步净化后的气体中的含湿量对精密机械、仪表产生锈蚀，为此要进行干燥和精过滤。

压缩空气的干燥方法主要有机械法、离心出水法、冷冻法和吸附法等。机械法和离心出水法的原理基本上与油水分离器的工作原理相同，冷冻法和吸附法是目前工业上常用的干燥方法。

图 10-5 所示为一种采用吸附法的不加热再生式干燥器，它有两个填满干燥剂的相同容器。空气从一个容器的下部流到上部，水分被干燥剂吸收而得到干燥，一部分干燥后的空气又从另一个容器的上部流到下部，从饱和的干燥剂中把水分带走并放入大气。它实现了无须外加热源而使吸附剂再生，Ⅰ、Ⅱ两容器定期交换工作（约 5 ~10min）而使吸附剂产生吸附和再生，这样可得到连续输出的干燥压缩空气。

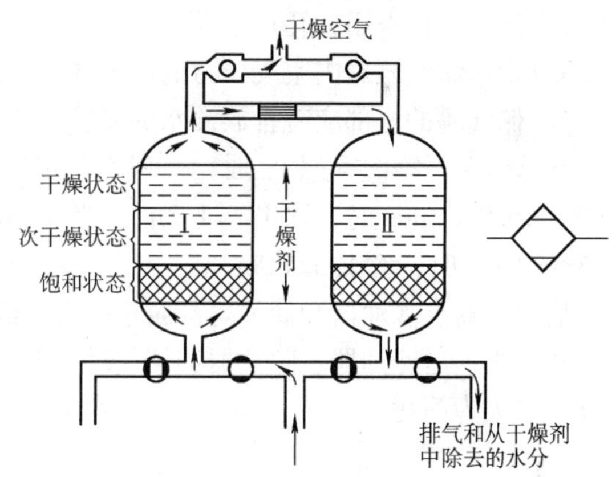

图 10-5　不加热再生式干燥器

10.2.4　后冷却器

后冷却器安装在空气压缩机出口的管道上，将空气压缩机排出的压缩气体温度由 140 ~ 170℃降到 40 ~50℃，使其中水蒸气、油雾气凝结成水滴和油滴，以便经除油器析出。

后冷却器一般采用蛇管式或套管式冷却器，蛇管式冷却器主要由一只蛇状空心盘管和一只盛装此盘管的圆筒组成。蛇状盘管可用铜管或钢管弯制而成，蛇管的表面积也就是该冷却器的散热面积。空气压缩机排出的热空气由蛇管上部进入（见图 10-1），通过管外壁与管外的冷却水进行热交换，冷却后，由蛇管下部输出。这种冷却器结构简单，使用和维修方便，因而被广泛用于流量较小的场合。

套管式冷却器的结构如图10-6所示，压缩空气在外管与内管之间流动，内、外管之间有支承架来支承。这种冷却器流通截面小，易达到高速流动，有利于散热冷却。管间清理也较方便，但其结构笨重，消耗金属量大，主要用在流量不太大，散热面积较小的场合。

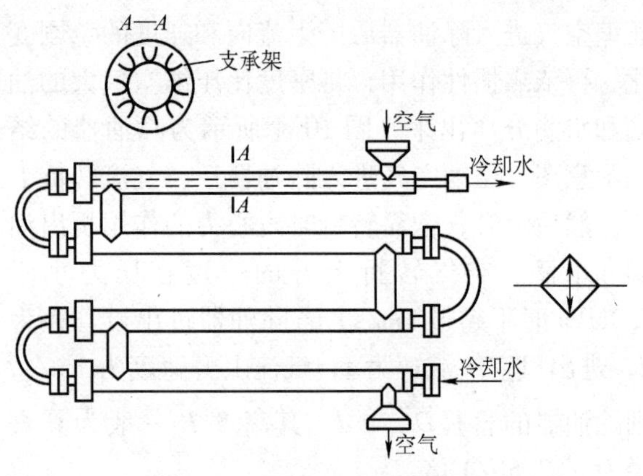

图10-6 套管式冷却器的结构

流量较大时可采用列管式冷却器，具体参数可查阅有关资料。

10.2.5 储气罐

储气罐的作用是消除压力波动，保证输出气流的连续性；储存一定数量的压缩空气，调节用气量或以备发生故障和临时需要应急使用；进一步分离压缩空气中的水分和油分。储气罐一般采用圆筒状焊接结构，有立式和卧式两种，一般以立式居多。立式储气罐的高度 H 为其直径 D 的2~3倍，同时应使进气管在下，出气管在上，并尽可能加大两管之间的距离，以利于进一步分离空气中的油水。同时，每个储气罐应将有以下附件：

1）溢流阀。调整极限压力，通常比正常工作压力高10%。

2）清理、检查用的孔口。

3）指示储气罐罐内空气压力的压力计。

4）储气罐的底部应有排放油水的接管。

在选择储气罐的容积 V_C 时，一般都是以空气压缩机每分钟的排气量 q 为依据选择的，即当 $q<6.0\text{m}^3/\text{min}$ 时，取 $V_C=1.2\text{m}^3$；当 $q=6.0\sim30\text{m}^3/\text{min}$ 时，取 $V_C=1.2\sim4.5\text{m}^3$；当 $q>30\text{m}^3/\text{min}$ 时，取 $V_C=4.5\text{m}^3$。

后冷却器、除油器和储气罐都属于压力容器，制造完毕后，应进行水压试验。目前，在气压传动中，后冷却器、除油器和储气罐三者一体的结构形式已被采用，这使压缩空气站的辅助设备大为简化。

10.3 其他辅助元件

10.3.1 油雾器

油雾器是气压传动系统中一种特殊的注油装置，其作用是将润滑油喷射成雾状并混合于压缩空气中，使该压缩空气具有润滑气动元件的能力。目前，气动控制阀、气缸和气动马达主要是靠这种带有雾状的压缩空气来实现润滑的，其优点是方便、干净以及润滑质量高。

1. 油雾器的工作原理

油雾器的工作原理图如图10-7所示，假设气流通过文氏管后压力降为 p_2，当输入压力

p_1 和 p_2 的压力差 Δp 大于把油吸引到排出口所需压力 ρgh 时，油被吸上，在排出口形成油雾并随压缩空气输送出去。但因油的黏性阻力是阻止油液向上运动的力，因此实际需要的压力差要大于 ρgh，黏度较高的油吸上时所需的压力差 Δp 就较大。相反，黏度较低的油吸上时所需的压力差 Δp 就小一些，但是黏度较低的油即使雾化也容易沉积在管道上，很难到达所期望的润滑地点。因此，在气动装置中要正确选择润滑油的牌号。

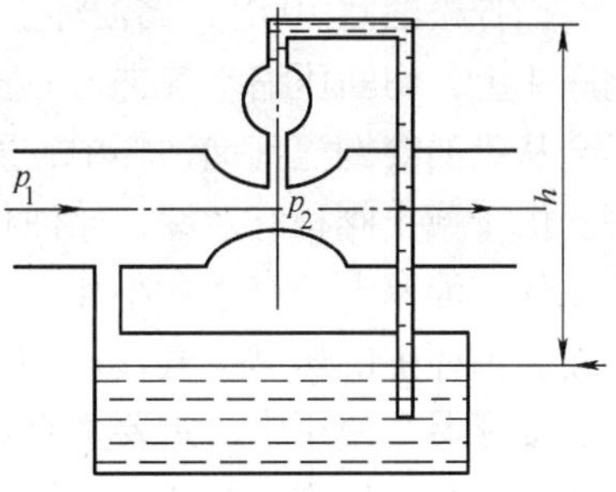

图 10-7　油雾器的工作原理图

2. 普通型油雾器结构简介

图 10-8 所示为普通型油雾器，其中图 10-8a、b 分别是相互垂直的两个方向的视图，图 10-8c 是图形符号。压缩空气从输入口进入后，通过立杆 1 上的小孔 a 进入截止阀阀座 4 的腔内，在截止阀的阀芯 2 上下表面形成压力差，此压力差被弹簧 3 的部分弹簧力所平衡，从而使阀芯处于中间位置，因而压缩空气就进入储油杯 5 的上腔 c，油面受压，压力油经吸油管 6 将单向阀 7 的阀芯拖起，阀芯上部管道有一个边长小于阀芯（钢球）直径的四方孔，使阀芯不能将上部管道封死，压力油能不断地流入视油器 9 内，再滴入立杆 1 中，被通道中的气流从小孔 b 中引射出来，雾化后从输出口输出。视油器上部的节流阀 8 用以调节滴油量，可在 0～200 滴/min 范围内调节。

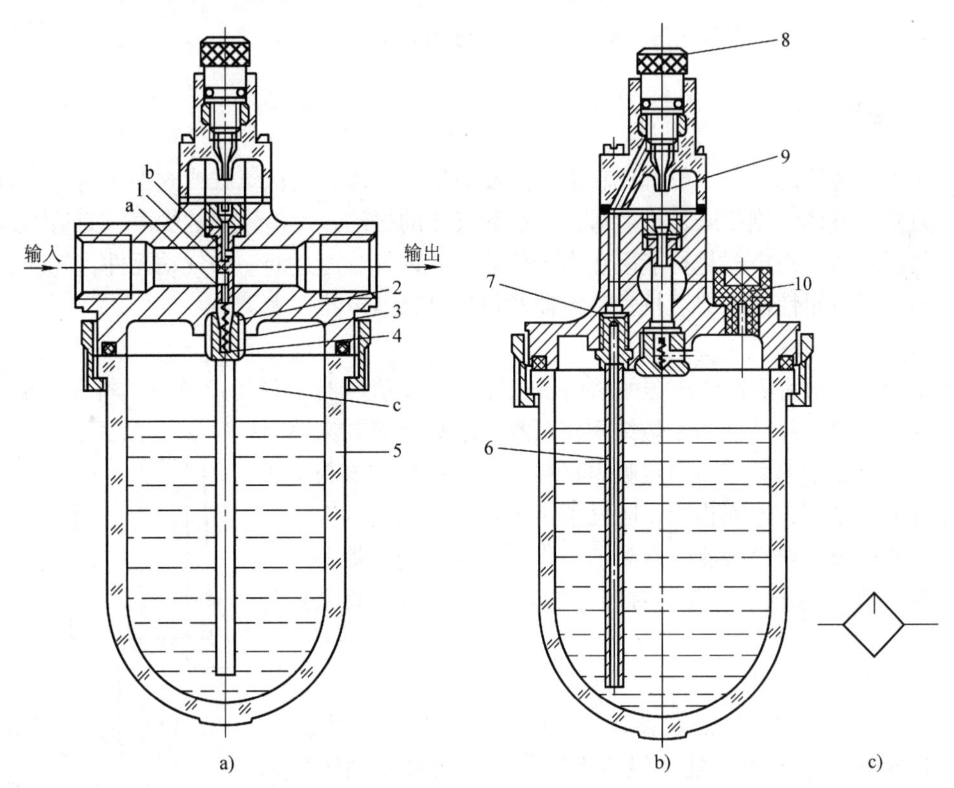

图 10-8　普通型油雾器

1—立杆　2—阀芯　3—弹簧　4—阀座　5—储油杯　6—吸油管
7—单向阀　8—节流阀　9—视油器　10—油塞　a、b—小孔　c—腔

当拧松油塞10时，储油杯上腔c便通大气，输入进来的压缩空气将阀芯2压在截止阀阀座4上，切断压缩空气进入c腔的通道。又由于吸油管6中单向阀7的作用，压缩空气也不会从吸油管倒灌到储油杯中，所以可以在不停气状态下向油塞口加油。加油完毕，拧上油塞。由于截止阀稍有泄漏，储油杯上腔的压力又逐渐上升到将截止阀打开，油雾器又重新开始工作，油塞上开有半截小孔，当油塞向外拧出时，并不等于油塞全打开，小孔已经与外界相通，油杯中的压缩空气逐渐向外排空，以免在油塞打开的瞬间产生压缩空气突然排放现象。油雾器在使用中一定要垂直安装，它可以单独使用，也可以与空气过滤器、减压阀和油雾器三件联合使用，组成气源调节装置（通常称之为气源调节装置），安装顺序为空气过滤器-减压阀-油雾器，不能颠倒，使气源调节装置具有过滤、减压和使油雾化的功能。气动三联件的图形符号如图10-9所示。油雾器单独使用时，安装在分水滤气器、减压阀之后，尽量靠近换向阀，应避免把油雾器安装在换向阀与气缸之间，以免造成浪费。

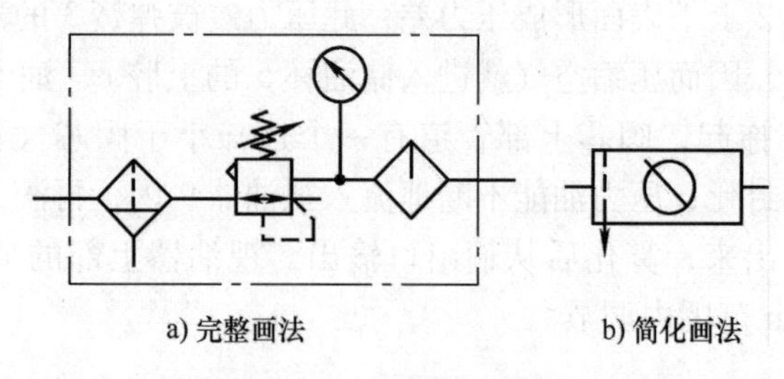

图10-9 气动三联件图形符号

10.3.2 消声器

气压传动装置的噪声一般都比较大，尤其当压缩气体直接从气缸或阀中排向大气时，较高的压力差使气体急剧膨胀，产生涡流，引起气体的振动，发出强烈的噪声，为消除这种噪声应安装消声器。消声器是指能阻止声音传播而允许气流通过的一种气动元件，气动装置中的消声器主要有阻性消声器、抗性消声器及阻抗复合消声器三大类。

1. 阻性消声器

图10-10所示为阻性消声器的结构示意图。阻性消声器主要利用吸声材料（玻璃纤维、毛毡、泡沫塑料、烧结金属、烧结陶瓷以及烧结塑料等）来降低噪声。在气体流动的管道内固定吸声材料，或按一定方式将吸声材料在管道中排列，这就构成了阻性消声器。当气流流入时，一部分声音能被吸声材料吸收，起到消声作用。这种消声器能在较宽的中高频范围内消声，特别对刺耳的高频声波消声效果更为显著。

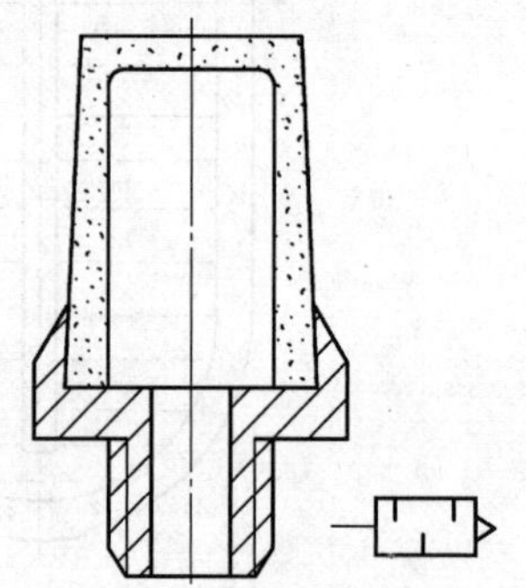

图10-10 阻性消声器的结构示意图

2. 抗性消声器

抗性消声器又称声学滤波器，是根据声学滤波原理制造的，它具有良好的低频消声性能，但消声频带窄，对高频消声效果差。抗性消声器最简单的结构是一段管件，如将一段粗而长的塑料管接在元件的排气口，气流在管道里膨胀、扩散、反射及相互干涉而消声。

3. 阻抗复合消声器

阻抗复合消声器是综合上述两种消声器的特点而制成的，这种消声器既有阻性吸声材料，又有抗性消声器的干涉等作用，能在很宽的频率范围内起消声作用。

10.3.3 转换器

转换器是将电、液、气信号进行相互转换的辅助元件，用来控制气动系统正常工作。

1. 气-电转换器

图10-11所示是低压气-电转换器的结构。它是把气信号转换成电信号的元件。硬芯2与焊片1是两个常断电触点。当有一定压力的气动信号由信号输入口进入后，膜片3向上弯曲，带动硬芯2与限位螺钉11接触，即与焊片1导通，发出电信号。气信号消失后，膜片3带动硬芯2复位，触点断开，电信号消失。

在选择气-电转换器时要注意信号工作压力大小、电源种类、额定电压和额定电流大小，安装时不应倾斜和倒置，以免发生误动作，使控制失灵。

2. 电-气转换器

电-气转换器的作用正好与气-电转换器的作用相反，它是将电信号转换成气信号的装置。实际上各种电磁换向阀都可作为电-气转换器。

3. 气-液转换器

气动系统中常常用到气-液阻尼缸或使用液压缸作执行元件，以求获得较平稳的速度，因而就需要一种把气信号转换成液压信号的装置，这就是气-液转换器。它的工作原理为：在一筒式容器内，压缩空气直接作用在液面上，或通过活塞、隔膜等作用在液面上。推压液体以同样的压力向外输出。图10-12所示为气-液直接转换器的结构，当压缩空气由上部输入管输入后，经过管道末端的缓冲装置使压缩空气作用在液压油面上，液压油即以与压缩空气相同的压力，由转换器主体下部的排油孔输出到液压缸，供液压系统使用。

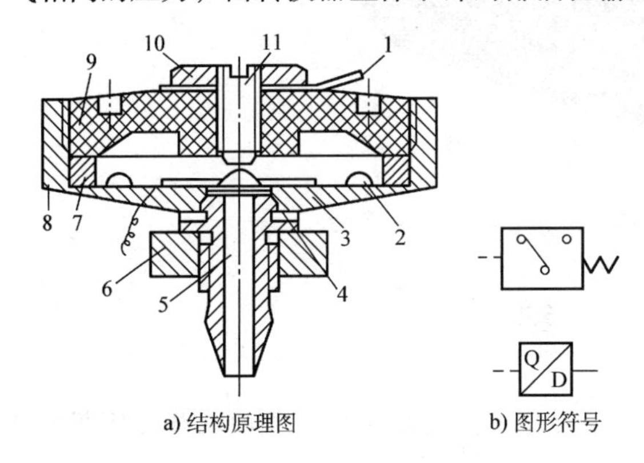

a) 结构原理图　b) 图形符号

图10-11　低压气-电转换器的结构

1—焊片　2—硬芯　3—膜片　4—密封垫
5—气动信号输入孔　6、10—螺母
7—压圈　8—外壳　9—盖　11—限位螺钉

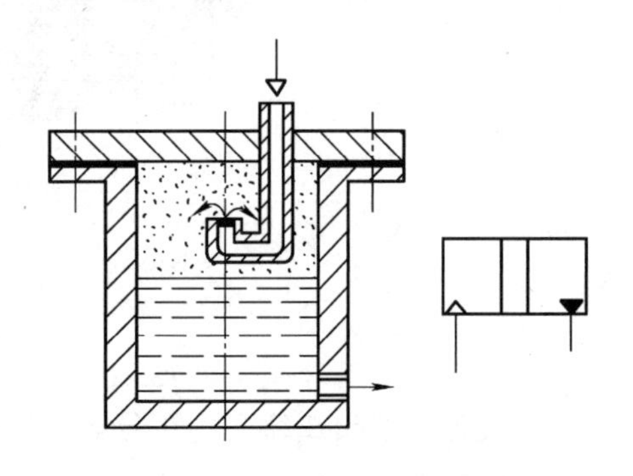

图10-12　气-液直接转换器的结构

气-液转换器的储油量应为液压缸最大有效容积的1.5～5倍。转换器内装油不能太满，液面与缓冲装置间应保持20～50mm的距离。

知识拓展

螺杆式空压机

螺杆式空压机如图10-13所示。在压缩机的机体中，平行地配置着一对相互啮合的螺旋形转子，通常把节圆外具有凸齿的转子称为阳转子或阳螺杆。把节圆内具有凹齿的转子称为阴转子或阴螺杆。一般阳转子与原动机连接，由阳转子带动阴转子转动。转子上的最后一对轴承实现轴向定位，并承受压缩机中的轴向力。转子两端的圆柱滚子轴承使转子实现径向定位，并承受压缩机中的径向力。在压缩机机体的两端，分别开设一定形状和大小的孔口。一个供吸气用，称为进气口；另一个供排气用，称为排气口。螺杆式空压机是通过阴、阳转子的啮合完成吸气、压缩、排气过程的。

螺杆式空压机的优点是排气压力脉动小，输出流量大，无须设置气罐，结构中无易损件，寿命长，效率高；缺点是制造精度要求高，运转噪声大，由于结构刚度的限制只适合于中低压范围使用，其压缩出来的空气中含油，用于压缩空气含油量要求严格的地方须增加除油器。

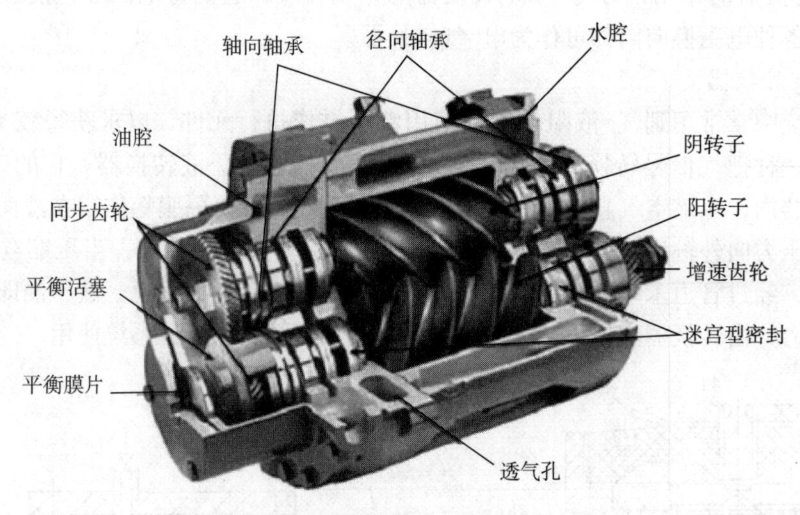

图10-13 螺杆式空压机

小 结

1. 气源装置由压缩空气站和空压机组成。了解压缩空气站净化空气的流程并掌握空压机的工作原理。

2. 气源净化装置包括空气过滤器、除油器、空气干燥器、后冷却器和储气罐，了解其工作原理及作用。

3. 气源调节装置（空气过滤器、减压阀和油雾器）及其各元件的作用。

4. 油雾器的工作原理，消声器、转换器的种类及作用。

习　　题

10-1　填空题

1. 气源调节装置包括（　　　）、（　　　）和（　　　）。它们的安装顺序为（　　　）、（　　　）、（　　　）。

2. 后冷却器一般安装在空气压缩机的（　　　）。

3. 油雾器一般安装在（　　　）之后，尽量靠近（　　　）。

10-2　问答题

1. 气源为什么要净化？气源装置主要由哪些元件组成？

2. 油雾器的作用是什么？其工作原理如何？

3. 储气罐的作用是什么？如何确定它的容积？

4. 气压传动系统中为什么要设置气源调节装置？

5. 简述活塞式空气压缩机的工作原理。

第 11 章　气动执行元件

气动执行元件包括气缸和气动马达，它们的作用是将压缩空气的压力能转换为机械能，气缸用于实现直线往复运动，输出力和直线位移。气动马达用于实现连续回转运动，输出力矩和角位移。本章注意掌握气缸的种类、工作原理和用途以及气动马达的工作原理、工作特性及选用。

气动执行元件的作用是将压缩空气的压力能转变成机械能。气动执行元件包括气缸和气动马达，气缸用于实现直线往复运动，气动马达用于实现连续的回转运动。

11.1　气缸

11.1.1　气缸的分类

1. 按活塞断面受压状态分

（1）单作用气缸　气缸单方向的运动靠压缩空气，活塞的复位靠弹簧力或其他外力。

（2）双作用气缸　其往返运动全靠压缩空气完成。

2. 按结构特征分

活塞式气缸、柱塞式气缸、薄膜式气缸和摆动式气缸等。

3. 按气缸的安装方式分

（1）固定式气缸　气缸安装在机体上固定不动，有耳座式、凸缘式和法兰式等。

（2）轴销式气缸　缸体围绕一固定轴可作一定角度的摆动。

（3）回转式气缸　缸体固定在机床主轴上，可随机床主轴做高速旋转运动。这种气缸常用于机床上的气动卡盘中，以实现工件的自动装卡。

（4）嵌入式气缸　气缸做在夹具本体内。

4. 按气缸的功能分

（1）普通气缸　包括单作用和双作用气缸，用于无特殊要求的场合。

（2）缓冲气缸　气缸的一端或两端带有缓冲装置，以防止和减轻活塞运动到终点时对气缸缸盖的撞击，缓冲原理与液压缸相同。

（3）气-液阻尼缸　可控制气缸活塞的运动速度，并使其速度相对稳定。

（4）冲击气缸　以活塞杆高速运动形成冲击力的高能缸，可用于冲击、切断等。

（5）步进气缸　根据不同的控制信号，可使活塞杆伸出到不同的相应位置的气缸。

11.1.2　几种常见气缸的工作原理和使用场合

普通气缸的工作原理及用途类似于液压缸，此处不再赘述，下面仅介绍几种特殊气缸。

1. 气-液阻尼缸

因空气具有可压缩性，一般气缸在工作载荷变化较大时，会出现“爬行”或“自走”现象，平稳性较差，如果要求较高时，可采用气-液阻尼缸。气-液阻尼缸是由气缸和液压缸组合而成，以压缩空气为能源，利用液体的可压缩性小和控制液体排量来获得活塞的平稳运动和调节活塞的运动速度。与气缸相比，它传动平稳，停位准确，噪声小；与液压缸相比，不需要液压源，经济性好。因此它同时具有气缸和液压缸的优点，从而得到越来越广泛的应用。

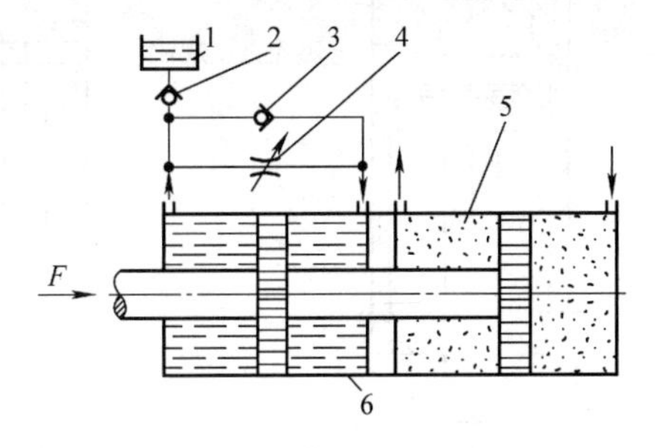

图11-1 气-液阻尼缸的工作原理图
1—油箱 2、3—单向阀 4—节流阀 5—气缸 6—液压缸

图11-1所示为气-液阻尼缸的工作原理图，它将液压缸和气缸串联成一个整体，两活塞固定在同一根活塞杆上。当气缸右腔供气时，活塞克服外载并带动液压缸活塞向左运动，此时液压缸左腔排油，并经节流阀4流到右腔，其速度可由节流阀4来调节，调节节流阀开度便可控制排油速度，同时也控制了气缸活塞的左行速度。油箱1起补油作用。一般将双活塞杆腔作为液压缸，这样可使液压缸两腔的排油量相等，以减小补油箱1的容积。

2. 薄膜式气缸

薄膜式气缸是以薄膜取代活塞带动活塞杆运动的气缸。图11-2a所示为单作用薄膜式气缸，此气缸只有一个气口。当气口输入压缩空气时，推动膜片2、膜盘3和活塞杆4向下运动，而活塞杆的上行需依靠弹簧力的作用。图11-2b所示为双作用薄膜式气缸，有两个气口，活塞杆的上下运动都依靠压缩空气来推动。

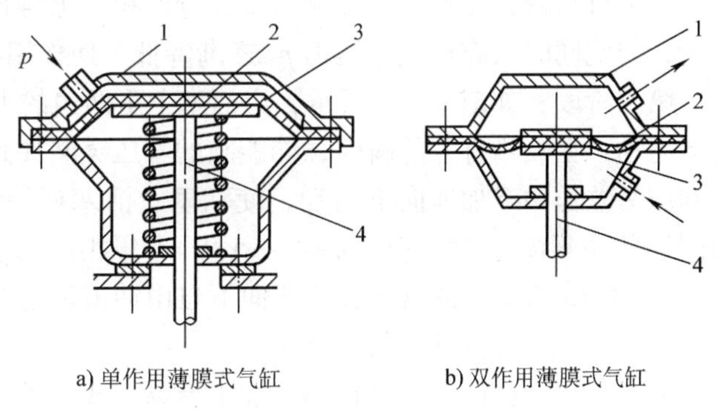

图11-2 薄膜式气缸
1—缸体 2—膜片 3—膜盘 4—活塞杆

薄膜式气缸由于膜片变形量有限，气缸的行程较小，且输出的推力随行程的增大而减小。膜片式气缸的膜片一般由夹织物橡胶、钢片或磷青铜片制成，膜片的结构有平膜片（见图11-2b）、碟形膜片（见图11-2a）和滚动膜片。根据活塞杆的行程可选择不同的膜片结构，平膜片气缸的行程仅为膜片直径的0.1倍，碟形膜片气缸的行程可达膜片直径的0.25倍，而滚动膜片气缸的行程可以很长。

这种气缸结构简单、紧凑、制造成本低、维修方便、寿命长，广泛应用于化工生产过程的调节器上。

3. 冲击气缸

冲击气缸是将压缩空气的能量转化为活塞高速运动能量的一种气缸，活塞的最大速度可达每秒十几米。图11-3所示为普通型冲击气缸的结构示意图。它与普通气缸相比增加了储能腔以及带有喷嘴和具有排气小孔的中盖。它的工作原理及工作过程可简述为如下三个阶段，如图11-4所示。

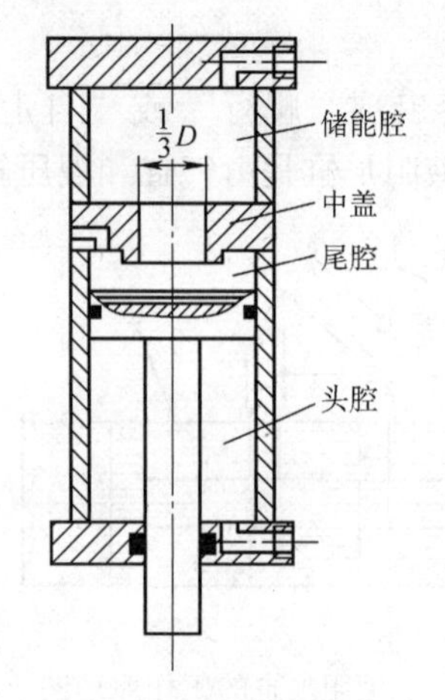

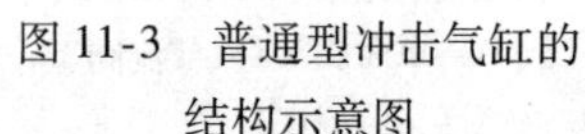
图 11-3 普通型冲击气缸的结构示意图

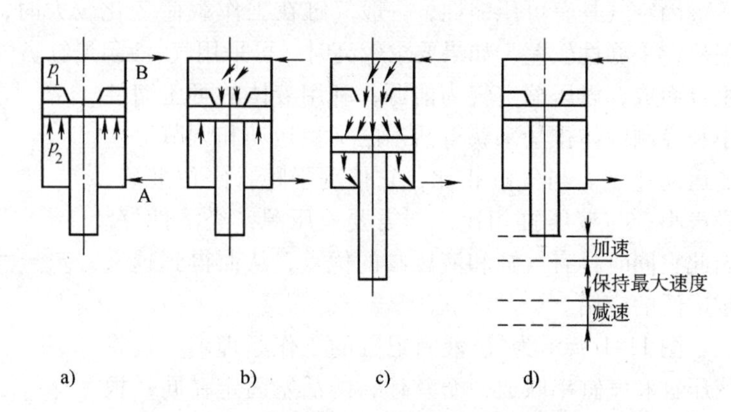

图 11-4 普通型冲击气缸的工作过程

第一阶段：如图 11-4a 所示，气缸控制阀处于原始位置，压缩空气由 A 孔进入冲击气孔头腔，储能腔与尾腔通大气，活塞上移，处于上限位置，封住中盖上的喷嘴口，中盖与活塞间的环形空间（即尾腔）经小孔口与大气相通。

第二阶段：如图 11-4b 所示，控制阀切换，储能腔进气，压力 p_1 逐渐上升，作用在与中盖喷嘴口相密封接触的活塞侧一小部分面积（通常设计为活塞面积的 1/9）上的力也逐渐增大，与此同时头腔排气，压力 p_2 逐渐降低，使作用在头腔侧活塞面上的力逐渐减小。

第三阶段：如图 11-4c 所示，当活塞上下两边的力不能保持平衡时，活塞即离开喷嘴口向下运动，在喷嘴打开的瞬间，储能腔的气压突然加到尾腔的整个活塞面上，于是活塞在很大的压力差作用下加速向下运动，使活塞、活塞杆等运动部件在瞬间达到很高的速度（约为同样条件下普通气缸速度的 10 ~ 15 倍），以很高的动能冲击工件。

图 11-4d 所示为冲击气缸活塞向下自由冲击运动的三个阶段。经过上述三个阶段后，控制阀复位，冲击气缸开始另一个循环。

冲击气缸结构简单、体积小、加工容易、成本低、实用可靠、冲裁质量好。广泛应用于锻造、冲压、下料和压坯等生产中。

4. 摆动式气缸

摆动式气缸是将压缩空气的压力能转变成气缸输出轴有限回转的机械能。图 11-5 所示为单叶片式摆动气缸的工作原理图。定子 3 与缸体 4 固定在一起，叶片 1 和转子 2（输出轴）连接在一起。当左腔进气时，转子顺时针转动；反之，转子则逆时针转动。转子可做成图示的单叶片式，也可做成双叶片式。

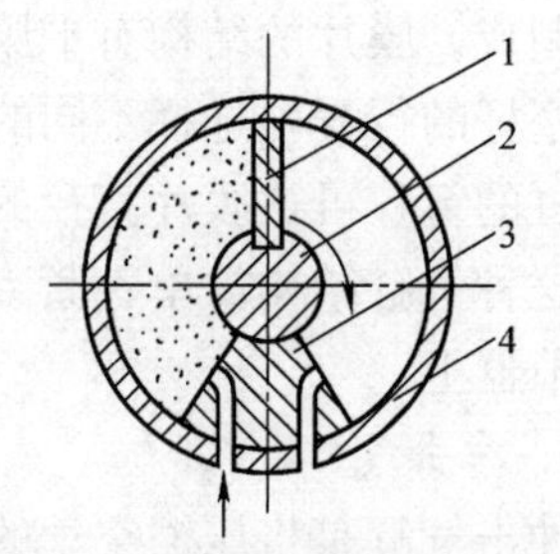

图 11-5 单叶片式摆动气缸的工作原理图

1—叶片 2—转子

3—定子 4—缸体

这种气缸的耗气量一般都较大，多用于安装位置受到限制或转动角度小于 360° 的回转工作部件，例如夹具的回转、阀门的开启、转塔车床中转塔的转位以及自动生产线上物料的转位等场合。

11.1.3 气缸的选用

1）根据工作任务对机构运动的要求选择气缸的结构形式及安装方式。

2）根据工作机构所需力的大小来确定活塞杆的推力和拉力。

3）根据工作机构任务的要求确定行程，一般不使用满行程。

4）推荐气缸工作速度为0.5～1m/s，并按此原则选择管路及控制元件。

11.1.4 气缸的常见故障现象、产生原因及排除方法

气缸的常见故障现象、产生原因及排除方法见表11-1。

表11-1 气缸的常见故障现象、产生原因及排除方法

故障现象		产生原因	排除方法
外泄漏	活塞杆与密封衬套间漏气	1. 衬套密封圈磨损 2. 活塞杆偏心 3. 活塞杆有伤痕 4. 活塞杆与密封衬套的配合面有杂质	1. 更换衬套密封圈 2. 重新安装，使活塞杆不受偏心负荷 3. 更换活塞杆 4. 除去杂质、安装防尘盖
	缸体与端盖间漏气	密封圈损坏	更换密封圈
	从缓冲装置的调节螺钉处漏气	密封圈损坏	更换密封圈
内泄漏（活塞两腔串气）		1. 活塞密封圈损坏 2. 润滑不良 3. 活塞被卡住 4. 活塞配合面有缺陷 5. 杂质挤入密封面	1. 更换活塞密封圈 2. 改善润滑 3. 重新安装，使活塞杆不受偏心负荷 4. 缺陷严重者，更换零件 5. 除去杂质
输出力不足，动作不平稳		1. 润滑不良 2. 活塞或活塞杆卡住 3. 气缸体内表面有锈蚀或缺陷 4. 进入了冷凝水、杂质	1. 调节或更换油雾器 2. 检查安装情况，消除偏心 3. 视缺陷大小，再决定排除故障办法 4. 加强对空气过滤器和除油器的管理，定期排放污水
缓冲效果不好		1. 缓冲部分密封圈密封性能差 2. 调节螺钉损坏 3. 气缸速度太快	1. 更换密封圈 2. 更换调节螺钉 3. 检查缓冲机构的结构是否合适
损伤	活塞杆折断	1. 有偏心负荷 2. 摆动式气马达安装销轴的摆动面与负荷摆动面不一致 3. 摆动销轴的摆动角度过大 4. 负荷很大，摆动速度太快，有冲击 5. 气缸速度太快	1. 调整安装位置，消除偏心 2. 使摆动面与负荷摆动面一致 3. 减小销轴的摆动 4. 减小摆动速度和冲击 5. 设置缓冲装置
	端盖损坏	缓冲机构不起作用	在外部或回路中设置缓冲机构

11.2 气动马达

气动马达是把压缩空气的压力能转换成机械能的能量转换装置，其输出转速和转矩，驱动执行机构作旋转运动，作用相当于电动机或液压马达。在气压传动中使用最广泛的是叶片式和活塞式气动马达。下面以叶片式气动马达为例介绍气动马达的工作原理。

11.2.1 气动马达的工作原理

图11-6a所示为双向旋转叶片式气动马达的工作原理图。当压缩空气从进气口A进入气室后立即喷向叶片1，作用在叶片的外伸部分，产生转矩带动转子2作逆时针转动，输出旋转的机械能，废气从排气口C排出，残余气体则经B排出（二次排气）。若进、排气口互换，则转子反转，输出相反方向的机械能。转子转动的离心力和叶片底部的气压力、弹簧力（图中未画出）使得叶片紧密地抵在定子3的内壁上，以保证密封，提高容积效率。气动马达的图形符号如图11-6b所示。

11.2.2 气动马达的工作特性

图11-7所示是在一定工作压力下作出的叶片式气动马达的特性曲线。由图可知，气动马达具有软特性的特点。当外加转矩T等于零时，即为空转，此时速度达到最大值n_{max}，气动马达输出的功率等于零；当外加转矩等于气动马达的最大转矩T_{max}时，马达停止转动，此时功率也等于零；当外加转矩等于最大转矩的一半时，马达的转速也为最大转速的1/2，此时马达的输出功率P最大，用P_{max}表示。

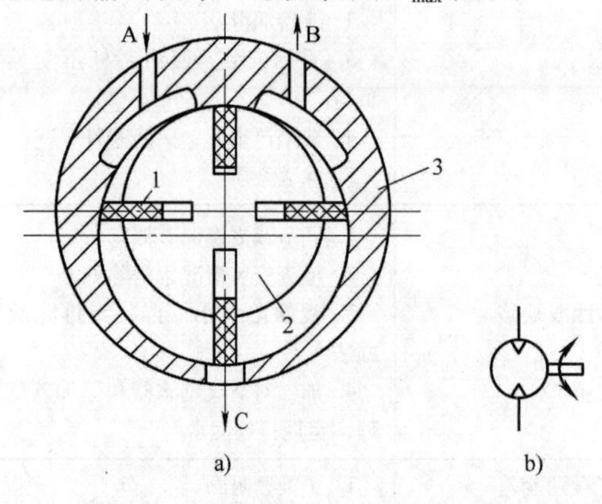

图11-6 双向旋转叶片式气动马达的工作原理图和图形符号
1—叶片 2—转子 3—定子

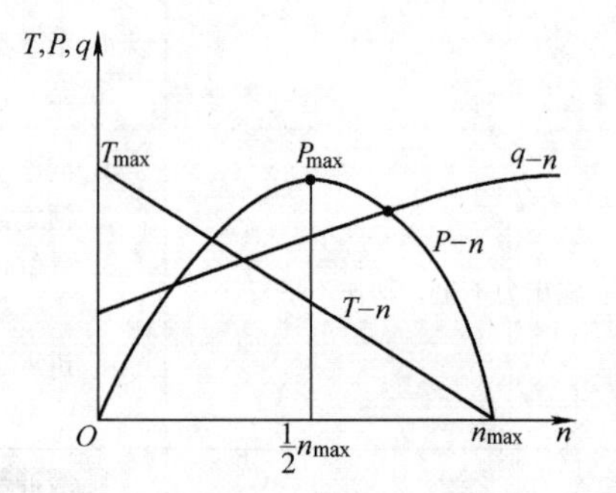

图11-7 叶片式气动马达的特性曲线

11.2.3 气动马达的特点及应用

由于气动马达具有一些突出的特点，在某些工业场合，它比电动马达和液压马达更适用，这些特点是：

1）具有防爆性能。由于气动马达的工作介质（空气）本身的特性和结构设计上的考虑，使其能够在工作中不产生火花，故适合于爆炸、高温和多尘的场合，并能用于空气极潮湿的环境，而无漏电的危险。

2）气动马达能够长期满载工作，温升较小，具有过载保护的特性，而且当过载解除后，可立即重新正常运转，并不产生故障。

3）有较高的起动转矩，能带载起动。

4）换向容易，操作简单，可以实现无级调速。

5）与电动机相比，单位功率尺寸小，重量轻，适宜安装在位置狭小的场合及手动工具上。

但气动马达也具有输出功率小、速度稳定性差、耗气量大、效率低、噪声大和易产生振动等缺点。

因此气动马达主要应用于风动工具、高速旋转机械及矿山机械等。

手指气缸

气动手指气缸能实现各种抓取功能，是现代气动机械手的关键部件。图11-8所示为手指气缸，其特点有：所有的结构都是双作用的，能实现双向抓取，可自动对中，重复精度高；抓取力矩恒定；在气缸两侧可安装非接触式行程检测开关；有多种安装、连接方式；耗气量少。

图11-8a所示为平行手指气缸，平行手指通过两个活塞工作。每个活塞由一个滚轮和一个双曲柄与气动手指相连，形成一个特殊的驱动单元。这样，气缸手指总是径向移动，每个手指是不能单独移动的。如果手指反向移动，则先前受压的活塞处于排气状态，而另一个活塞处于受压状态。

图11-8b所示为摆动手指气缸，活塞杆上有一个环形槽，由于手指耳轴与环形槽相连，因而手指可同时摆动且自动对中，并确保抓取力矩始终恒定。

图11-8c所示为旋转手指气缸，其动作和齿轮齿条的啮合原理相似。活塞与一根可上下移动的轴固定在一起。轴的末端有三个环形槽，这些槽与两个驱动轮的齿啮合。所以两个手指可同时转动并自动对中，其齿轮齿条啮合原理确保了抓取力矩始终恒定。

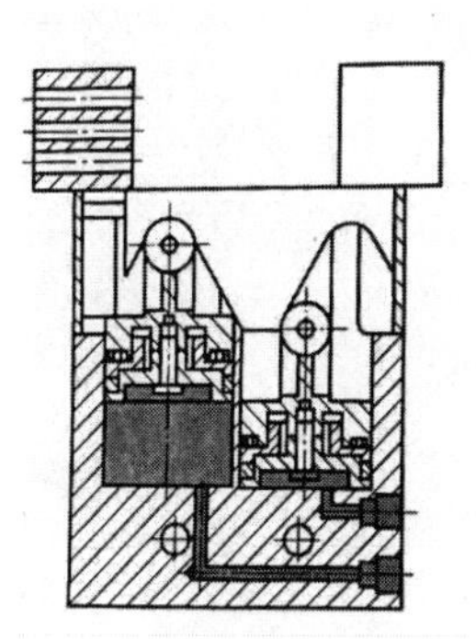

a）平行手指气缸

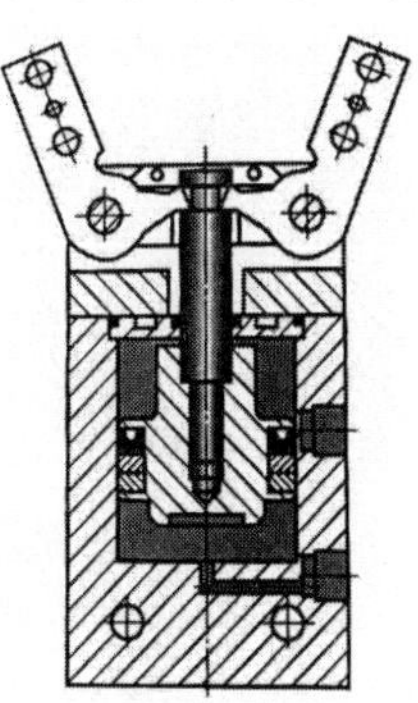

b）摆动手指气缸

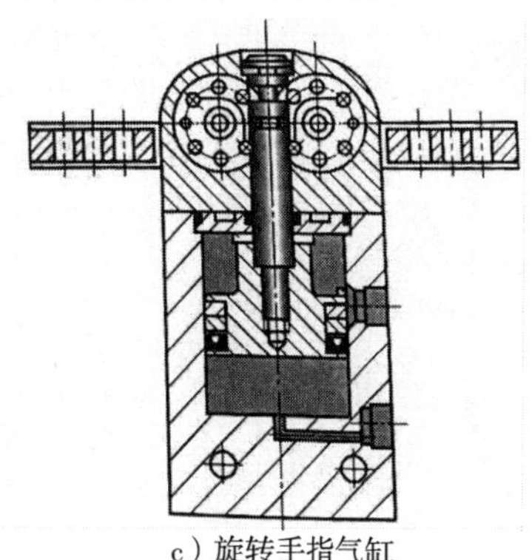

c）旋转手指气缸

图11-8　手指气缸

小　结

1. 气动执行元件的作用是将压缩空气的压力能转变成机械能，有气缸和气动马达两类。

2. 气缸驱动执行机构作直线运动或摆动。了解气缸的分类。掌握特殊气缸，即气-液阻尼缸、薄膜式气缸、冲击气缸、摆动式气缸的工作原理并了解其用途。

3. 气动马达驱动执行机构作旋转运动，其作用相当于电动机或液压马达。掌握气动马达的工作原理和工作特性，并了解气动马达的特点和应用。

4. 气缸为标准化、系列化产品，了解气缸的选用原则和气缸的常见故障、产生原因及排除方法。

习 题

11-1 填空题

1. 气缸用于实现（　　　）和（　　　）。

2. 按照结构特征分，气缸可分为（　　　）气缸、（　　　）气缸、（　　　）气缸和（　　　）气缸。

3. 气动马达用于实现连续的（　　　）运动。

4. 气-液阻尼缸由（　　　）和（　　　）组合而成，以（　　　）为能源，用（　　　）来控制和调节气缸的运动速度。

11-2 问答题

1. 气缸的种类有哪些？各用于什么场合？

2. 简述几种特殊气缸的工作原理及用途。

3. 简述气动马达的特点及应用。

第 12 章　气动控制元件

气压传动系统中的控制元件是控制和调节压缩空气的流动方向、压力、流量和发送信号的重要元件。控制元件分为压力控制阀、流量控制阀和方向控制阀三大类，还有通过控制气流方向和通断实现各种逻辑功能的气动逻辑元件。要掌握这些控制元件的结构、工作原理及特点，并且注意与相应的液压元件比较。

气动控制元件是指在气压传动系统中，控制和调节压缩空气的压力、流量和方向等的各类控制阀，按功能可分为压力控制阀、流量控制阀、方向控制阀以及能实现一定逻辑功能的气动逻辑元件。

12.1　方向控制阀

方向控制阀用来控制压缩空气的流动方向和气路的通断，按其作用特点可分为单向型和换向型；按其阀芯结构不同可分为截止式、滑阀式（又称柱塞式）、平面式（又称滑块式）、旋塞式和膜片式，其中以截止式和滑阀式换向阀应用最多。

12.1.1　单向型控制阀

单向型控制阀包括单向阀、或门型梭阀、与门型梭阀和快速排气阀。

1. 单向阀

单向阀指气流只能沿一个方向流动而反方向不能流动的阀，单向阀的工作原理、结构和图形符号与液压阀中的单向阀相同，只是在气动单向阀中，阀芯和阀座之间有一层胶垫（软质密封），如图 12-1 所示。

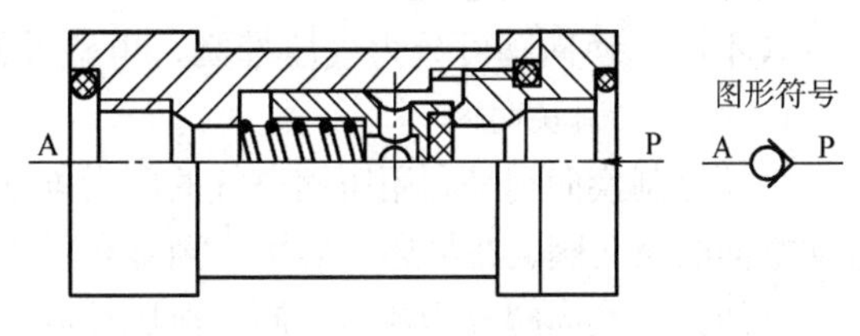

图 12-1　单向阀

2. 或门型梭阀

图 12-2 所示为或门型梭阀结构，它有两个输入口 P_1 和 P_2，一个输出口 A。在气压传动系统中，当两个通路 P_1 和 P_2 均与通路 A 相通，而不允许 P_1 和 P_2 相通时，就采用或门型梭阀。该阀相当于两个单向阀的组合，在气动逻辑回路中，其作用相当于逻辑元件中的“或门”，它是构成逻辑回路的主要元件。当 P_1 口进气时，推动阀芯右移，使 P_2 口堵死，压缩空气从 A 口输出；当 P_2 口进气时，推动阀芯右移，使 P_1 口

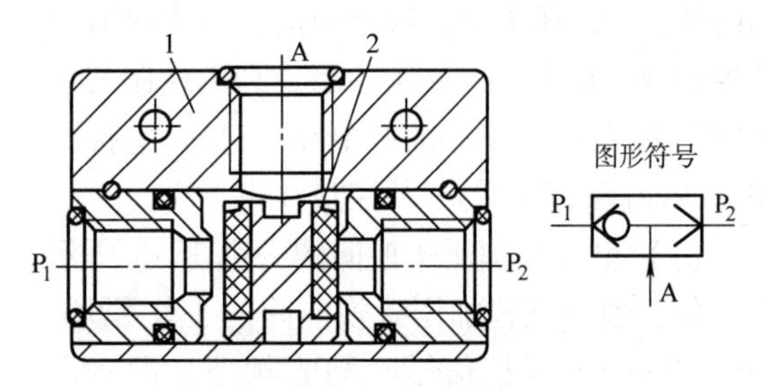

图 12-2　或门型梭阀结构

1—阀体　2—阀芯

堵死，A 口仍有压缩空气输出；当 P_1、P_2 口都有压缩空气输入时，按压力加入的先后顺序和压力的大小而定，若压力不同，则高压口的通路打开，低压口的通路关闭，A 口输出高压。

3. 与门型梭阀

与门型梭阀又称双压阀，它也相当于两个单向阀的组合。图 12-3 所示为与门型梭阀结构，它有 P_1 和 P_2 两个输入口和一个输出口 A。只有当 P_1、P_2 同时有输入时，A 口才有输出，否则 A 口无输出；当 P_1 和 P_2 口压力不等时，则关闭高压侧，低压侧与 A 口相通。

4. 快速排气阀

快速排气阀简称快排阀，是为使气缸快速排气，加快气缸运动速度而设置的，一般安装在换向阀和气缸之间。实践证明，安装快排阀后，气缸的运动速度可提高 4 ~ 5 倍。图 12-4 所示为膜片式快速排气阀结构，当 P 口进气时，推动膜片向下变形，关闭 O 口，气流经膜片四周小孔、A 口流出；当气流反向流动时，A 口气体推动膜片向上复位，关闭 P 口，A 口气体经 O 口快速排出。

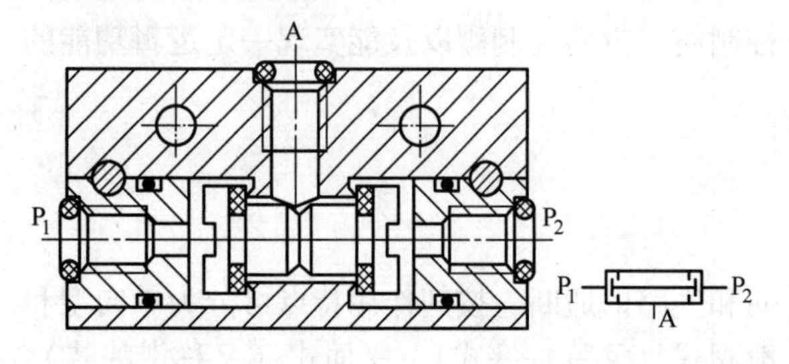

图 12-3 与门型梭阀结构

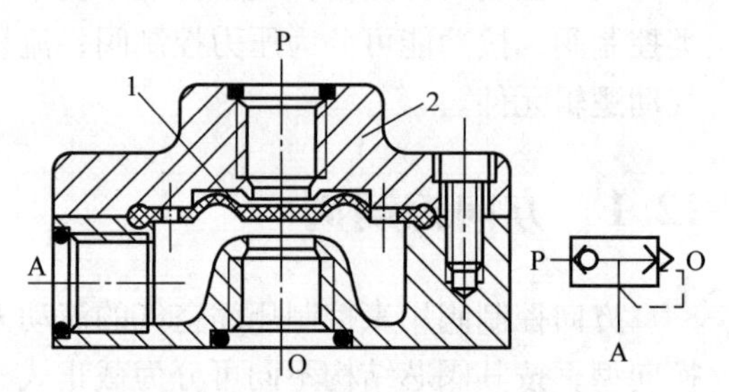

图 12-4 膜片式快速排气阀结构

1—膜片 2—阀体

12.1.2 换向型控制阀

换向型控制阀是通过改变压缩空气的流动方向，从而改变执行元件的运动方向。根据控制方式不同，换向阀可分为气压控制、电磁控制、机械控制、手动控制和时间控制。

1. 气压控制换向阀

气压控制换向阀是利用压缩空气的压力推动阀芯运动，使得换向阀换向，从而改变气体的流动方向的换向阀，在易燃、易爆、潮湿和粉尘大的工作条件下，使用气压控制安全可靠。

气压控制换向阀分为加压控制、泄压控制、差压控制和延时控制，常用的是加压控制和差压控制。加压控制是指加在阀芯上的控制信号的压力值是渐升的，当控制信号的气压增加到阀的切换动作压力时，阀便换向，这类阀有单气控和双气控之分；差压控制是利用控制气压在阀芯两端面积不等的控制活塞上产生推力差，从而使阀换向的一种控制方式。

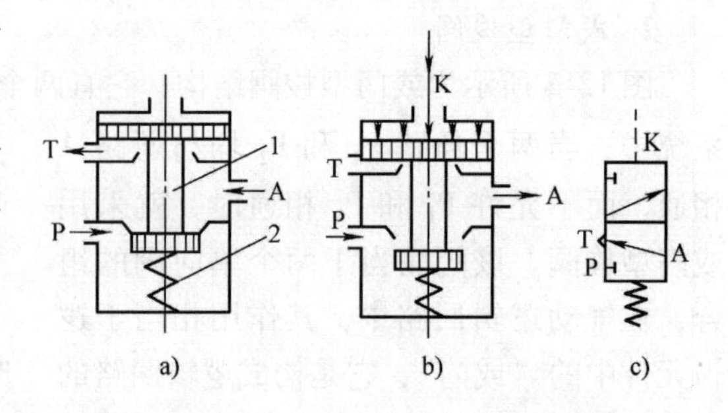

图 12-5 二位三通单气控加压式换向阀的工作原理

1—阀芯 2—弹簧

（1）单气控加压式换向阀 图 12-5 所示为二位三通单气控加压式换向阀的工作原理。图 12-5a 是无气控信号时阀的状态，即常态位，此时阀芯 1 在弹簧 2 的作用下处于上端位置，使阀口 A 与 T 接通。图 12-5b 是有气控信号 K 而动作时的状态，由于气压力的作用，阀芯 1 压缩弹簧 2 下移，使阀口 A 与 T 断开，P 与 A 接通。图 12-5c 为该阀的图形符号。

（2）双气控加压式换向阀　图 12-6 所示为双气控加压式换向阀的工作原理。图 12-6a 为有气控信号 K_1 时阀的状态，此时阀芯位于左位，其通路状态是 P 与 A 通、B 与 T_2 通。图 12-6b 为有气控信号 K_2 时阀的状态（信号 K_1 已不存在），此时阀芯换位，其通路状态变为 P 与 B 通、A 与 T_1 通。双气控加压式换向阀具有记忆功能，即气控信号消失后，阀仍能保持在有信号时的状态，直到有新的信号输入，阀才改变工作状态。图 12-6c 为该阀的图形符号。

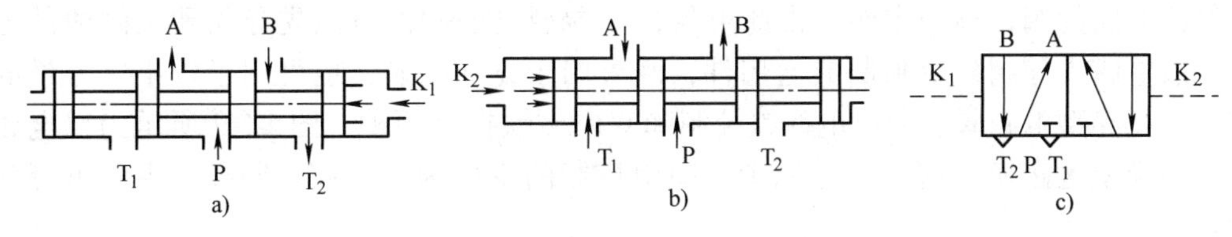

图 12-6　双气控加压式换向阀的工作原理

2. 电磁控制换向阀

电磁控制换向阀是利用电磁力的作用来实现阀的切换并控制气流的流动方向。按照电磁控制部分对换向阀的推动方式，电磁控制换向阀可分为直动型和先导型两大类。

（1）直动型电磁换向阀　由电磁铁的衔铁直接推动换向阀阀芯换向的阀称为直动型电磁阀，直动型电磁阀分为单电磁铁和双电磁铁两种，单电磁铁直动型换向阀的工作原理如图 12-7 所示，图 12-7a 为原始状态、图 12-7b 为通电时的状态，图 12-7c 为该阀的图形符号。从图中可知，该阀阀芯的移动靠电磁铁，而复位靠弹簧，因而换向冲击较大，故一般制成小型的阀。若将阀中的复位弹簧改成电磁铁，就成为双电磁铁直动型换向阀，如图 12-8 所示。图 12-8a 为 1 通电、2 断电时的状态，图 12-8b 为 2 通电、1 断电时的状态，图 12-8c 为其图形符号。由此可见，这种阀的两个电磁铁只能交替通电工作，不能同时通电，否则会产生误动作，因而这种阀具有记忆功能。

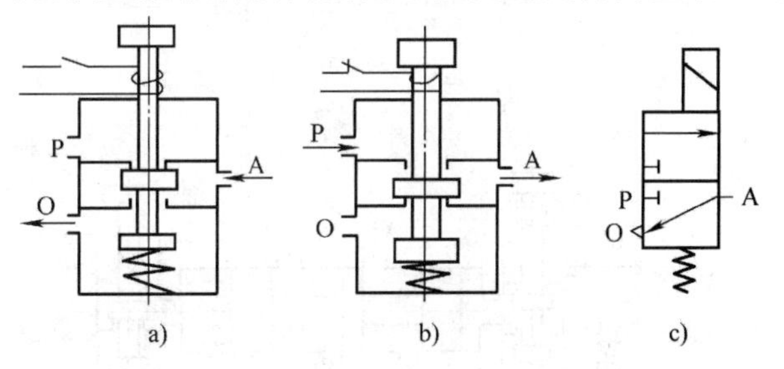

图 12-7　单电磁铁直动型换向阀的工作原理

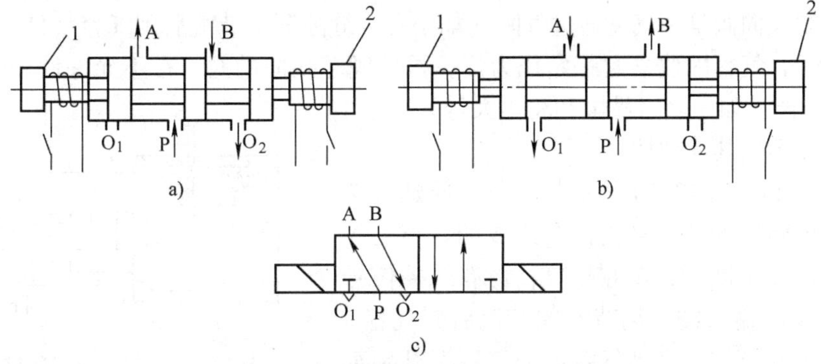

图 12-8　双电磁铁直动式换向阀的工作原理

1、2—电磁铁

这种双电磁铁直动式换向阀亦可构成三位阀，即电磁铁1通电（2断电）、电磁铁1、2同时断电和电磁铁2通电（1断电）三个切换位置。在两个电磁铁均断电的中间位置，可形成三种气体流动状态（类似于液压阀的中位机能），即中间封闭（O型）、中间加压（P型）和中间泄压（Y型）。

（2）先导型电磁换向阀　由电磁铁首先控制从主阀气源节流出来的一部分气体，产生先导压力，去推动主阀阀芯换向的阀，简称为先导型电磁阀。

该阀的先导控制部分实际上是一个电磁阀，称之为电磁先导阀，由它所控制的用以改变气流方向的阀，称为主阀。由此可见，先导型电磁阀由电磁先导阀和主阀两部分组成。一般电磁先导阀都单独制成通用件，既可用于先导控制，也可用于较小气流量的直接控制。先导型电磁阀也分单电磁铁控制和双电磁铁控制两种，图12-9所示为双电磁铁控制的先导型电磁换向阀的工作原理，图中控制的主阀为二位阀。同样，主阀也可为三位阀。

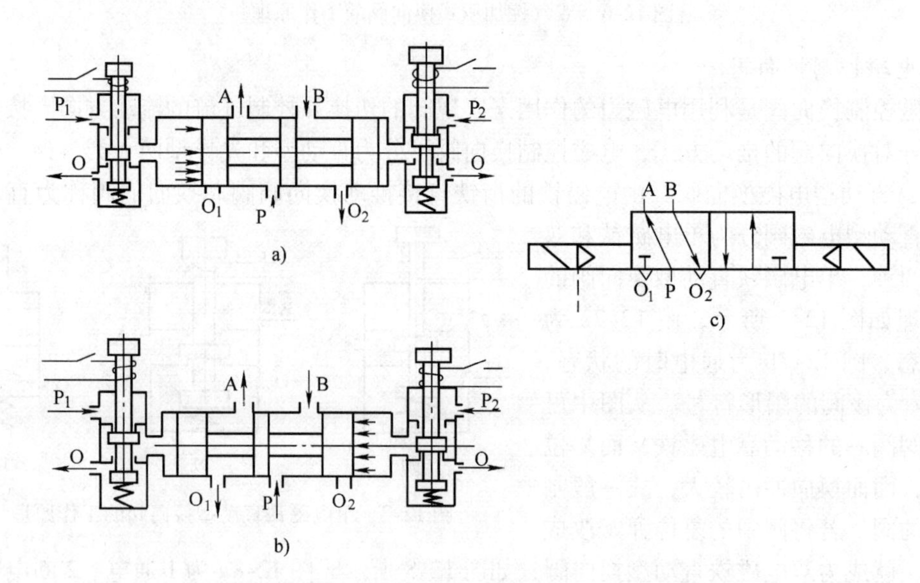

图12-9　双电磁铁控制的先导型电磁换向阀的工作原理

3. 时间控制换向阀

时间控制换向阀是使气流通过气阻（如小孔、缝隙等）节流后到气容（储气空间）中，经一定时间后，气容内建立起一定压力后，再使阀芯换向的阀。在不允许使用时间继电器（电控）的场合（如易燃、易爆和粉尘大等），气动时间控制就显示出其优越性。

（1）延时阀　图12-10所示为二位三通延时换向阀，它是由延时部分和换向部分组成的。当无气控信号时，P与A断开，A腔排气；当有气控信号时，气体从K腔输入经可调节流阀节流后到气容a内，使气容不断充气，直到气容内的气压上升到某一值时，阀芯由左向右移动，使P与A接通，A有

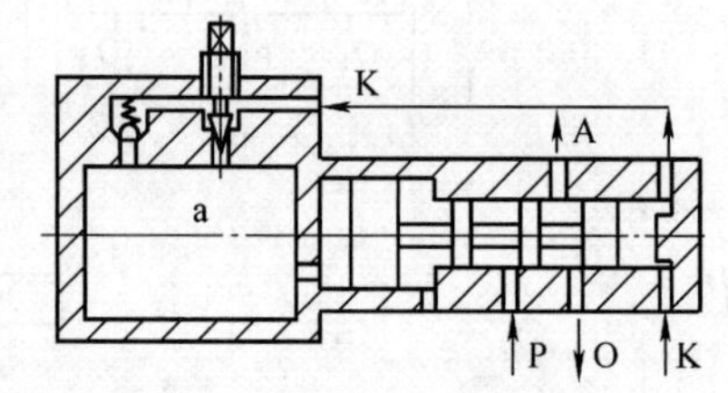

图12-10　二位三通延时换向阀

输出。当气控信号消失后，气容内气体经单向阀到K腔排空。这种阀的延时时间可在0~20s内调整。

(2) 脉冲阀 图12-11所示为脉冲阀的工作原理，它与延时阀一样也是靠气流流经气阻，并通过气容的延时作用使输入压力的长信号变为短暂的脉冲信号输出。当有气体从P口输入时，阀芯在气压作用下向上移动，A端有输出。同时，气流从阻尼小孔向气容a充气，在充气压力达到动作压力时，阀芯下移，输出消失。这种脉冲阀的工作气压范围为0.15~0.8MPa，脉冲时间小于2s。

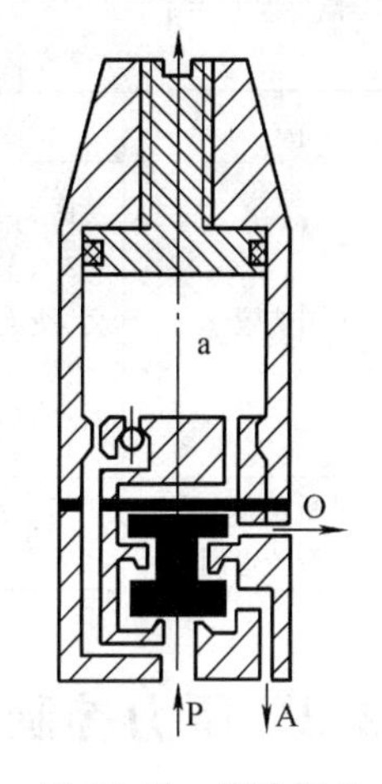

图12-11 脉冲阀的工作原理

4. 机械控制和人力控制换向阀

这两类阀是靠机械（凸轮或挡块等）和人力（手动或脚踏等）来控制换向阀换向，其工作原理与液压阀类似，在此不再重复。

12.1.3 方向控制阀的常见故障现象、产生原因及排除方法

方向控制阀产生故障时会使执行元件动作失灵，方向阀动作无法实现。产生故障的主要原因是气体泄漏、压缩空气中有冷凝水、润滑不良、混入杂质以及制造质量不佳等，方向阀的常见故障现象、产生原因及排除方法见表12-1。

表12-1 方向阀的常见故障现象、产生原因及排除方法

故障现象	产生原因	排除方法
不能换向	1. 阀的滑动阻力大，润滑不良 2. O形密封圈变形 3. 粉尘卡住滑动部分 4. 弹簧损坏 5. 阀操纵力小 6. 活塞密封圈磨损	1. 进行润滑 2. 更换密封圈 3. 清除粉尘 4. 更换弹簧 5. 检查阀操纵部分 6. 更换密封圈
阀产生振动	1. 空气压力低(先导型) 2. 电源电压低(电磁阀)	1. 提高操纵压力，采用直动型 2. 提高电源电压，使用低电压线圈
交流电磁铁有蜂鸣声	1. I形活动铁心密封不良 2. 粉尘进入I、T形铁心的滑动部分，使活动铁心不能密切接触 3. T形活动铁心的铆钉脱落，铁心叠层分开不能吸合 4. 短路环损坏 5. 电源电压低 6. 外部导线拉得太紧	1. 检查铁心的接触和密封性，必要时更换铁心的组件 2 清除粉尘 3. 更换活动铁心 4. 更换短路环 5. 提高电源电压 6. 引线应宽裕
电磁铁动作时间偏差大，或有时不能动作	1. 活动铁心锈蚀，不能移动；在湿度高的环境中使用气动元件时，由于密封不完善而向磁铁部分泄漏空气 2. 电源电压低 3. 粉尘等进入活动铁心的滑动部分，使运动恶化	1. 铁心除锈，修理好对外部的密封，更换坏的密封件 2. 提高电源电压或使用符合电压的线圈 3. 清除粉尘

（续）

故障现象	产生原因	排除方法
线圈烧毁	1. 环境温度高 2. 因为吸引时电流大,单位时间耗电多,温度升高,使绝缘损坏而短路 3. 粉尘夹在阀和铁心之间,不能吸引活动铁心 4. 线圈上残余电压	1. 按产品规定温度范围使用 2. 使用气动逻辑回路 3. 清除粉尘 4. 使用正常电压,使用符合电压的线圈
切断电源,活动铁心不能退回	粉尘夹入活动铁心滑动部分	清除粉尘

12.2 压力控制阀

在气压传动系统中，调节压缩空气的压力以控制执行元件的输出推力或转矩，并依靠空气压力来控制执行元件动作顺序的阀统称为压力控制阀，它包含减压阀、顺序阀和溢流阀。它们是利用压缩空气作用在阀芯上的力和弹簧相平衡的原理来进行工作的。由于溢流阀和顺序阀的工作原理与液压控制阀中的溢流阀和顺序阀基本相同，因而此处只讨论气动减压阀的工作原理。

12.2.1 减压阀的工作原理

气动装置的气源，一般来自压缩空气站。压缩空气站的压力通常都高于每台装置所需的工作压力，且压力波动较大，因此在系统入口处需要安装一个具有减压、稳压作用的元件，即减压阀。以将入口处空气压力调节到每台装置实际需要的压力，并保持该压力值的稳定。

图12-12所示为QTY型直动型减压阀的工作原理图和符号。当顺时针方向调整手柄1时，调压弹簧2（实际上有两个弹簧）推动下弹簧座3、膜片4和阀芯5向下移动，使阀口开启，气流通过阀口后压力降低，从右侧输出二次压力气。与此同时，有一部分气流由阻尼孔7进入膜片室，在膜片下方产生一个向上的推力与弹簧力平衡，调压阀便有稳定的压力输出。当输入压力 p_1 增高时，输出压力 p_2 也随之增高，使膜片下的压力也增高，将膜片向上推，阀芯5在复位弹簧9的作用下上移，从而使阀口8的开度减小，节流作用增强，使输出压力降低到调定值为止；反之，若输入压力下降，则输出压力也随之下降，膜片下移，阀口开度增大，节流作用降低，使输出压力回升到调定压力，以维持压力稳定。

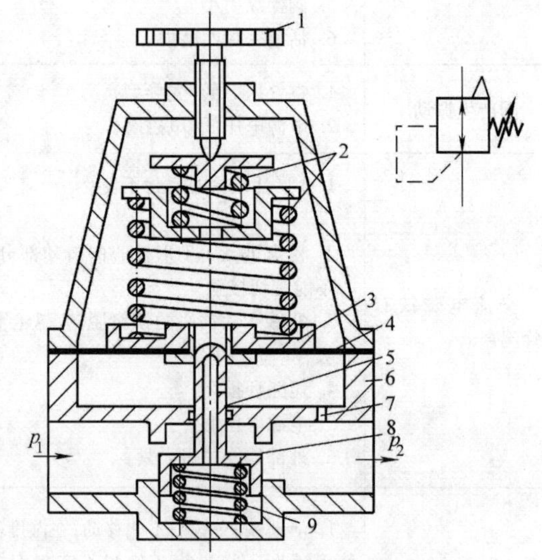

图12-12 QTY型直动型减压阀的工作原理图和符号

1—手柄 2—调压弹簧 3—下弹簧座 4—膜片 5—阀芯 6—阀套 7—阻尼孔 8—阀口 9—复位弹簧

当不使用时，可旋松手柄1，使调压弹簧2恢复自由状态，阀芯5在复位弹簧9作用下，关闭进气阀口。这样减压阀便处于截止状态，无气流输出。

安装减压阀时，最好手柄在上，以便于操作。要按气流的方向和阀体上的箭头方向，依照分水滤气器→减压阀→油雾器的安装次序进行安装，注意不要装反。调压时应由低向高调，直至规定的调压值为止。阀不用时应把手柄放松，以免膜片经常受压变形。

12.2.2　压力控制阀的常见故障现象、产生原因及排除方法

减压阀是调定系统工作压力的重要元件。元件本身机能不良和工作介质净化程度差，是减压阀产生故障的主要原因。减压阀的常见故障现象、产生原因及排除方法见表12-2。

表12-2　减压阀的常见故障现象、产生原因及排除方法

故障现象	产生原因	排除方法
二次压力升高	1. 阀弹簧损坏 2. 阀座有伤痕,或阀座橡胶剥离 3. 阀体中有灰尘,阀导向部分有异物 4. 阀体的O形密封圈收缩、膨胀	1. 更换弹簧 2. 更换阀体 3. 清洗、检查过滤器 4. 更换O形密封圈
压力降很大(流量不足)	1. 阀口径小 2. 阀下部积存冷凝水,阀内混入异物	1. 使用口径大的减压阀 2. 清洗、检查过滤器
阀体漏气	1. 密封件损伤 2. 弹簧松弛	1. 更换密封件 2. 张紧弹簧
异常振动	1. 弹簧的弹力减弱,弹簧错位 2. 阀体和阀杆中心错位	1. 更换弹簧或调整弹簧到正常位置 2. 检查并调整位置偏差

12.3　流量控制阀

流量控制阀是通过改变阀的通流面积来调节压缩空气的流量，从而控制气缸的运动速度、换向阀的切换时间和气动信号的传递速度的气动控制元件。流量控制阀包括节流阀、单向节流阀和排气节流阀等。其中，节流阀、单向节流阀的工作原理与液压阀相近，这里只介绍排气节流阀。

排气节流阀可调节排入大气的流量，以改变执行元件的运动速度，通常安装在执行元件的排气口处，常带有消声元件以降低排气噪声，并能防止不清洁的环境通过排气孔污染气路中的元件。图12-13所示为排气节流阀的工作原理。气流从A口进入阀内，由节流口节流后经消声套2排出。所以它不仅能调节执行元件的运动速度，还能起到降低排气噪声的作用。

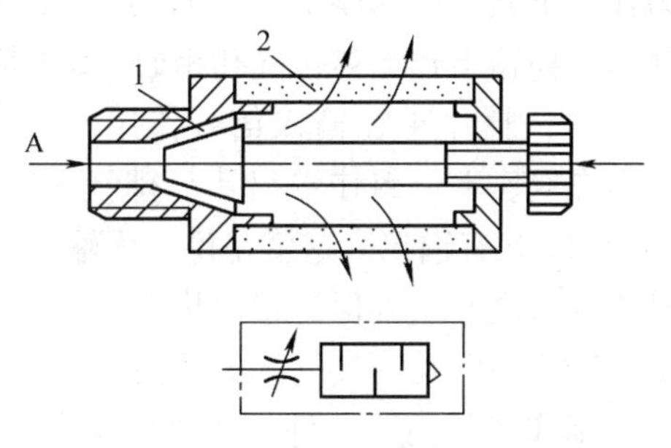

图12-13　排气节流阀的工作原理

1—节流口　2—消声套

排气节流阀通常安装在换向阀的排气口处与换向阀联用，起单向节流阀的作用。它实际上是节流阀的一种特殊形式，由于其结构简单、安装方便，能简化回路，故应用日益广泛。

12.4 气动逻辑元件

气动逻辑元件是以压缩空气为工作介质，利用元件的动作改变气流方向以实现一定逻辑功能的气体控制元件。实际上气动方向控制阀也具有逻辑元件的各种功能，所不同的是它的输出功率较大，尺寸较大。而气动逻辑元件的尺寸则较小，因此在气动控制回路中广泛采用各种形式的气动逻辑元件（简称为气动逻辑阀）。

12.4.1 气动逻辑元件的分类

气动逻辑元件按工作压力可分为高压元件（工作压力为0.2～0.8MPa）、低压元件（工作压力为0.02～0.2MPa）和微压元件（工作压力为0.02MPa以下）；按逻辑功能可分为“或门”元件、“与门”元件、“非门”元件和“双稳”元件等；按结构形式可分为截止式、膜片式和滑阀式等。

12.4.2 高压截止式逻辑元件

高压截止式逻辑元件是依靠控制气压信号或通过膜片变形推动阀芯动作，改变气流的流动方向以实现一定功能的逻辑阀。这类元件的特点是行程小，流量大，工作压力高，对气源净化要求低，便于实现集成安装和集中控制，其拆卸也很方便。

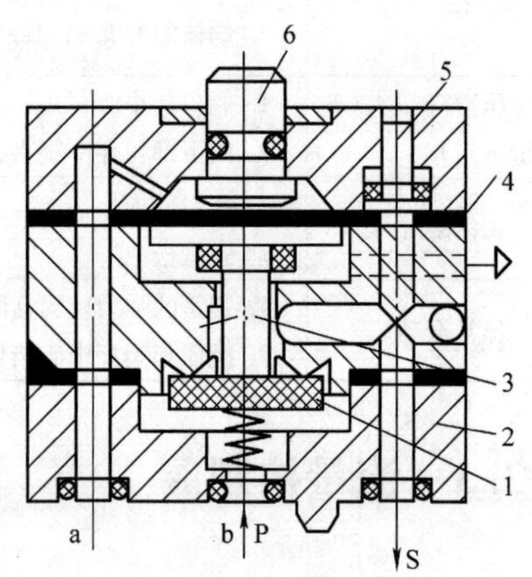

图12-14 “是门”和“与门”元件的结构图
1—阀片 2—阀体 3—阀芯
4—膜片 5—显示活塞
6—手动按钮

（1）“是门”和“与门”元件 图12-14所示为“是门”和“与门”元件的结构图。图中当a孔为信号输入孔，S为输出孔，中间孔接气源P孔时为“是门”元件。此时，在a输入孔无信号时，阀片1在弹簧及气源压力作用下紧压在阀座上（图示位置），封住P、S之间的通道，使输出孔S与排气孔相通，S无输出。在a有输入信号时，膜片4在输入信号作用下将阀芯3推动下移，紧压在阀座上，封住输出孔与排气孔间的通道，P、S之间相通，S有输出。这就是说，无输入信号则无输出，有输入信号就有输出。元件的输入和输出信号之间始终保持相通状态。

若将中间孔不接气源P而接另一输入信号b时，则成“与门”元件，亦即只有当a、b同时有输入信号时，S才有输出。

显示活塞5用来显示输出的状态，即活塞伸出时表示S有输出，反之S无输出。手动按钮6用于手动发送信号。

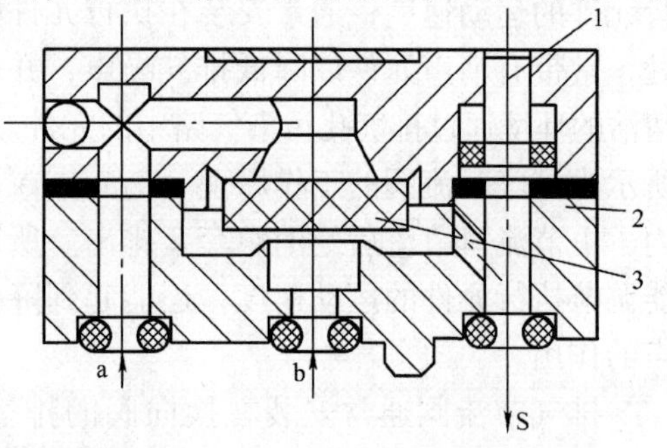

图12-15 “或门”元件的结构图
1—显示活塞 2—阀体 3—阀芯

（2）“或门”元件 图12-15所示为“或门”元件的结构图，图中a、b为信号输入孔，S为信号输出孔。当仅a有输入信号时，阀芯3

就下移而封住孔b，气流经S输出。当仅b有输入信号时，阀芯3就上移而封住信号孔a，S也会有输出。当a、b均有输入信号时，阀芯上移、下移或保持中位，无论阀芯处于何种状态，S均会有输出。总之，在a和b两个输入端中，只要有一个输入信号或同时都有输入信号，则输出端S就会有输出信号。

（3）“非门”和“禁门”元件　图12-16所示为“非门”和“禁门”元件的结构图，图中当a为信号输入孔，S为信号输出孔，中间孔接气源P时为“非门”元件。此时，在a无输入信号时，阀片1在气源压力作用下上移，封住输出S与排气孔间的通道，S有输出。当a有输入信号时，膜片6在压力差的作用下，推动阀杆3下移，推动阀片1，封住气源孔P，S无输出。即当a有输入信号时，输出端就没有输出了。若把中间孔不接气源P而接另一输入信号b时，即成为“禁门”元件。此时，当a、b均有输入信号时，阀杆3及阀片1在a输入信号作用下封住b孔，S无输出；在a无输入信号而b有输入信号时，S就有输出。也就是说，a的输入信号对b的输入信号起“禁止”作用。

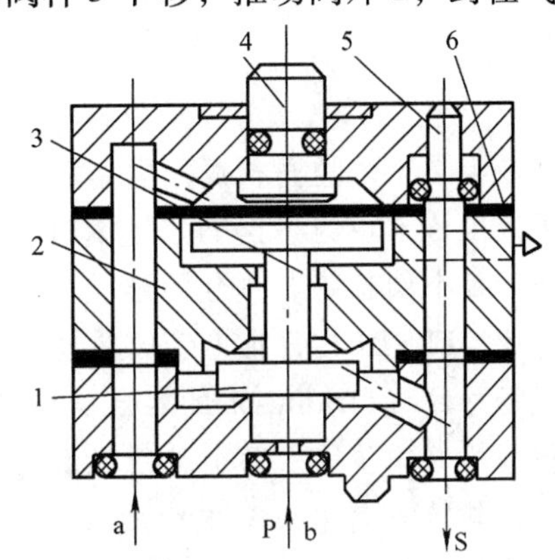

图12-16 “非门”和“禁门”元件的结构图

1—阀片　2—阀体　3—阀杆　4—手动按钮　5—显示活塞　6—膜片

（4）“或非门”元件　图12-17所示为三输入“或非门”元件的结构图。它是在“非门”元件的基础上增加两个信号输入端，即具有a、b、c三个输入信号端，P为气源，S为输出端。三个信号膜片和阀柱1、2各自是独立的，即阀柱1、2相应的上、下膜片是可以分开的。从图中可以看出，只要有一个输入信号出现，输出端就没有输出信号。

（5）“双稳”元件　“双稳”元件属于记忆元件，在逻辑回路中起很重要的作用。图12-18所示为“双稳”元件的原理图，当a有输入信号时，阀芯2被推向右端（图示位置），气源的压缩空气便由P至S_1输出，而S_2与排气口相通，此时“双稳”处于“1”状态。在控制端b的输入信号到来之前，a的信号即使消失，阀芯2仍能保持在右端位置，S_1总有输出。

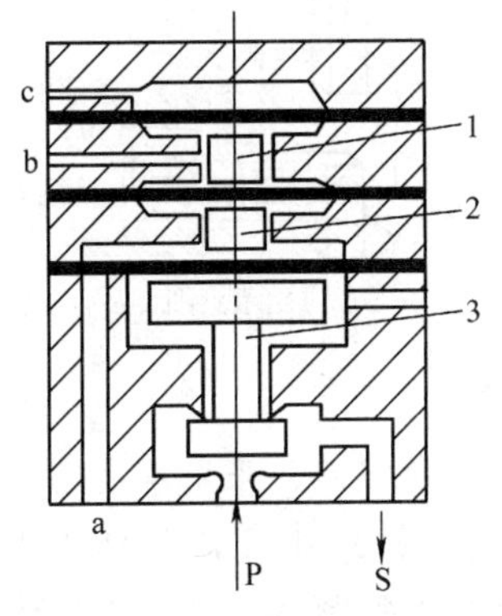

图12-17　三输入“或非门”元件的结构图

1、2—阀柱　3—阀芯

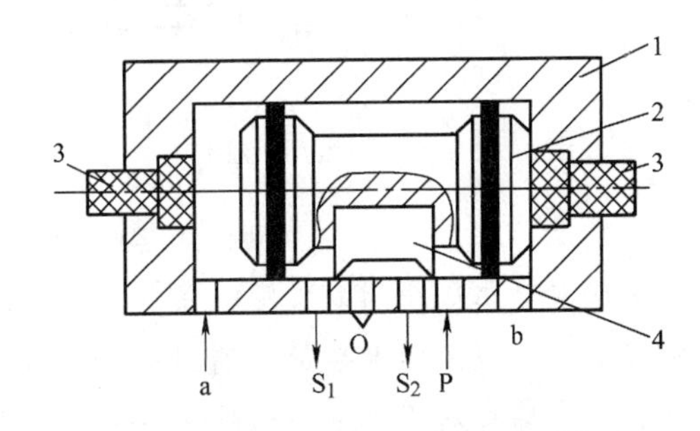

图12-18 “双稳”元件的原理图

1—阀体　2—阀芯　3—气动按钮　4—滑块

当b有输入信号时，阀芯2被推向左端，此时压缩空气由P至S_2输出，而S_1与排气孔相通，于是“双稳”处于“0”状态。在a信号到来之前，即使b的信号消失，阀芯2仍能处于左端位置，S_2总有输出。但是，在使用中不能在“双稳”元件的两个输入端同时加输入信号，那样元件将处于不确定的工作状态。

把以上气动逻辑元件按照一定的逻辑方式组合起来，就能得到满足各种动作要求的气动逻辑回路。

知识拓展

阀岛技术

阀岛由多个电控阀构成，它集成了信号输入、输出及信号的控制，犹如一个控制岛屿，类似于液压传动中的多路阀。随着气动技术的普遍使用，一台机器上往往需要大量的电磁阀，由于每个阀都需要单独的连接电缆，因此如何减少连接电缆就成为一个不容忽视的问题。为此，FESTO公司推出了阀岛技术和现场总线技术。

现场总线（Fieldbus）的实质是通过电信号传输方式，并以一定的数据格式实现控制系统中信号的双向传输。两个采用现场总线进行信息交换的对象之间只需一根两股或四股的电缆连接，其特点是以一对电缆之间的电位差方式传输。在由带现场总线的阀岛组成的系统中，每个阀岛都带有一个总线输入口和总线输出口，当系统中有多个带现场总线的阀岛或其他带现场总线的设备时，就可以由近至远串联连接，这样就使设备的接口大为简化。图12-19a所示为带现场总线的阀岛系统图，图12-19b所示为带现场总线的阀岛的应用示意图。

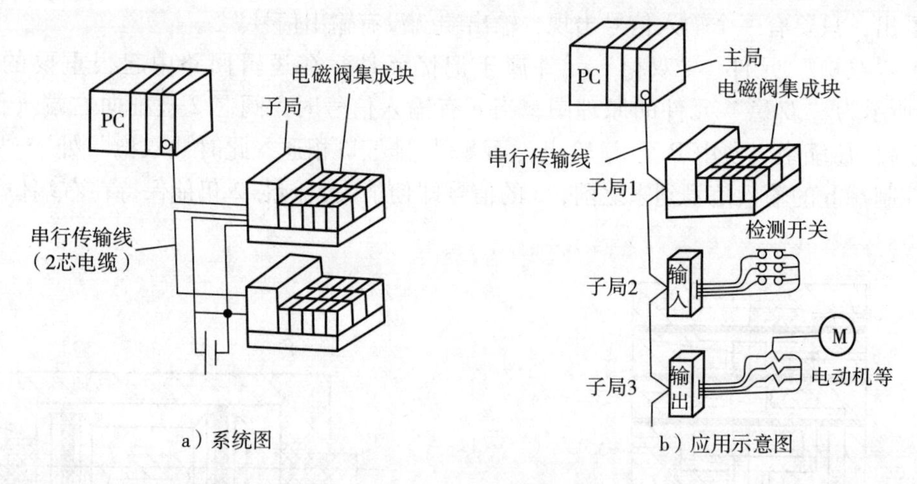

图12-19 带现场总线的阀岛

阀岛是集成化的电磁阀组合，主要是集中控制很多的气动阀门，采用总线结构把多个电控换向阀集成，即电控部分通过一个接口方便地连接到气路板，并对其上的电磁阀进行控制，不再需要对单个电磁阀独立地引出信号控制线，既减少了控制线，又缩小了体积，非常便于安装，有利于综合布线和采用计算机控制。

阀岛是新一代气电一体化控制元器件，已从最初带多针接口的阀岛发展为带现场总线的阀岛，继而出现可编程阀岛及模块式阀岛。阀岛技术和现场总线技术相结合，不仅使电控阀的布线变得更容易，而且也大大地简化了复杂系统的调试、性能的检测和诊断及维护工作。借助现场总线高水平一体化的信息系统，使两者的优势得到充分发挥，具有广泛的应用前景。

小　　结

1. 气动控制元件的分类与液压控制元件类似，按作用可分为压力控制阀、流量控制阀、方向控制阀和气动逻辑元件。

压力控制阀主要包括减压阀、顺序阀和安全阀。

流量控制阀主要包括节流阀、单向节流阀和排气节流阀等。

方向控制阀主要包括单向型控制阀和换向型控制阀。

2. 或门型梭阀、与门型梭阀和快速排气阀是气动单向阀中所特有的，掌握其工作原理及应用。

3. 延时阀和脉冲阀是气动换向阀中特有的，其特点是使气流通过气阻节流后到气容（储气空间）中，经过一定时间，气容内气体建立起一定压力后，再使阀芯换向。

4. 压力控制阀中要掌握减压阀的工作原理，注意其与液压控制元件中减压阀的比较。

5. 流量控制阀中的排气节流阀是节流阀和消声器的组合，是气压传动中特有的，安装在执行元件或换向阀的排气口处，不仅可以调速还能降低排气噪声。

6. 气动逻辑元件是以压缩空气为工作介质，利用元件的动作改变气流方向以实现一定逻辑功能的气体控制元件。它分为“是门”元件、“与门”元件、“或门”元件、“非门”元件、“禁门”元件、“或非门”元件和“双稳”元件，掌握其工作原理并注意比较它们之间的异同。

习　　题

12-1　填空题

1. 气压控制换向阀分为（　　）、（　　）、（　　）和（　　）控制。

2. 快速排气阀一般应装在（　　）和（　　）之间。

3. 排气节流阀一般安装在（　　）的排气口处。

4. 气动逻辑元件按逻辑功能可分为（　　）、（　　）、（　　）、（　　）和（　　）元件。

12-2　问答题

1. 什么是气动逻辑元件？说明“是”“与”“非”“或”的概念。

2. 比较气动减压阀和液压减压阀的相同与不同。

第13章　气动基本回路及气动系统

气压传动系统和液压系统一样也是由具有不同功能的基本回路组成的。掌握常见基本回路的工作原理及元件组成是分析气压传动系统的必要基础。气压传动技术是实现工业生产自动化及半自动化的主要方式之一，因此气压传动广泛应用于工业生产的各个部门。

13.1　换向回路

在气动系统中，执行元件的起动、停止或改变运动方向是通过控制进入执行元件的压缩空气的通、断或方向来实现的，这些控制回路称为换向回路。

13.1.1　单作用气缸换向回路

图 13-1a 所示为二位三通电磁阀控制的换向回路。电磁铁通电时靠气压使活塞上升，断电时靠弹簧作用（或其他外力作用）使活塞下降。该回路比较简单，但对由气缸驱动的部件有较高要求，以保证气缸活塞可靠退回。图13-1b所示为三位四通电磁阀控制的单作用气缸上、下和停止的回路，该阀在两电磁铁均断电时能自动对中，使气缸停留在任意位置，但由于泄漏，其定位精度不高，定位时间不长。

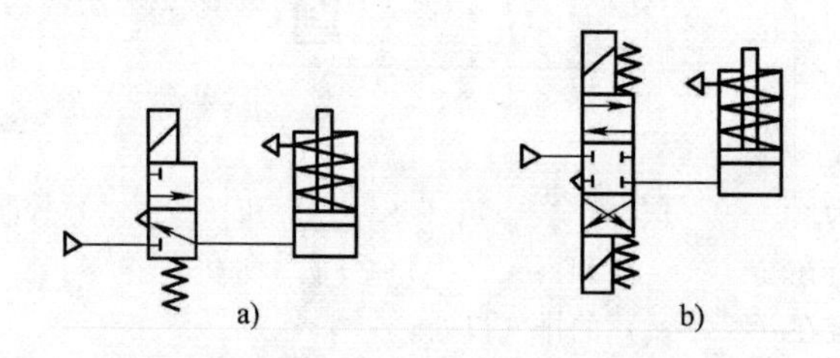

图 13-1　单作用气缸换向回路

13.1.2　双作用气缸换向回路

图 13-2 所示为各种双作用气缸换向回路。图 13-2a 是比较简单的换向回路。图 13-2b 所示的回路中，当 A 有压缩空气时，气缸活塞杆伸出，反之，气缸退回。图 13-2c 为二位五通单气控换向阀控制的换向回路，气控换向阀由二位三通手动换向阀控制切换。图 13-2d、e、f 的两端控制电磁铁线圈或按钮不能同时操作，否则将出现误动作，其回路相当于双稳的逻辑功能。图 13-2f 中还有中停位置，但中停定位精度不高。

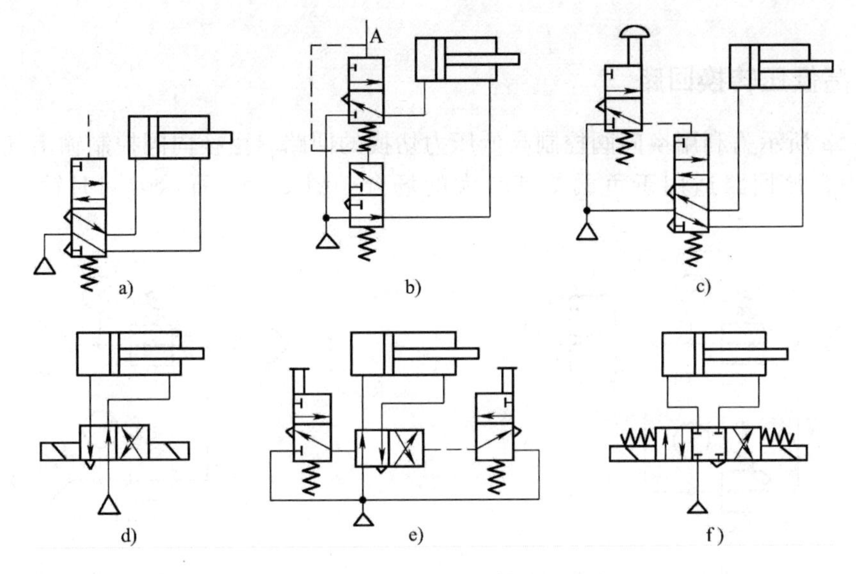

图 13-2 双作用气缸换向回路

13.2 压力控制回路

压力控制回路的作用是使系统保持在某一规定的压力范围内。

13.2.1 一次压力控制回路

图13-3所示为一次压力控制回路，常用外控溢流阀1保持供气压力基本恒定或用电接点压力计5来控制空压机的转、停，使储气罐内压力保持在规定的范围内。采用溢流阀结构较简单、工作可靠，但气量浪费大；采用电接点压力计对电动机进行控制要求较高，常用于对小型空压机的控制。一次压力控制回路的主要作用是控制气罐内的压力，使其不超过规定的压力值。

13.2.2 二次压力控制回路

图13-4所示为二次压力控制回路。为保证气动系统使用的气体压力为一稳定值，多采用图中所示的由空气过滤器—减压阀—油雾器（气源调节装置）组成的二次压力控制回路。但要注意，供给逻辑元件的压缩空气不要加入润滑油。

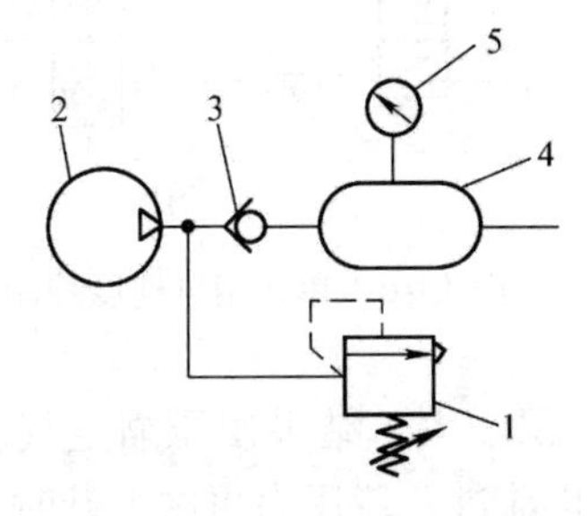

图 13-3 一次压力控制回路

1—溢流阀 2—空压机 3—单向阀

4—储气罐 5—电接点压力计

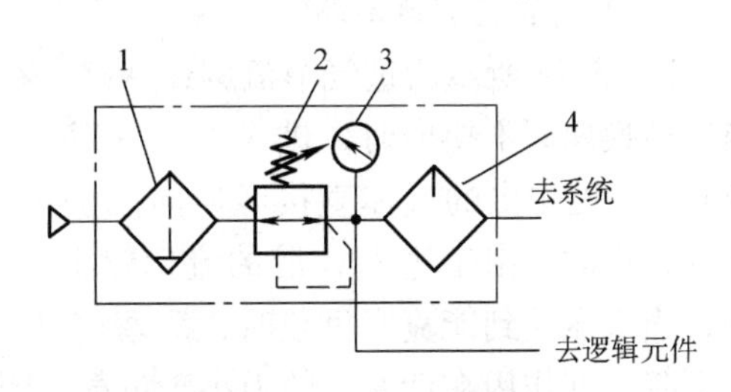

图 13-4 二次压力控制回路

1—空气过滤器 2—减压阀

3—压力计 4—油雾器

13.2.3 高低压转换回路

图 13-5a 所示为利用换向阀控制高低压力切换的回路。由换向阀控制输出气动装置所需要的压力，该回路适用于负载差别较大的场合。图 13-5b 所示为同时输出高低压的回路。

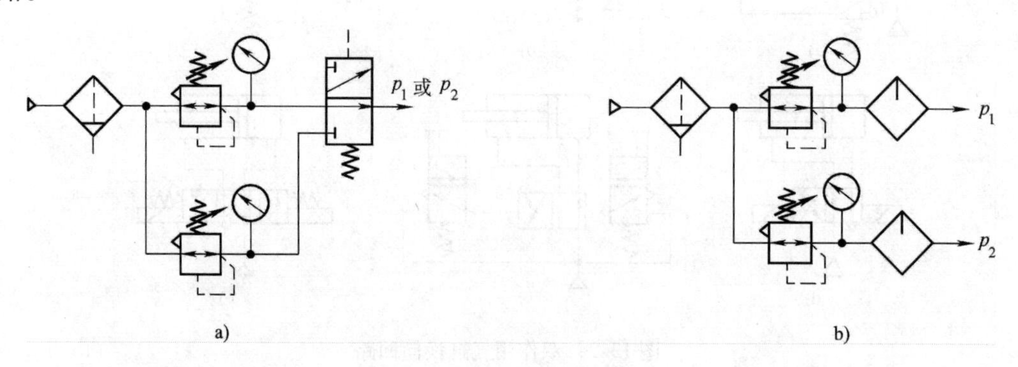

图 13-5 高低压转换回路

13.3 速度控制回路

速度控制回路的作用在于调节或改变执行元件的工作速度。

13.3.1 单作用缸速度控制回路

图 13-6 所示为单作用缸速度控制回路，在图 13-6a 中，气缸活塞的升降均通过节流阀调速，两个反向安装的单向节流阀，可分别控制活塞杆的伸出及缩回速度。在图 13-6b 所示的回路中，气缸上升时可调速，下降时则通过快排阀排气，使气缸快速返回。

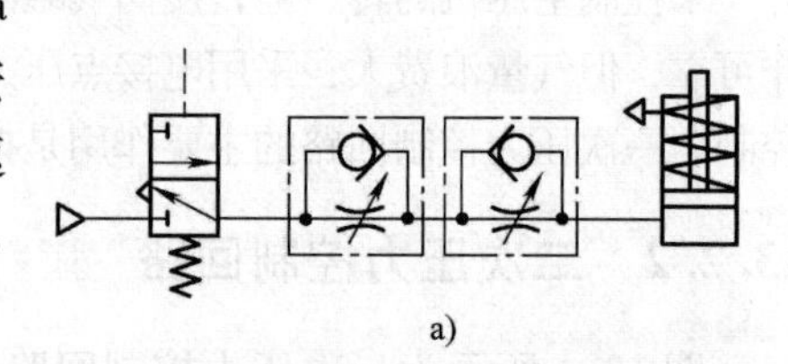

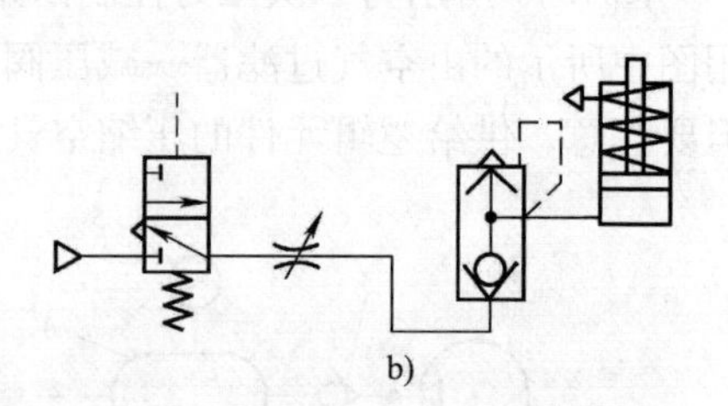

图 13-6 单作用缸速度控制回路

13.3.2 双作用缸速度控制回路

双作用气缸有进气节流和排气节流两种调速方式。

1. 进气节流调速回路

图 13-7a 所示为进气节流调速回路，在图示位置，当气控换向阀不换向时，进入气缸 A 腔的气流流经节流阀，B 腔排出的气体直接经换向阀快排。当节流阀开度较小时，由于进入 A 腔的流量较小，压力上升缓慢，当气压达到能克服负载时，活塞前进，此时 A 腔容积增大，结果使压缩空气膨胀，压力下降，使作用在活塞上的力小于负载，因而活塞就停止前进。待压力再次上升时，活塞才再次前进，这种由于负载及供气的原因而使活塞忽走忽停的现象，叫气缸的“爬行”。进气节流的不足之处主要表现为：

1）当负载方向与活塞运动方向相反时，活塞运动易出现不平稳现象，即“爬行”现象。

2）当负载方向与活塞运动方向一致时，由于排气经换向阀快排，几乎没有阻尼，负载易产生“跑空”现象，使气缸失去控制。因此，进气节流调速回路多用于垂直安装的气缸。

2. 排气节流调速回路

对于水平安装的气缸，其调速回路一般采用图 13-7b 所示的排气节流调速回路，当气控换向阀在图示位置时，压缩空气经气控换向阀直接进入气缸的 A 腔，而 B 腔排出的气体经节流阀、气控换向阀排入大气，因而 B 腔中的气体就具有一定的背压力。此时，活塞在 A 腔与 B 腔的压力差作用下前进，而减少了“爬行”发生的可能性。调节节流阀的开度，就可控制不同的排气速度，从而也就控制了活塞的运动速度。排气节流调速回路具有以下特点：

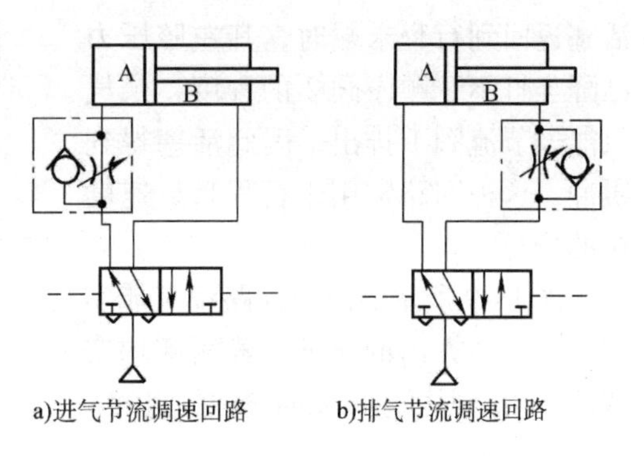

图 13-7　双作用缸速度控制回路

1）气缸速度随负载变化较小，运动较平稳。

2）能承受与活塞运动方向相同的负载。

综上所述，进气和排气节流调速回路适用于负载变化不大的场合。主要原因是，当负载突然增大时，由于气体的可压缩性，将迫使缸内的气体压缩，使活塞运动速度减慢；反之，当负载突然减小时，气缸内被压缩的空气，必然膨胀，使活塞运动加快，这称为气缸的“自走”现象。因此在要求气缸具有准确而平稳的速度时，特别是在负载变化较大的场合，就要采用气液相结合的调速方式。

13.3.3　气液转换速度控制回路

气液转换速度控制回路是利用气动控制实现液压传动，具有运动平稳、停止准确、泄漏途径少、制造维修方便以及能耗低等特点。

图 13-8 所示为气液转换速度控制回路，它利用气-液转换器 1、2 将气压变成液压，利用液压油驱动液压缸 3，从而得到平稳易控制的活塞运动速度。调节节流阀的开度，就可改变活塞的运动速度。这种回路充分发挥了气动供气方便和液压速度容易控制的特点。

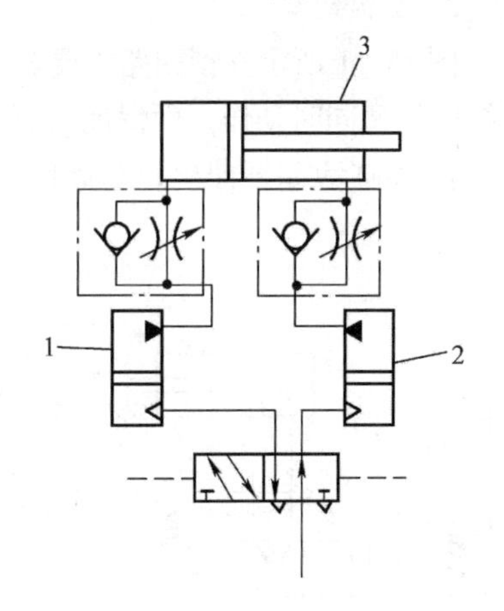

图 13-8　气液转换速度控制回路

1、2—气-液转换器　3—液压缸

13.3.4　缓冲回路

要想获得气缸行程末端的缓冲，除采用带缓冲的气缸外，在行程长、速度快、惯性大的情况下，往往需要采用缓冲回路来满足气缸运动速度的要求，常用的方法如图 13-9 所示。图 13-9a 所示回路能实现快进—慢进缓冲—停止—快退的循环。当活塞向右运动时，右腔的气体经行程阀排出，当活塞前进到预定位置压下行程阀时，气体就只能经节流阀及三位五通阀排出，使得活塞运动速度减慢，达到缓冲目的。调整行程阀的安装位置可改变缓冲的开始位置。这种回路常用于惯性力大的场合。图 13-9b 所示回路的特点是，当活塞返回到行程末端时，其左腔压力已降至打不开顺序阀 2 的程度，余气只能经节流阀 1 排出，因此活塞得到缓冲，这种回路常用于行程长、速度快的场合。

图 13-9 所示的两个回路都只能实现一个运动方向的缓冲，若两侧均安装此回路，则可达到双向缓冲的目的。

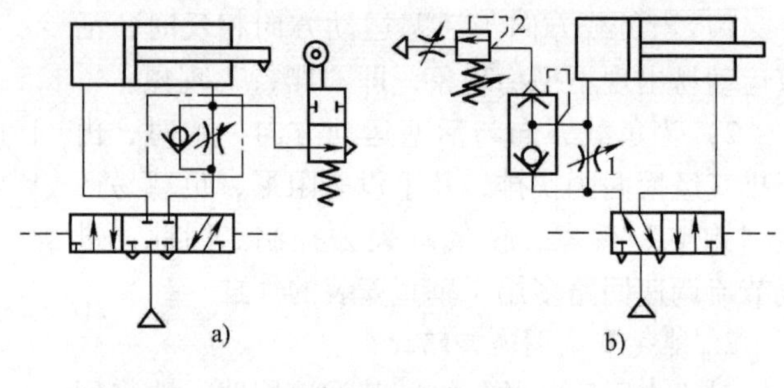

图 13-9 缓冲回路

1—节流阀 2—顺序阀

13.4 其他常用回路

13.4.1 安全保护回路

由于气动机构负荷的过载、气压的突然降低以及气动执行元件的快速动作等原因都可能危及操作人员和设备的安全，因此在气动系统中，常需要有安全回路。

1. 过载保护回路

图 13-10 所示为气缸过载保护回路。在正常工作情况下，按下手动阀 1，主控阀 2 切换至左位，气缸活塞右行，当活塞杆上挡铁碰到行程阀 5 时，控制气体又使主控阀 2 切换至右位，活塞退回。

当气缸活塞右行时，若遇到故障，造成负载过大，使气缸左腔压力升高到超过预定值时，顺序阀 3 打开，控制气体可经梭阀 4 将主控阀 2 切换至右位，使活塞杆退回，气缸左腔的气体经主控阀 2 排掉，这样就防止了系统过载。

2. 互锁回路

图 13-11 所示互锁回路主要利用梭阀 1、2、3 及换向阀 4、5、6 进行互锁。该回路能防止各缸的活塞同时动作，而保证只有一个活塞动作。例如，当换向阀 7 被切换时，换向阀 4 也换向，使 A 缸活塞杆伸出；与此同时，A 缸进气管路的气体使梭阀 1、2 动作，将换向阀 5、6

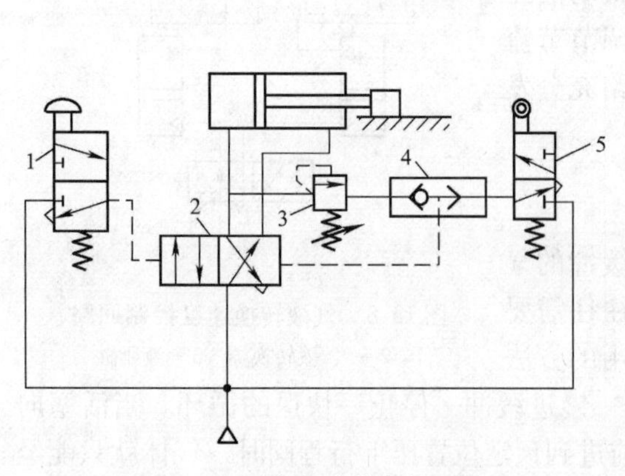

图 13-10 气缸过载保护回路

1—手动阀 2—主控阀 3—顺序阀
4—梭阀 5—行程阀

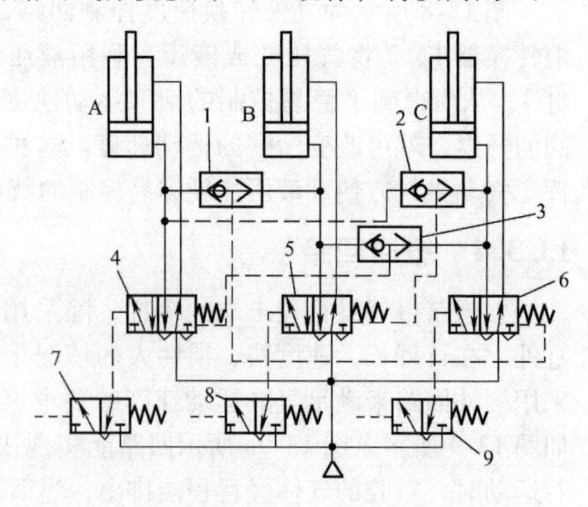

图 13-11 互锁回路

1、2、3—梭阀
4、5、6、7、8、9—换向阀

锁住。所以，此时即使换向阀8、9有气控信号，B、C缸也不会动作。若要改变缸的动作，则必须把前一个动作缸的气控阀复位才行。

13.4.2　双手同时操作回路

所谓双手同时操作回路就是指使用两个起动用的手动阀，只有同时按下这两个阀才能动作的回路。在锻造、冲压机械上经常使用此回路来避免误动作，保护操作人员的安全。

图13-12a所示回路中，只有两手同时操作手动阀1、2切换主控阀3时，气缸活塞才能下落。实际上给主控阀3的控制信号是手动阀1、2相“与”的信号。在此回路中，如果手动阀1或手动阀2的弹簧折断而不能复位，单独按下一个手动阀，气缸活塞也可下落，所以此回路并不十分安全。

图13-12b所示回路中，需要两手同时按下手动阀时，气容6中预先充满的压缩空气才能经手动阀1及气阻5节流延迟一定时间后切换主控阀3，此时活塞才能下落。如果两手不同时按下手动阀，或因其中任一个手动阀弹簧折断不能复位，气容6内的压缩空气都将通过手动阀2的排气口排空，这样由于建立不起控制压力，主控阀3就不能被切换，活塞也就不能下落。在双手同时操作的回路中，两个手动阀必须安装在单手不能同时操作的距离上。

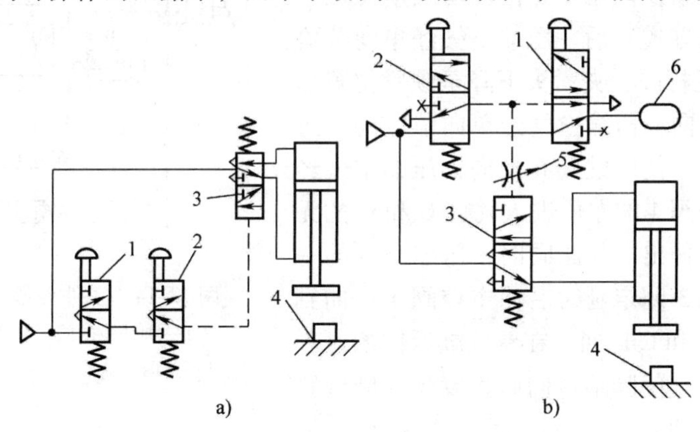

图13-12　双手同时操作回路

1、2—手动阀　3—主控阀　4—工件　5—气阻　6—气容

13.4.3　延时回路

图13-13a为延时断开回路。当按下阀A后，阀B立即换向，活塞杆伸出，同时压缩空气经节流阀进入气容C，经过一段时间C中气压升高到一定值后，阀B自动换向，活塞返

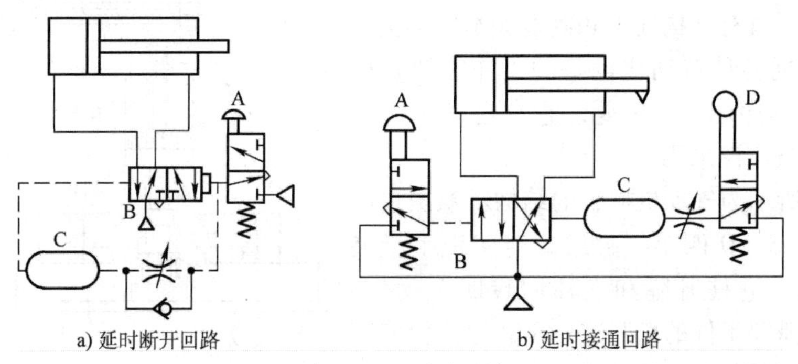

图13-13　延时回路

回。图 13-13b 为延时接通回路。按下阀 A，气缸向外伸出，当气缸在伸出行程中压下阀 D 后，压缩空气经阀 D 和节流阀进入气容 C，经过一定时间，气容 C 中压力升高到一定值时，B 阀才换向，气缸退回。

上述回路的延时时间由节流阀调节。

13.5 气压传动系统实例

13.5.1 工件夹紧气压传动系统

图 13-14 所示为机械加工自动生产线、组合机床中常用的工件夹紧气压传动系统。它的工作原理是：当工件运动到指定位置后，气缸 A 的活塞杆伸出，将工件定位锁紧后，两侧气缸 B 和 C 的活塞杆同时伸出，从两侧面压紧工件，实现夹紧后进行机械加工。气压系统的动作过程如下：

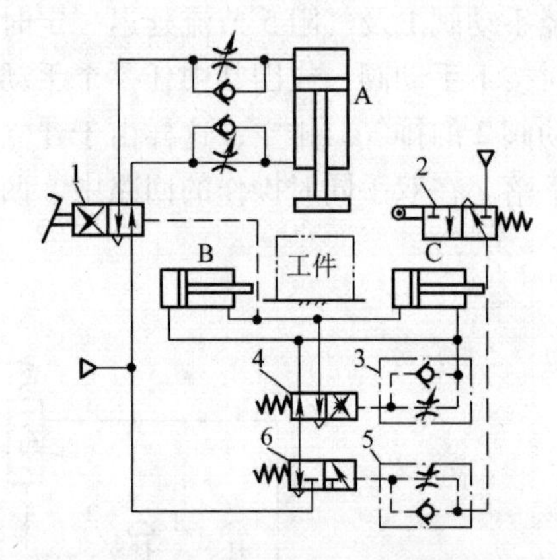

图 13-14 工件夹紧气压传动系统

1—脚踏换向阀 2—机动行程阀 3、5—单向节流阀 4—主控阀 6—中继阀

当用脚踏下脚踏换向阀 1（在自动线中往往采用其他形式的换向方式）后，压缩空气经单向节流阀进入气缸 A 的无杆腔，夹紧头下降至锁紧位置后使机动行程阀 2 换向，压缩空气经单向节流阀 5 进入中继阀 6 的右侧，使中继阀 6 换向，压缩空气经中继阀 6 通过主控阀 4 的左位进入气缸 B 和 C 的无杆腔，两气缸同时伸出。与此同时，压缩空气的一部分经单向节流阀 3 调定延时后使主控阀 4 换向到右侧，则两气缸 B 和 C 返回。在两气缸返回的过程中有杆腔的压缩空气使脚踏换向阀 1 复位，则气缸 A 返回。此时由于机动行程阀 2 复位（右位），所以中继阀 6 也复位，由于中继阀 6 复位，气缸 B 和 C 的无杆腔通大气，主控阀 4 自动复位，由此完成了一个“气缸 A 压下→夹紧缸 B 和 C 伸出夹紧→夹紧缸 B 和 C 返回→气缸 A 返回”的动作循环。

13.5.2 气动机械手气压传动系统

气动机械手具有结构简单和制造成本低等优点，并可以根据各种自动化设备的工作需要，按照设定的控制程序动作。因此，它在自动生产设备和生产线上被广泛采用。

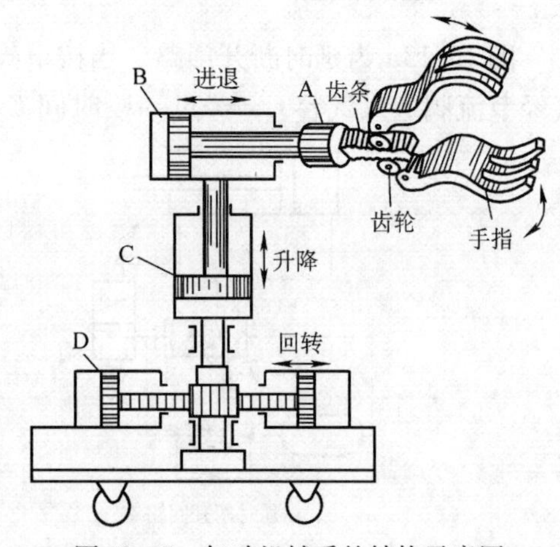

图 13-15 气动机械手的结构示意图

图 13-15 所示为气动机械手的结构示意图。该系统由 A、B、C、D 四个气缸组成能实现手指夹持、手臂伸缩、立柱升降和立柱回转四个动作。其中，A 缸为抓取工件的松紧缸；B 缸为长臂伸缩缸，可实现手臂的伸出与缩回动作；C 缸为立柱升

降缸；D缸为立柱回转缸，该气缸为齿轮齿条缸，它有两个活塞，分别装在带齿条的活塞杆两端，齿条的往复运动带动立柱上的齿轮旋转，从而实现立柱及手臂的回转。图13-16为一种通用机械手的气动系统工作原理图。此机械手手指部分为真空吸头，即无A气缸部分，要求其完成的工作循环为立柱上升→伸臂→立柱顺时针旋转→真空吸头抓取工件→立柱逆时针旋转→缩臂→立柱下降。

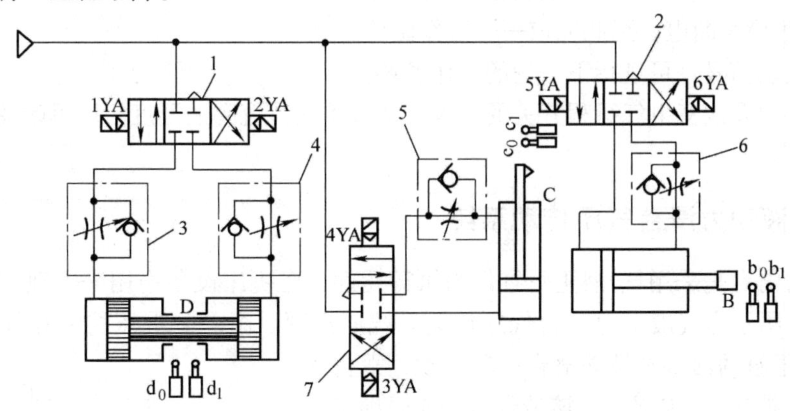

图13-16　一种通用机械手的气动系统工作原理图

1、2、7—双电控换向阀　3、4、5、6—单向节流阀

三个气缸分别与三个三位四通双电控换向阀1、2、7和单向节流阀3、4、5、6组成换向、调速回路。各气缸的行程位置均由电气行程开关进行控制。表13-1为该机械手的电磁铁动作顺序表。

表13-1　电磁铁动作顺序表

	1YA	2YA	3YA	4YA	5YA	6YA
立柱上升				+		
手臂伸出	+			−	+	
立柱转位	−	+			−	
立柱复位		−				
手臂缩回						+
立柱下降			+			−

气动机械手的工作循环分析：

1）按下起动按钮，4YA通电，双电控换向阀7处于上位，压缩空气进入垂直气缸C下腔，活塞杆（立柱）上升。

2）当缸C活塞杆上的挡块碰到电气行程开关c_1时，4YA断电，5YA通电，双电控换向阀2处于左位，水平气缸B活塞杆（手臂）伸出，带动真空吸头进入工作点并吸取工件。

3）当缸B活塞上的挡块碰到电气行程开关b_1时，5YA断电，1YA通电，双电控换向阀1处于左位，回转缸D（立柱）顺时针方向回转，使真空吸头进入卸料点卸料。

4）当回转缸D活塞杆上的挡块压下电气行程开关 d_1 时，1YA断电，2YA通电，双电控换向阀1处于右位，回转缸D复位。回转缸复位时，其上的挡块碰到电气行程开关 d_0 时，6YA通电，2YA断电，双电控换向阀2处于右位，水平缸B活塞杆（手臂）缩回。

5）水平缸B活塞杆（手臂）缩回时，挡块碰到电气行程开关 b_0，6YA断电，3YA通电，双电控换向阀7处于下位，垂直缸C活塞杆（立柱）下降，到达原位时，碰到电气行程开关 c_0，使3YA断电，至此完成一个工作循环。

如再给起动信号，可进行下一轮的工作循环。

根据需要只要改变电气行程开关的位置，调节单向节流阀的开度，即可改变各气缸的行程和运动速度。

13.5.3 气液动力滑台气压传动系统

气液动力滑台是采用气-液阻尼缸作为执行元件，在机床设备中用来实现进给运动的部件。图13-17所示为气液动力滑台气压传动系统原理图。图中分液压控制和气压控制两部分，气-液阻尼缸的活塞杆带动滑台一起运动，滑台上安装有三个挡块A、B及C。该滑台能完成两种工作循环。

1. 实现“快进—工进—快退—停止”的工作循环

当手动换向阀4处于图示状态时，系统就可实现第一种工作循环。它的工作过程为：当手动换向阀3切换到右位时，发出滑台进给信号，在气压作用下，气液阻尼缸中的气缸活塞向下运动，带动活塞杆和液压缸活塞一起向下运动，则液压缸中活塞下腔的油液经行程阀6右位到单向阀7，然后再进入液压缸活塞上腔，实现滑台快进。当快进到滑台上的挡块B压下行程阀6，使行程阀6切换到左位时，油液只能经节流阀5进入液压缸活塞上腔，调节节流阀5的开度，即可调节气-液阻尼缸的运动速度，实现了滑台的工进。当工进到滑台上的挡块C压下行程阀2，使行程阀2切换到左位时，行程阀2就会输出控制气压信号，使手动换向阀3切换到左位，此时就发出退回信号，即气-液阻尼缸的气缸活塞下腔进气，上腔排气，气缸活塞开始向上运动，同时带动液压缸活塞及滑台一起向上运动，液压缸活塞上腔油液经行程阀8右位到手动阀4左位，再进入液压缸活塞下腔，实现了滑台快退。当快退到滑台上的挡块A压下行程阀8时，使行程阀切换到左位，因而使油液通路被切断，活塞便停止运动，完成整个循环过程，滑台停止。此时将手动换向阀1切换到右位，停止向系统供气。

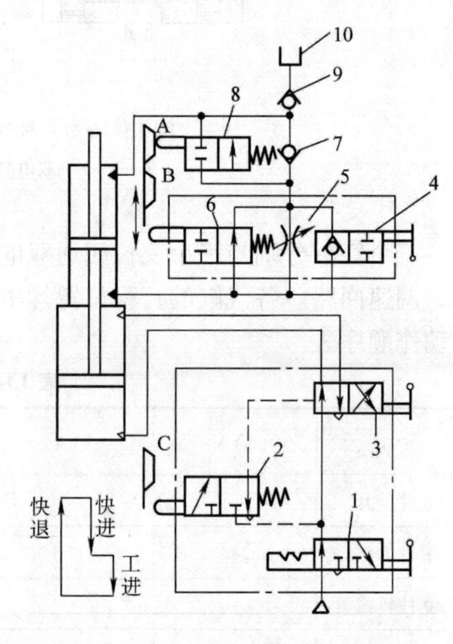

图13-17 气液动力滑台气压传动系统原理图

1、3、4—手动换向阀 2、6、8—行程阀 5—节流阀 7、9—单向阀 10—补油箱

2. 实现“快进—工进—工退—快退—停止”工作循环

当把手动换向阀4切换到右位时，系统就可实现第二种工作循环。它的工作过程

为：第二种工作循环中从快进到工进的工作过程与上述工作过程相同。当工进到滑台上的挡块C压下行程阀2，使行程阀2切换到左位，带动液压缸活塞同时动作时，液压缸活塞上腔的油液经行程阀8的右位到节流阀5进入液压缸活塞下腔，实现了工退。工退速度的大小可通过调节节流阀5的开度来实现，当工退到滑台上的挡块B离开行程阀6时，使行程阀6切换到右位，液压缸上腔的油液经行程阀6的右位而进入活塞的下腔，实现了快退。当快退到滑台上的挡块A切换行程阀8而使油液通路被切断时，滑台就停止运动。

13.5.4 数控加工中心气动换刀系统

数控加工中心气动换刀系统原理图如图13-18所示。

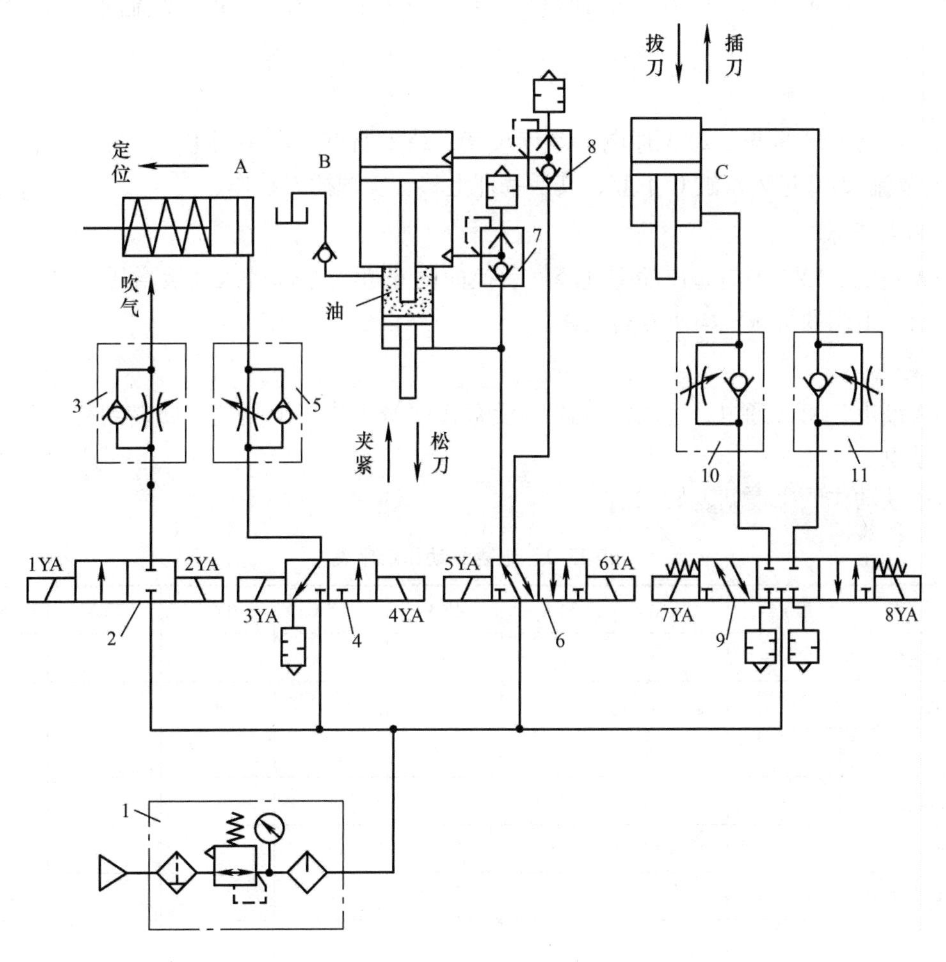

图13-18 数控加工中心气动换刀系统原理图

1—气动三联件 2、4、6、9—气动换向阀 3、5、10、11—单向节流阀 7、8—快速排气阀 A—主轴定位缸 B—气液增压器 C—气缸

系统工作原理分析如下：

1. 主轴定位

数控机床发出换刀指令。主轴停止旋转，同时电磁铁4YA通电，压缩空气经气动换向

阀4、单向节流阀5进入主轴定位缸A的右腔，主轴定位缸A活塞向右移动，主轴自动定位。

2. 主轴松刀

定位后压下无触点开关，使电磁铁6YA通电，压缩空气经换向阀6、快速排气阀8进入气液增压器B的上腔，增压器的高压油使其活塞杆伸出，实现主轴松刀。

3. 主轴拔刀

松刀的同时，使8YA通电，压缩空气经气动换向阀9、单向节流阀11进入气缸C的上腔，气缸C下腔排气，其活塞杆向下移动，实现拔刀动作。

4. 向主轴锥孔吹气

回转刀库交换刀具，同时1YA通电，压缩空气经换向阀2、单向节流阀3向主轴锥孔吹气。

5. 插刀

吹气片刻1YA断电，2YA通电，停止吹气。8YA断电、7YA通电，压缩空气经换向阀9、单向节流阀10进入气缸C下腔，其活塞杆上移，实现插刀动作。

6. 刀具夹紧

6YA断电、5YA通电，压缩空气经气动换向阀6进入左位进入气液增压器B下腔，其活塞退回，组织的机械机构使刀具夹紧。

7. 复位

4YA断电、3YA通电，主轴定位缸A活塞在弹簧力作用下复位，回复到初始状态，至此换刀结束。

电磁铁动作顺序表见表13-2。

表13-2 电磁铁动作顺序表

动　作	1YA	2YA	3YA	4YA	5YA	6YA	7YA	8YA
主轴定位				+				
主轴松刀						+		
拔刀								+
向主轴锥孔吹气	+							
插刀	−	+					+	−
刀具夹紧					+	−		
复位			+	−				

13.6 气压传动系统的常见故障现象、产生原因及排除方法

气压传动系统产生故障的原因是多方面的，有由于压缩空气质量问题造成的，有由于组成系统的元件产生故障造成的，有由于控制系统的故障造成的，具体见表13-3。

表 13-3 气压传动系统的常见故障现象、产生原因及排除方法

故障现象	产生原因	排除方法
元件和管道阻塞	压缩空气质量不好,水蒸气、油雾含量过高	检查过滤器、干燥器,调节油雾器的滴油量
元件失压或产生误动作	安装和管道连接不符合要求(信号线太长)	合理安装元件与管道,尽量缩短使主控阀动作的信号元件与主控阀的距离
气缸出现短时输出力下降	供气系统压力下降	检查管道是否泄漏、管道连接处是否松动
滑阀动作失灵或流量控制阀的排气口阻塞	管道内的铁锈、杂质使阀座被粘连或堵塞	清除管道内的杂质或更换管道
元件表面有锈蚀或阀门元件严重阻塞	压缩空气中凝结水含量过高	检查、清洗过滤器、干燥器
活塞杆速度有时不正常	由于辅助元件的动作而引起的系统压力下降	提高空气压缩机供气量或检查管道是否泄漏、阻塞
活塞杆伸缩不灵活	压缩空气中含水量过高,使气缸内润滑不好	检查冷却器、干燥器和油雾器工作是否正常
气缸的密封件磨损过快	气缸安装时轴向配合不好,使缸体和活塞杆上产生支承应力	调整气缸安装位置或加装可调支承架
系统停用几天后,重新起动时,润滑部件动作不畅	润滑油结胶	检查、清洗油水分离器或调小油雾器的滴油量

知识拓展

气动伺服柔性抓取系统

1. 系统的工作原理

图 13-19 所示为气动伺服柔性抓取系统的工作原理图。该系统由控制放大器 1、电-气压力伺服阀 2、抓取机构 3、滑移传感器 4 等组成。滑移传感器的作用是当滑轮转动时，产生一输出电压信号 u_e。控制放大器的作用则是将滑移传感器输给的信号 u_e 与设定的初始电压信号 u_0 相加，并将两者之和 u_e+u_0 线性放大，再转换为电流信号输出。

系统工作过程如下：当抓取机构接近工件时，抓取系统开始工作。由于此时滑移传感器尚未动作，故 $u_e=0$，控制放大器仅输入初始电压信号 u_0，电-气压力伺服阀输出相应的初始气压 P_0，驱动抓取机构抓取工件。由于初始电压信号是根据工件质量范围的下限设定的，因此开始抓取时，由于抓取力不够使工件在抓取机构上滑动，从而带动滑移传感器的滑轮转动而产生电压信号 u_e，u_e 的加入使控制放大器的电流增大，电-气压力伺服阀输出气压随之增高，最终使抓紧力增大。这个过程一直持续到抓紧力增大到刚好能抓起工件为止。

2. 气动系统的特点

气动伺服柔性抓取系统能自动地根据被抓取对象的质量实时调节抓取力，工作可靠，且能保护工件表面不受破坏，利用这种气动伺服柔性抓取系统，还可以使一台机械手完成多种任务，提高设备利用率。

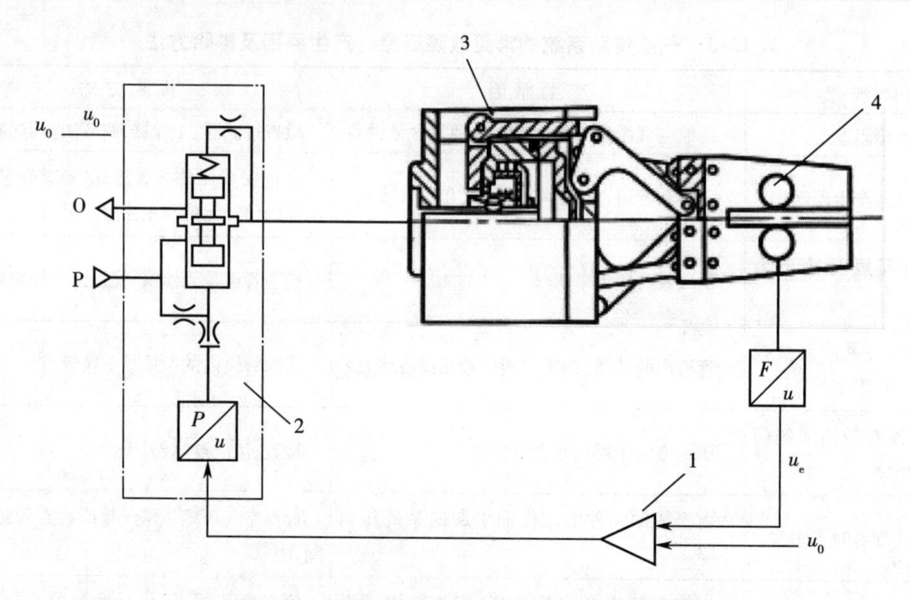

图 13-19 气动伺服柔性抓取系统的工作原理图

1—控制放大器 2—电-气压力伺服阀 3—抓取机构 4—滑移传感器

小 结

1. 气压传动的基本回路有换向回路、压力控制回路、速度控制回路和安全保护回路等。

2. 分析各回路时，注意气动基本回路与液压基本回路的不同并掌握气动回路的特点。

3. 气动系统的阅读和分析基本类似于液压系统，了解气动系统所驱动的工作机构的动作、正确掌握各元件的工作原理并判断其作用，是正确分析气动系统的基础。

习 题

13-1 填空题

1. 换向回路是控制执行元件的（　　）、（　　）或（　　）。
2. 二次压力回路的主要作用是（　　）。
3. 速度控制回路的作用是（　　）。
4. 高低压转换回路适用于（　　）的场合。
5. 气液转换速度控制回路适用于（　　）的场合。

13-2 问答题

1. 采用缓冲回路的目的是什么？
2. 采用延时回路的原理是什么？延时时间由什么元件调节？
3. 试分析图 13-20 所示回路的工作过程，并说明各元件的名称和作用。
4. 试分析工件夹紧气压传动系统（见图 13-14）和通用机械手气压传动系统（见图 13-16）中分别是采用什么方式实现顺序动作的？
5. 分析通用机械手气压传动系统（见图 13-16）是由哪些基本回路组成的？

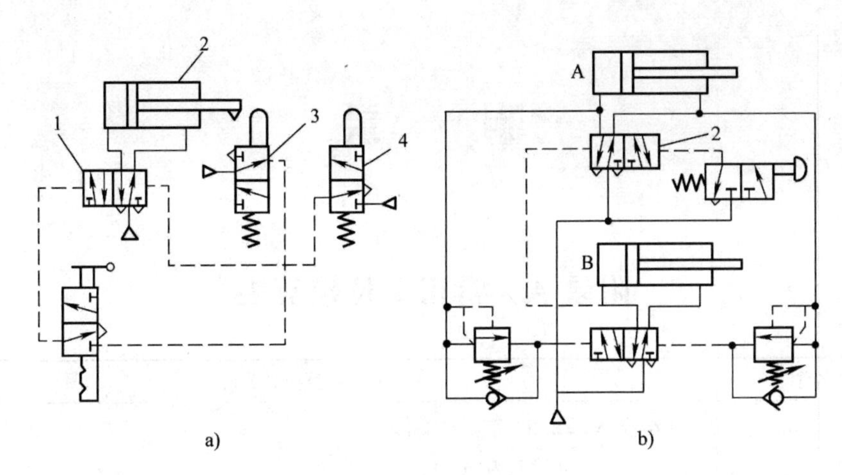

图 13-20 问答题3图

6. 比较气液动力滑台气压传动系统（见图 13-17）与 YT4543 型液压动力滑台液压系统（见图 8-2），说明各自的特点。

附　录

附录 A　常用单位换算表

物理量名称	常用单位换算关系
力	1 牛顿(N) = 0.102 千克力(kgf) = 10^5 达因(dyn) = 0.2248 磅力(bf)
压力	1 帕斯卡(Pa) = 10^{-5} 巴(bar) = 1.02×10^{-5} 千克力/厘米^2(kgf/cm^2) = 14.5×10^{-5} 磅力/英寸^2(bf/in^2) = 1.02×10^{-4} 米水柱(mH_2O) = 0.99×10^{-5} 标准大气压(atm) = 0.0075 毫米汞柱(mmHg)
动力黏度	1 帕秒(Pa·s) = 0.102 千克力秒/米^2(kgf·s/m^2) = 10 泊(P) = 1000 厘泊(cP) = 1.45×10^{-4} 磅力秒/英寸^2(bf·s/in^2)
运动黏度	1 米^2/秒(m^2/s) = 10^4 斯(St) = 10^6 厘斯(cSt) = 1.55×10^3 英寸^2/秒(in^2/s)
体积	1cc = 1 毫升(mL) = 1 立方厘米(cm^3) 1 立方米(m^3) = 10^3 升(L = dm^3) = 10^6 立方厘米(cm^3)
体积流量	1 立方米每秒(m^3/s) = 60×10^3 升每分钟(L/min)

附录 B　常用液压与气动图形符号

（摘自 GB/T 786.1—2009）

表 B-1　符号要素、功能要素、管路、管路连接口和接头符号

常用元件	图形符号	常用元件	图形符号	常用元件	图形符号
工作管路 回油管路		控制管路、 泄油管路或 排气管路		组合元件 框线	

（续）

常用元件	图形符号	常用元件	图形符号	常用元件	图形符号
交叉管路		固定符号		间断排气装置	
连接管路		三通路旋转接头		单向排气装置	
柔性管路		单通路旋转接头		不带连接措施的排气口	
封闭油、气路或油、气口		带单向阀的快换接头		带连接措施的排气口	
可调性符号		连接排气装置		不带单向阀的快换接头	

表 B-2　机械控制件（或装置）和控制方法符号

常用元件	图形符号	常用元件	图形符号	常用元件	图形符号
定位装置		顶杆式机械控制		双作用可调电磁操作器直线运动电气控制装置	
按钮式人力控制		弹簧控制式机械控制		电动机旋转运动电气控制装置	M
拉钮式人力控制		滚轮式机械控制		加压或卸压直接压力控制	
按-拉式人力控制		单作用电磁铁直线运动电气控制装置		差动直接压力控制	2 1
手柄式人力控制		双作用电磁铁直线运动电气控制装置		内部压力控制	45°
踏板式人力控制		单作用可调电磁操纵器直线运动电气控制装置		气压先导加压控制	

（续）

常用元件	图形符号	常用元件	图形符号	常用元件	图形符号
液压先导加压控制	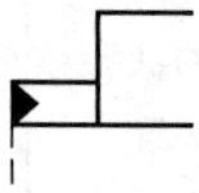	电磁-液压先导加压控制	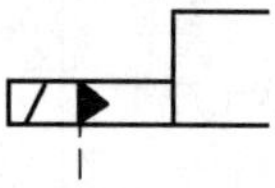	电磁-液压先导卸压控制	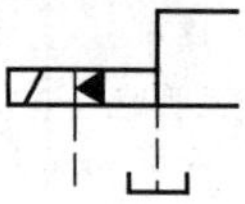
液压二级先导加压控制	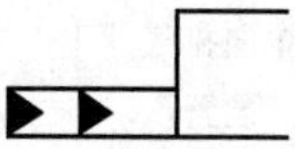	电磁-气压先导加压控制	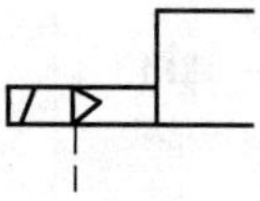	先导型压力控制阀	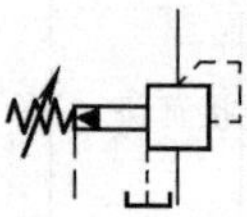
气压-液压先导加压控制	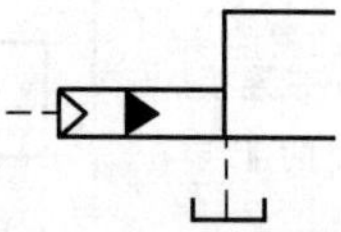	液压先导卸压控制	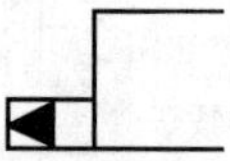	先导型比例电磁式压力控制阀	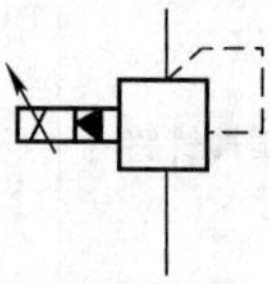

表 B-3 泵、马达及缸

常用元件	图形符号	常用元件	图形符号
单向定量液压泵	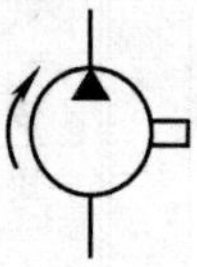	单向定量马达	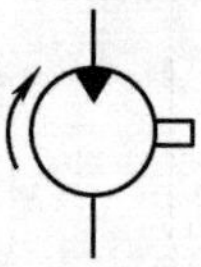
双向定量液压泵	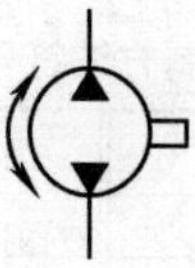	双向定量液压马达	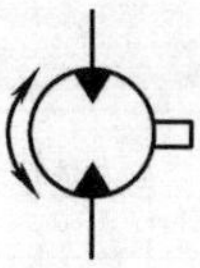
单向变量液压泵		单向变量马达	
双变量液压泵		双向变量马达	
双向变量液压泵-马达	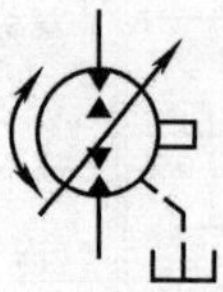	单向定量液压泵-马达	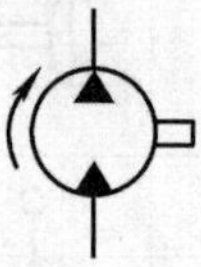
单作用单杆活塞缸	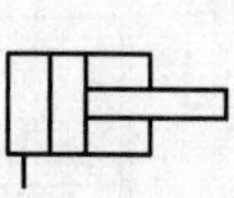	单作用单杆弹簧复位缸	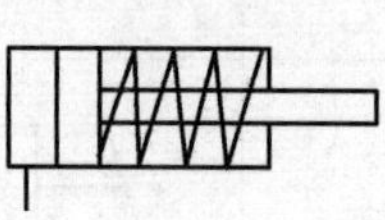

（续）

常用元件	图形符号	常用元件	图形符号
单作用伸缩缸	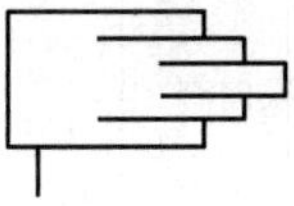	双作用不可调 双向缓冲缸	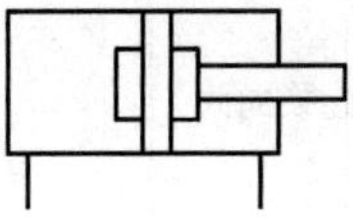
双作用单杆活塞缸	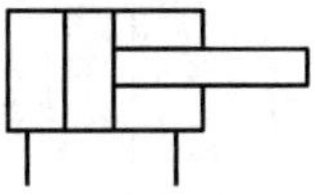	双作用调 双向缓冲缸	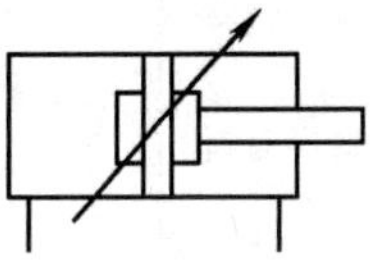
双作用双杆活塞缸	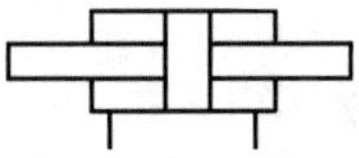	双作用伸缩缸	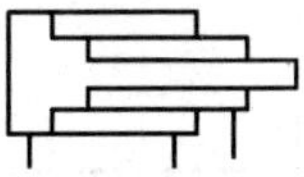
双作用不可调 单向缓冲缸	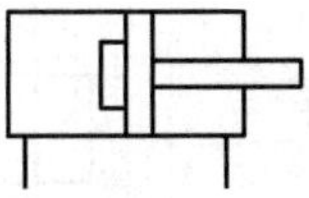	摆动马达	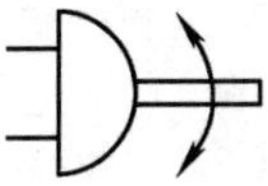
双作用可调 单向缓冲缸	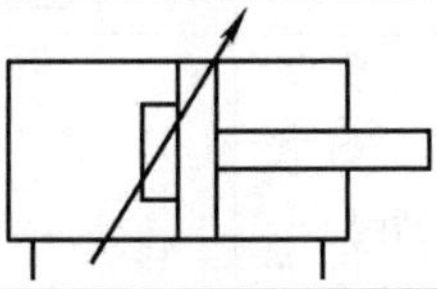	气-液转换器	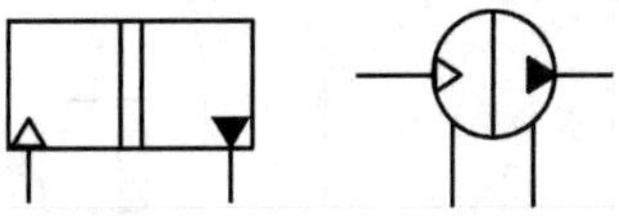

表 B-4　方向控制阀

常用元件	图形符号	常用元件	图形符号
单向阀		与门型梭阀	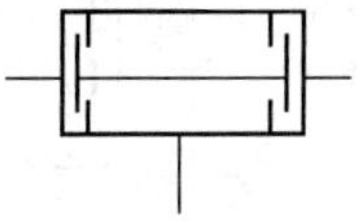
液控单向阀 （控制压力关闭）	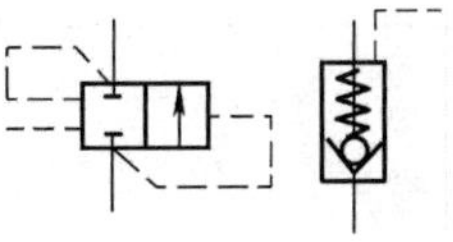	快速排气阀	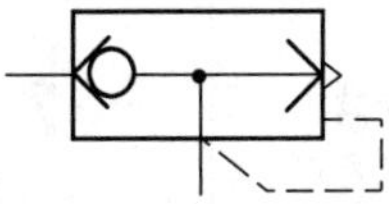
液控单向阀 （控制压力打开）	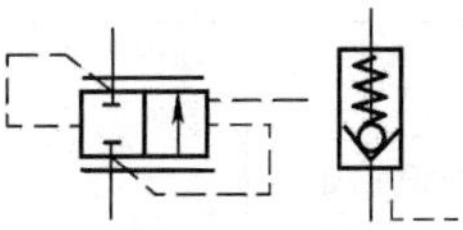	二位二通换向阀	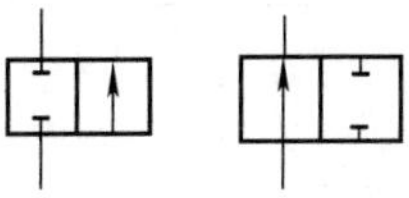
或门型梭阀	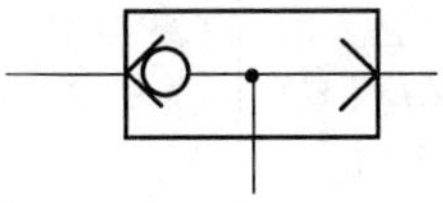	二位三通换向阀	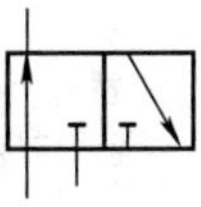

（续）

常用元件	图形符号	常用元件	图形符号
二位四通换向阀	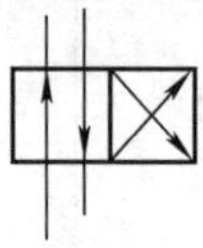	三位四通换向阀	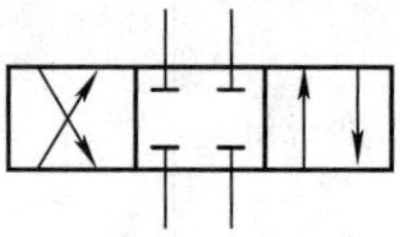
二位五通换向阀		伺服阀	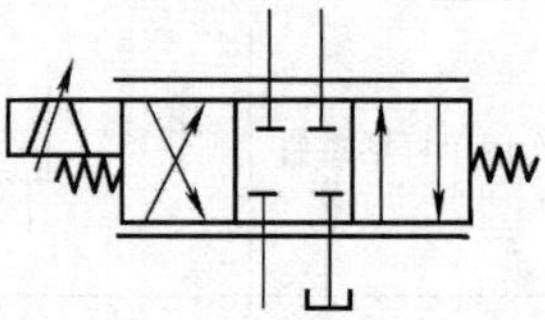

表 B-5 压力控制阀

常用元件	图形符号	常用元件	图形符号
直动型内控溢流阀	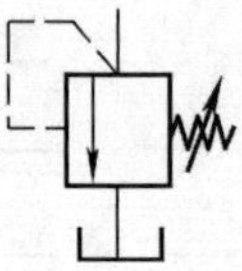 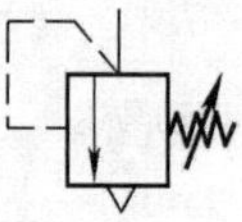	先导型减压阀	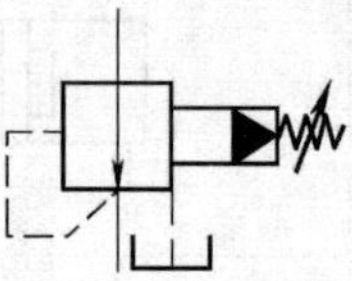 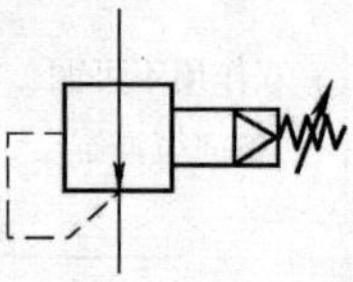
直动型外控溢流阀	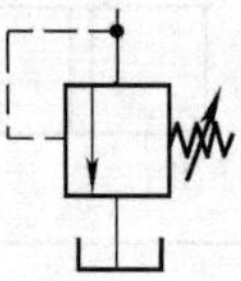 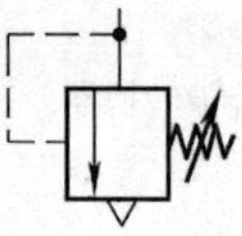	直动型卸荷阀	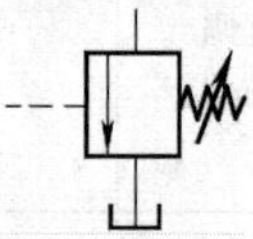
先导型溢流阀	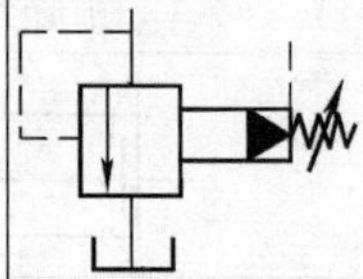 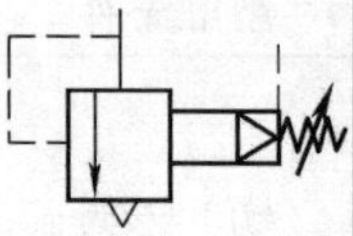	溢流减压阀	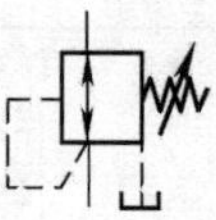 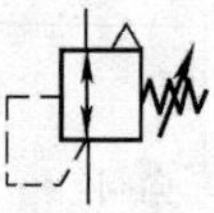
先导型比例电磁式溢流阀	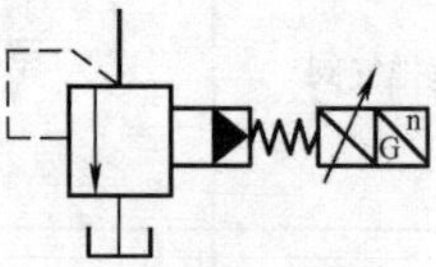 G n	定比减压阀	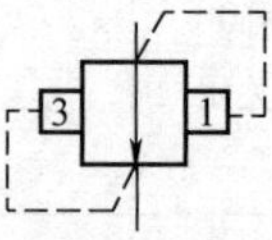 3 1
双向溢流阀	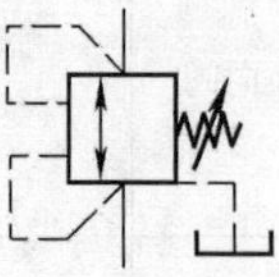	定差减压阀	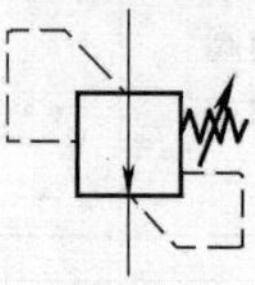
直动型减压阀	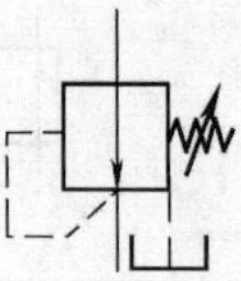 	内控内泄直动型顺序阀	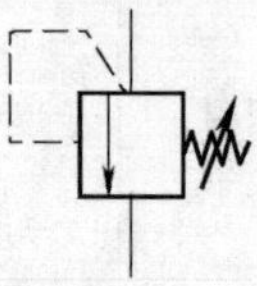

（续）

常用元件	图形符号	常用元件	图形符号
内控外泄直动型顺序阀	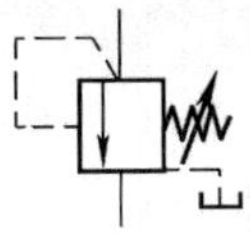	先导型顺序阀	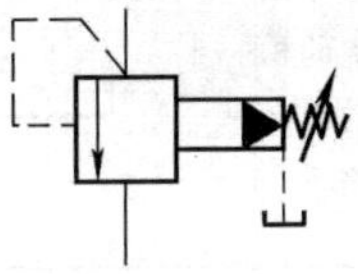
外控外泄直动型顺序阀	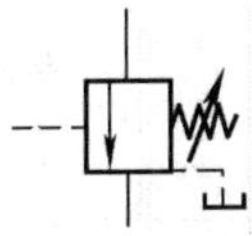	单向顺序阀（平衡阀）	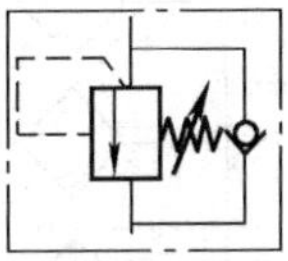

表 B-6　流量控制阀

常用元件	图形符号	常用元件	图形符号	常用元件	图形符号
不可调节流阀	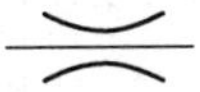	带消声器节流阀	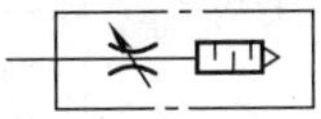	单向调速阀	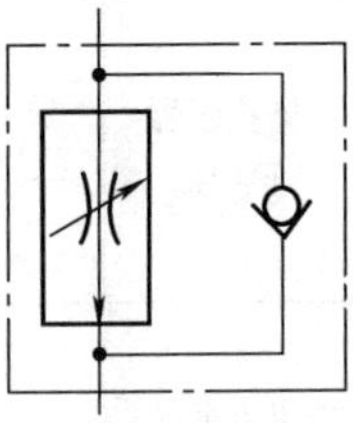
可调节流阀		普通型调速阀	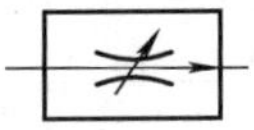	分流阀	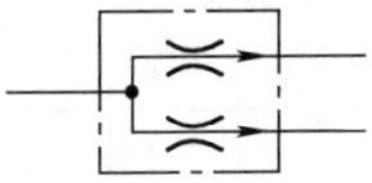
截止阀		温度补偿型调速阀	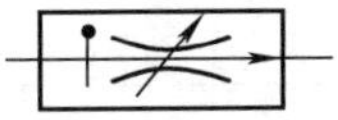	集流阀	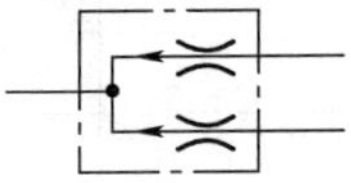
可调单向节流阀		旁通型调速阀	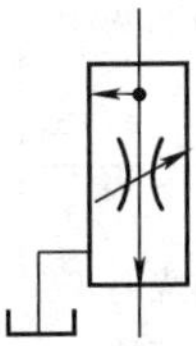	分流集流阀	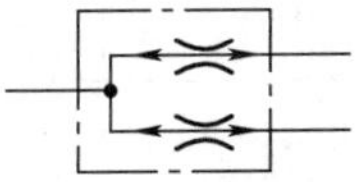

表 B-7　液压附件和其他装置

常用元件	图形符号	常用元件	图形符号	常用元件	图形符号
管端在液面以上的通大气式油箱	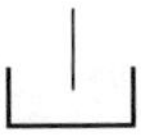	过滤器	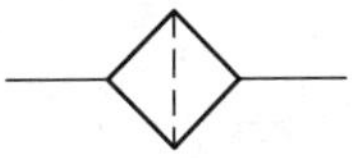	密闭式油箱	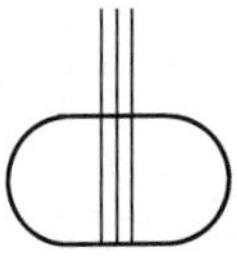
局部泄油或回油的通大气式油箱		管端在液面以下的通大气式油箱	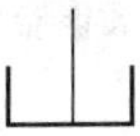	油雾器	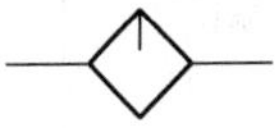

（续）

常用元件	图形符号	常用元件	图形符号	常用元件	图形符号
管端连接于油箱底部的通大气式油箱		压力指示器		原动机	M
分水排水器	(人工排出) (自动排出)	压力计		除油器	(人工排出) (自动排出)
空气过滤器	(人工排出) (自动排出)	液位计		空气干燥器	
污染指示器过滤器		转速仪		气源调节装置	
带磁性滤芯过滤器		转矩仪		行程开关	简化 详细
冷却器		气罐		消声器	
加热器		蓄能器		流量计	
温度调节器		气体隔离式蓄能器		液压源	
温度指示或温度控制		重锤式蓄能器		气压源	
温度计		弹簧式蓄能器		电动机	M

附录C　习题（部分）参考答案

第1章

1-1　填空题

1. 液体；压力能
2. 密闭容器内；压力能；动能
3. 动力元件；执行元件；控制和调节元件；辅助元件；工作介质
4. 动力；机械；压力
5. 执行；压力；机械
6. 压力；流量（速度）；运动方向
7. 功能；结构；参数；传动过程
8. 静止位（常态位）

1-2　判断题

1. ×；2. ×；3. √；4. ×

第2章

2-1　填空题

1. 可压缩性；体积压缩率；体积模量；大；小；不可压缩的
2. 黏度；动力黏度；运动黏度；相对黏度；运动
3. 运动
4. 黏度
5. 大（高）；小（低）
6. 静压力；p；Pa；MPa
7. 外负载；流量
8. 曲面在该方向的垂直面内投影面积
9. 无黏性；不可压缩
10. 体积；m^3/s；L/min
11. 雷诺数 Re；运动黏度；平均流速；直径
12. 2.5；同心
13. 细长孔；薄壁孔；短孔；阻尼孔；节流孔；节流孔；阻尼孔

2-2　判断题

1. √；2. ×；3. ×；4. ×；5. √；6. √；7. √；8. √

2-3　问答题：略

2-4　计算题

1. $894kg/m^3$
2. 1.4MPa
3. 3；$20mm^2/s$；17×10^{-3} Pa·s
4. 9.8MPa

5. 8350Pa

6. $Re=8000>2320$，流态为紊流；要保证其层流，速度为1.15m/s。

7. 0.02MPa

8. 3.8MPa

9. 26.5mm^2

第3章

3-1 填空题

1. 工作压力；额定压力；最高允许压力；工作压力；额定压力；最高允许压力

2. 理论流量；实际流量；额定流量；实际流量；理论流量

3. 机械；容积；机械；η_m；容积；η_V

4. 吸油；排油

5. 单作用；双作用

6. 斜盘倾角；定子和转子的偏心距

7. 齿轮泵；叶片泵；柱塞泵；低；中；高；定量泵；变量泵；单作用叶片泵；轴向柱塞泵；齿轮泵；双作用叶片泵

3-2 判断题

1. ×；2. ×；3. ×；4. ×；5. ×；6. √；7. ×；8. √

3-3 问答题：略

3-4 计算题

1. 0.9kW；1.05kW

2. 21.05L/min；1.05L/min

3. 1）159.6L/min；2）0.94；0.93；3）84.77kW；4）848.57N·m

4. 1）0.95mm；2）50.3mL/r

5. 4.22°

第4章

4-1 填空题

1. 活塞式；柱塞式；摆动式；单作用；双作用

2. 2；$\sqrt{2}$

3. 柱塞

4. 最高

5. 缓冲

6. 机械；容积；机械；η_m；容积；η_V

4-2 判断题

1. ×；2. ×；3. ×；4. √；5. √；6. √

4-3 问答题：略

4-4 画出下列图形符号：略

4-5 计算题

1. 80.96r/min；340.37N·m

2. a）$F=p\cdot\frac{\pi(D^2-d^2)}{4}$；$v=\frac{q}{\frac{\pi(D^2-d^2)}{4}}$；缸体左移

b）$F=p\cdot\frac{\pi d^2}{4}$；$v=\frac{q}{\frac{\pi d^2}{4}}$；缸体右移

c）$F=p\cdot\frac{\pi D^2}{4}$；$v=\frac{q}{\frac{\pi D^2}{4}}$；缸体右移

3. （1）5000N；0.02m/s；0.016m/s　（2）5400N；4500N　（3）11250N

4. 2；3

5. 200mL/r

第 5 章

5-1　填空题

1. 管式或螺纹式；板式及叠加式；插装式
2. 允许油液单方向通过；压力损失要小；密封性要好
3. 手动；机动；电磁；液动；电液动
4. 直流；交流
5. 直动式；先导式；低压；中、高压
6. 压力信号；电信号
7. 单向阀；溢流阀；顺序阀；节流阀
8. 压力；方向；流量
9. 电磁阀；液动阀；使液动阀阀芯动作；通过改变液动阀（主）阀芯位置，使油路换向
10. M；H；K
11. O；M
12. 松开；零

5-2　判断题

1. √；2. ×；3. √；4. √；5. ×；6. ×；7. ×；8. √

5-3　问答题：略

5-4　计算题

1. 3.85MPa，11.54 MPa

2. 活塞空载运动时：$p_B=0$MPa，$p_A=0$MPa

活塞夹紧后停止运动时：$p_B=2.5$MPa，$p_A=5$MPa

3. 1）$p=0$MPa，$v=0$m/s，溢流量：63L/min；2）$p=5.4$MPa；$v=0.105$m/s，溢流量：0

第 6 章

6-1　填空题

1. 净化油液
2. 非接触式；接触式；非接触式

3. 储存油液；散热、沉淀油液中的污物；分离油液中的气体以及作为安装平台等
4. 网式；线隙式；纸芯式；烧结式
5. 活塞式；气囊式

6-2 判断题

1. ×；2. √；3. ×；4. ×；5. ×；6. √

6-3 问答题：略

6-4 选择题

1. A；2. A；3. C；4. C

第7章

7-1 填空题

1. 特定功能；压力；速度；方向
2. 减小
3. 增大
4. 压力；流量
5. 流量阀；节流调速

7-2 判断题

1. √；2. ×；3. √；4. ×；5. ×；6. √

7-3 选择题

1. B；2. B；3. C；4. A；5. B；6. B D A E

7-4 分析计算题

1. 略
2. 8级；数值为：0，2，4，6，8，10，12，14
3. （1）$p_A=4MPa$，$p_B=4MPa$，$p_C=2MPa$。

（2）液压缸Ⅰ活塞运动时：$p_B=3.5MPa$，$p_A=3.5MPa$，$p_C=2MPa$。

液压缸Ⅰ活塞运动到终点时：$p_B=4MPa$，$p_A=4MPa$，$p_C=2MPa$。

（3）液压缸Ⅱ活塞运动时：$p_C=0MPa$；$p_A=p_B=3MPa$。

液压缸Ⅱ活塞杆碰到挡块时：$p_B=4MPa$，$p_A=4MPa$，$p_C=2MPa$。

4. （1）$p_B=4.5MPa$，$p_C=0MPa$；（2）$p_B=6MPa$，$p_C=6MPa$。
5. 略
6. 略

第8章

8-1

1. 变量泵；调速阀；容积节流；电液换向阀；差动连接；行程阀；串联
2. 调速回路；换向；快速运动；速度换接；卸荷
3. 7 >8
4. 略

8-2～8-5：略

第 9 章

9-1　填空题

1. 氮气；氧气
2. 水蒸气
3. 绝对湿度；饱和绝对湿度；相对湿度；空气的含湿量
4. 查理定律；盖-吕萨克定律；波义耳定律

9-2　问答题：略

第 10 章

10-1　填空题

1. 油雾器；空气过滤器；减压阀；空气过滤器；减压阀；油雾器
2. 出口
3. 分水滤气器和减压阀；换向阀

10-2　问答题：略

第 11 章

11-1　填空题

1. 直线往复运动；摆动
2. 活塞式；柱塞式；薄膜式；摆动式
3. 回转
4. 液压缸；气缸；压缩空气；液体排量

11-2　问答题：略

第 12 章

12-1　填空题

1. 气压；电磁；时间；机械和人力
2. 换向阀；气缸
3. 换向阀
4. 或门；与门；非门；是门；双稳

12-2　问答题：略

第 13 章

13-1　填空题

1. 起动；停止；改变运动方向
2. 使气动系统使用的压力值稳定
3. 调节或改变执行元件的运动速度
4. 负载差别较大
5. 要求活塞运动速度平稳

13-2　问答题：略

参考文献

[1] 左健民. 液压与气压传动[M]. 5 版. 北京：机械工业出版社，2016.
[2] 袁承训. 液压与气压传动[M]. 2 版. 北京：机械工业出版社，2007.
[3] 丁树模. 液压传动[M]. 3 版. 北京：机械工业出版社，2015.
[4] 姜佩东. 液压与气动技术[M]. 北京：高等教育出版社，2000.
[5] 马振福. 液压与气压传动[M]. 2 版. 北京：机械工业出版社，2012.
[6] 张群生. 液压与气压传动[M]. 3 版. 北京：机械工业出版社，2015.
[7] 张宏友. 液压与气动技术[M]. 大连：大连理工大学出版社，2004.
[8] 宋锦春. 液压与气压传动[M]. 北京：科学出版社，2006.
[9] 刘忠伟. 液压与气压传动[M]. 北京：化学工业出版社，2005.
[10] 张群生. 设备控制技术[M]. 北京：机械工业出版社,2006.
[11] 黄志坚，袁周. 液压设备故障诊断与监测实用技术[M]. 北京：机械工业出版社，2006.
[12] 阎祥安，焦秀稳. 液压传动与控制习题集[M]. 天津：天津大学出版社，1999.
[13] 廖友军,余金伟. 液压传动与气压技术[M]. 3 版. 北京:北京邮电大学出版社，2012.